中国民居建筑丛书

东北民居

周立军 陈伯超 张成龙 孙清军 金虹 著

中国建筑工业出版社

图书在版编目（CIP）数据

东北民居／周立军等著．—北京：中国建筑工业出版社，2009
（中国民居建筑丛书）
ISBN 978-7-112-11680-5

Ⅰ.东… Ⅱ.周… Ⅲ.民居－建筑艺术－东北地区
Ⅳ.TU241.5

中国版本图书馆CIP数据核字(2009)第227217号

责任编辑：徐　冉　王莉慧
责任设计：董建平
责任校对：陈　波　陈晶晶

中国民居建筑丛书
东北民居
周立军　陈伯超　张成龙　孙清军　金　虹 著
＊
中国建筑工业出版社出版、发行（北京西郊百万庄）
各地新华书店、建筑书店经销
北京圣彩虹制版印刷技术有限公司制版
北京中科印刷有限公司印刷
＊
开本：880×1230毫米　1/16　印张：15　字数：595千字
2009年12月第一版　2015年4月第二次印刷
定价：96.00元
ISBN 978-7-112-11680-5
　　　　(18933)

版权所有　翻印必究
如有印装质量问题，可寄本社退换
（邮政编码 100037）

《中国民居建筑丛书》编委会

主　任：王珮云

副主任：沈元勤　陆元鼎

总主编：陆元鼎

编　委（按姓氏笔画为序）：

　　　　丁俊清　王　军　王金平　王莉慧　业祖润　曲吉建才

　　　　朱良文　李东禧　李先逵　李晓峰　李乾朗　杨大禹

　　　　杨新平　陆　琦　陈震东　罗德启　单德启　周立军

　　　　徐　强　黄　浩　雍振华　雷　翔　谭刚毅　戴志坚

总序——中国民居建筑的分布与形成

陆元鼎

先秦以前，相传中华大地上主要生存着华夏、东夷、苗蛮三大文化集团，经过连年不断的战争，最终华夏集团取得了胜利，上古三大文化集团基本融为一体，形成一个强大的部族，历史上称为夏族或华夏族。

春秋战国时期，在东南地区还有一个古老的部族称为"越"或"於越"，以后，越族逐渐为夏族兼并而融入华夏族之中。

秦统一各国后，到汉代，我国都用汉人、汉民的称呼，当时，它还不是作为一个民族的称呼。直到隋唐，汉族这个名称才基本固定下来。

历史上的汉族与我国现代的汉族的含义不尽相同。历史上的汉族，实际上从大部族来说它是综合了华夏、东夷、苗蛮、百越各部族而以中原地区华夏文化为主的一个民族。其后，魏晋南北朝时期，西北地带又出现乌桓、匈奴、鲜卑、羯、氐、羌等族，南方又有山越、蛮、俚、僚、爨等族，各民族之间经过不断的战争和迁徙、交往达到了大融合，成为统一的汉民族。

汉族地区的发展与分布

汉族祖先长时间来一直居住在以长安京都为中心的中原地带，即今陕、甘、晋、豫地区。东汉——两晋时期，黄河流域地区长期战乱和自然灾害，使人民生活困苦不堪。永嘉之乱后，大批汉人纷纷南迁，这是历史上第一次规模较大的人口迁徙。当时大量人口从黄河流域迁移到长江流域，他们以宗族、部落、宾客和乡里等关系结队迁移。大部分西移到江淮地区，因为当时秦岭以南、淮河和汉水流域的一片土地还是相对比较稳定。也有部分人民南迁到太湖以南的吴、吴兴、会稽三郡，也有一些迁入金衢盆地和抚河流域。再有部分则沿汉水流域西迁到四川盆地。

隋唐统一中原，人民生活渐趋稳定和改善，但周边民族之间的战争和交往仍较频繁。周边民族人民不断迁入中原，与中原汉人杂居、融合，如北方的一些民族迁入长安、洛阳和开封、太原等地。也有少部分迁入陕北、甘肃、晋北、冀北等地。在西域的民族则东迁到长安、洛阳，东北的民族则向南入迁关内。通过移民、杂居、通婚，汉族和周边民族之间加强了经济、文化，包括农业、手工业、生活习俗、语言、服饰的交往，可以说已经融合在汉民族文化之内而没有什么区别。到北宋时期，中原文献中已没有突厥、胡人、吐蕃、沙陀等周边民族成员的记载了。

北方汉族人民，以农为本，大多安定本土，不愿轻易离开家乡。但是到了唐中叶，北方战乱频繁，土地荒芜，民不聊生。安史之乱后，北方出现了比西晋末年更大规模的汉民南迁。当时，在迁移的人群中，不但有大量的老百姓，还有官员和士大夫，而且大多是举家举族南迁。他们的迁移路线，根据史籍记载，当时南迁大致有东中西三条路线。

东线：自华北平原进入淮南、江南，再进入江西。其后再分两支，一支沿赣江翻越大庾岭进入岭南，一支翻越武夷山进入福建。

东线移民渡过长江后，大致经两条路线进入江西。一支经润州（今镇江市）到杭州，再经浙西婺州（今金华市）、衢州入江西信州（今上饶市）；另一条自润州上到升州（今南京市），沿长江西上，在九江入鄱阳湖，进入江西。到达江西境内的移民，有的迁往江州（今南昌市）、筠安（今高安）、抚州（今临川市）、袁州（今宜春市）。也有的移民，沿赣江向上到虔州（今赣州市）以南翻越大庾岭，进入浈昌（今广东省南雄县），经韶州（今韶关市）南行入广州。另一支从虔州向东折入章水河谷，进入福建汀州（今长汀县）。

中线：来自关中和华北平原西部的北方移民，一般都先汇集到邓州（今河南邓县）和襄州（今湖北襄樊市）一带，然后再分水陆两路南下。陆路经过荆门和江陵，渡长江，从洞庭湖西岸进入湖南，有的再到岭南。水路经汉水，到汉中，有的再沿长江西上，进入蜀中。

西线：自关中越秦岭进入汉中地区和四川盆地，途中需经褒斜道、子午道等栈道，道路崎岖难行。由于它离长安较近，虽然，它与外界山脉重重阻隔，交通不便，但是，四川气候温和，土地肥沃，历史上包括唐代以来一直是经济、文化比较发达的地区，相比之下，蜀中就成为关中和河南人民避难之所。因此，每逢关中地区局势动荡，往往就有大批移民迁入蜀中。而每当局势稳定，除部分回迁外，仍有部分士民、官宦子弟和从属以及军队和家属留在本地。虽然移民不断增加但大量的还是下层人民，上层贵族官僚西迁的仍占少数。

从上述三线南迁的过程中，当时迁入最多的是三大地区，一是江南地区，包括长江以南的江苏、安徽地区和上海、浙江地区；二是江西地区；三是淮南地区，包括淮河以南、长江以北的江苏、安徽地带。福建是迁入的其次地区。

淮南为南下移民必经之地。由于它离黄河流域稍远，当时该地区还有一定的稳定安宁时期，因此，早期的移民在淮南能有留居的现象。但是随着战争的不断蔓延和持续，淮南地区的人民也不得不再次南迁。

在南方入迁地区中，由于江南比较安定，经济上有一定的富裕，如越州（今浙江绍兴）、苏州、杭州、升州（今南京）等地，因此导致这几个地区人口越来越密。其次是安徽的歙州（今歙县地区）、婺州（今浙江金华市）、衢州，由于这些地方是进入江西、福建的交通要道，北方南下的不少移民都在此先落脚暂居，也有不少就停留在当地落户成为移民。

当然，除了上述各州之外，在它附近诸州也有不少移民停留，如江南的常州、润州（今江苏镇江）、淮南的扬州、寿州（今安徽寿县）、楚州（今江苏淮河以南盱眙以东地区）、江西的吉州（今吉安市）、饶州（今景德镇市）、福建的福州、泉州、建州（今建阳市）等。这些移民长期居留在州内，促进了本地区的经济和文化的发展，因此，自唐代以来，全国的经济文化重心逐渐移向南方是毫无异议的。

北宋末年，金兵骚扰中原，中州百姓再一次南迁，史称靖康之乱。这次大迁移是历史以来规模最大的一次，估计达到三百万人南下。其中一些世代居住在开封、洛阳的高官贵族也陆续南迁。这次迁移的特点是迁徙面更广更长，从州府县镇，直到乡村，都有移民足迹。

历史上三次大规模的南迁对南方地区的发展具有重大意义。三次移民中，除了宗室、贵族、官僚地主、宗族乡里外，还有众多的士大夫、文人学者，他们的社会地位、文化水平和经济实力较高，到达南方后，无论在经济上、文化上，都使南方地区获得了明显地提高和发展。

南方地区民系族群的形成就是基于上述原因。它们既有同一民族的共性，但是，不同民系地域，虽然同样是汉族，由于南北地区人口构成的历史社会因素、地区人文、习俗、环境和自然条件的差异，都会给族群、给居住方式带来不同程度的影响，从而，也形成了各地区不同的居住模式和特色。

民系的形成不是一朝一夕或一次性形成的，而是南迁汉民到达南方不同的地域后，与当地土著人民融洽、沟通、相互吸取优点而共同形成的。即使在同一民系内部，也因南迁人口的组成、家渊以及各自历史、社会和文化特质的不同而呈现出地域差别。在同一民系中，由于不同的历史层叠，形成较早的民系可能保留较多古老的历史遗存。如越海民系，它在社会文化形态上就会有更多的唐宋甚至明清、各时期的特色呈现。也有较晚形成的民系，在各种表现形态上可能并不那么古老。也有的民系，所在区域僻处一隅，地理位置比较偏僻，长期以来与外界交往较少，因而，受北方文化影响相对较少。如闽海民系，在它的社会形态中会保留多一些地方土著特点。这就是南方各地区形态中保留下来的这种文化移入的持续性、文化特质的层叠性，同时又有文化形态的区域差异性。

历史上，移民每到一个地方都会存在着一个新生环境问题，即与土著社群人民的相处问题。实际上，这是两个文化形体总合力量的沟通和碰撞，一般会产生三种情况：一、如果移民的总体力量凌驾于本地社群之上，他们会选择建立第二家乡，即在当地附近地区另择新点定居；二、如果双方均势，则采用两种方式，一是避免冲撞而选择新址另建第二家乡，另一是采取中庸之道彼此相互掺入，和平地同化，共同建立新社群；三、如果移民总体力量较小，在长途跋涉和社会、政治、经济压力下，他们就会采取完全学习当地社群的模式，与当地社群融合、沟通，并共同生存、生活在一起。当然，也会产生另一情况，即双方互不沟通，在这种极端情况下，移民被迫为了保护自己而可能另建第二家乡。

在北方由于长期以来中原地区和周边民族的交往沟通，基本上在中原地区已融合成为以中原文化为主的汉民族，他们以北方官话为共同方言，崇尚汉族儒学礼仪，基本上已形成为一个广阔地带的北方民系族群。但是，如山西地区，由于众多山脉横贯其中，交通不便，当地方言比较悬殊，与外界交往沟通也比较困难，在这种特殊条件下，形成了在北方大民系之下的一个区域地带。

到了清末，由于我国唐宋以来的州和明清以来的府大部分保持稳定，虽然，明清年代还有"湖广填四川"和各地移民的情况，毕竟这是人口调整的小规模移民。但是，全国地域民系的格局和分布都已基本定型。

民族、民系、地域在形成和发展过程中，由稳定到定型，必然需要建造宅居。宅居建筑是人类满足生活、生存最基本的工具和场所。民居建筑形成的因素很多，有社会因素、经济物质因素、自然环境因素，还有人文条件因素等。在汉族南方各地区中，由于历史上的大规模的南迁，北方人民与南方土著社群人民经过长期来的碰撞、沟通和融合，对当地土著社群的人口构成、经济、文化和生产、生活方式，礼仪习俗、语言（方言），以及居住模式都产生了巨大的影响和变化。对民居建筑来说，由于自然条件、地理环境以及社会历史、文化、习俗和审美的不同，也导致了各地民居类型、居住模式既有共同特征的一面，也有明显的差异性，这就是我国民居建筑之所以呈现出丰富多彩、绚丽灿烂的根本原因。

少数民族地区的发展与分布

我国少数民族分布，基本上可以分为北方和南方两个地区。现代的少数民族与古代的少数民族不同，他们大多是从古代民族延伸、融合、发展而来。如北方的现代少数民族，他们与古代居住在北方的沙漠和山林地带的乌孙、突厥、回纥、契丹、肃慎等民族有着一定的渊源关系，而南方的现代少数民族则大多是由古代生活在南方的百越、三苗和从北方南迁而来的氐羌、东夷等民族发展演变而来。他们与汉族共同组成了中华民族，也共同创造了丰富灿烂的中华文化。

我国的西北部土地辽阔，山脉横贯，古代称为西域，现今为新疆维吾尔自治区。公元前 2 世纪，匈奴民族崛起，当时西域已归入汉代版图。唐代以后，漠北的回鹘族逐渐兴起，成为当时西域的主体民族，延续至今即成为现在的维吾尔族。

我国北方有广阔的草原，在秦汉时代是匈奴民族活动的地方。其后，乌桓、鲜卑、柔然民族曾在此地崛起，直至 6 世纪中叶柔然汗国灭亡。之后，又有突厥、回鹘、女真等在此活动。12～13 世纪，女真族建立金朝。其后，与室韦—鞑靼族人有渊源关系的蒙古各部在此开始统一，延续至今，成为现代的蒙古族。

在我国西北地区分布面较广的还有一个民族叫回族。他们聚居的区域以宁夏回族自治区和甘肃、青海、新疆及河南、河北、山东、云南等省区较多。

回族的主要来源是在 13 世纪初，由于成吉思汗的西征，被迫东迁的中亚各族人、波斯人、阿拉伯人以及一些自愿来的商人，来到中国后，定居下来，与蒙古、畏兀儿、唐兀、契丹等民族有所区别。他们与汉人、畏兀儿人、蒙古人，甚至犹太人等，以伊斯兰教为纽带，逐渐融合而成为一个新的民族，即回族。可见回族形成于元代，是非土著民族，长期定居下来延续至今。

在我国的东北地区，史前时期有肃慎民族，西汉称为挹娄，唐代称为女真，其后建立了后金政权。1635 年，皇太极继承了后金皇位后，将族名正式定为满族，一直延续至今即现代的满族。

朝鲜族于 19 世纪中叶迁到我国吉林省后，延续至今。此外，东北地区还有赫哲族、鄂伦春族、达斡尔族等，他们人数较少，但是，他们民族的历史悠久可以追溯到古代的肃慎、契丹民族和北方的通古斯人。

在西南地区，据史书记载，古羌人是祖国大西北最早的开发者之一，战国时期部分羌人南下，向金沙江、雅砻江一带流徙，与当地原著族群交流融合逐渐发展演变为羌、彝、白、怒、普米、景颇、哈尼、纳西等民族的核心。苗、瑶族的先民与远古九寨、三苗有密切关系，经过长期频繁的辗转迁徙，逐步在湖南、湖北、四川、贵州等地区定居下来。畲族亦属苗瑶语族，六朝至唐宋，其先民已聚居在闽粤赣三省交界处。东南沿海地区的越部落集团，古代称为"百越"，它聚居在两广地区，其后，向西延伸，散及贵州、云南等地，逐渐发展演变为壮、傣、布依、侗等民族。"百濮"是我国西南地区的古老族群，其分布多与"百越"族群交错杂居，逐渐发展为现今的佤族等民族。

我国西南地区青藏高原有着举世闻名的高山流水，气象万千的林海雪原，更有着丰富的矿产资源，世界最高峰珠穆朗玛峰耸立在喜马拉雅山巅，从西藏先后发现旧石器到新石器时代遗址数十处，证明至少在 5 万年前，藏族的先民就繁衍生息在当今的世界屋脊之上。

据史书记载，藏族自称博巴，唐代译音为"吐蕃"。公元 7 世纪初建立王朝，唐代译为吐蕃王朝，族群大多居住在青藏高原，也有部分住在甘肃、四川、云南等省内，延续至今即为现在的藏族。

羌族是一个历史悠久的古老民族，分布广泛，支系繁多。古代羌族聚居在我国西部地区现甘肃、青海一带。春秋战国时期，羌人大批向西南迁徙，在迁徙中与其他民族同化，或与当地土著结合，其中一支部落迁徙到了岷江上游定居，发展而成为今日羌族。他们的聚居地区覆盖四川省西北部的汶川、理、黑水、松潘、丹巴和北川等7个县。

彝族族源与古羌人有关，2000年前云南、四川已有彝族先民，其先民曾建立南诏国，曾一度是云南地区的文化中心。彝族分布在云、贵、川、桂等地区，大部分聚居在云南省内，几乎在各县都有分布，比较集中在楚雄、红河等自治州内。

白族在历史发展过程中，由大理地区的古代土著居民融合了多种民族，包括西北南下的氐羌人，历代不断移居大理地区的汉族和其他民族等，在宋代大理国时期已形成了稳定的白族共同体。其聚居地主要在云贵高原西部，即今云南大理地区。

纳西族历史文化悠久，它也渊源于南迁的古氐羌人。汉以前的文献把纳西族称为"牦牛种"、"旄牛夷"，晋代以后称为"摩沙夷"、"么些"、"么梭"。过去，汉族和白族也称纳西族为"么梭"、"么些"。"牦"、"旄"、"摩"、"么"是不同时期文献所记载的同一族名。新中国成立后，统一称"纳西族"。现在的纳西族聚居地主要集中在云南的金沙江畔、玉龙山下的丽江坝、拉市坝、七河坝等坝区及江边河谷地区。

壮族具有悠久的历史，秦汉时期文献记载我国南方百越群中的西瓯、骆越部族就是今日壮族的先民。其聚居地主要在广西壮族自治区境内，宋代以后有不少壮族居民从广西迁滇，居住在云南文山壮族苗族自治州。

傣族是云南的古老居民，与古代百越有族源关系。汉代其先民被称为"滇越"、"掸"，主要聚居地在云南南部的西双版纳傣族自治州和西南南部的德宏傣族景颇族自治州内。

布依族是一个古老的本土民族，先民古代泛称"僚"，主要分布在贵州南部、西南部和中部地区，在四川、云南也有少数人散居。

侗族是一个古老的民族，分布在湘、黔、桂毗连地区和鄂西南一带，其中一半以上居住在贵州境内。古代文献中有不少关于洞人（峒人）、洞蛮、洞苗的记载，至今还有不少地区保留"洞"的名称，后来"峒"或"洞"演变为对侗族的专称。

很早以前，在我国黄河流域下游和长江中下游地区就居住着许多原始人群，苗族先民就是其中的一部分。苗族的族属渊源和远古时代的"九黎"、"三苗"等有着密切的关系。据古文献记载，"三苗"等应该都是苗族的先民。早期的"三苗"由于不断遭到中原的进攻和战争，苗族不断被迫迁徙，先是由北而南，再而由东向西，如史书记载说"苗人，其先自湘窜黔，由黔入滇，其来久有"。西迁后就聚居在以沅江流域为中心的今湘、黔、川、鄂、桂五省毗邻地带，而后再由此迁居各地。现在，他们主要分布在以贵州为中心的贵州、云南、四川和湖南、湖北、广西等各省山区境内。

瑶族也是一个古老的民族，为蚩尤九黎集团、秦汉武陵蛮、长沙蛮的后裔，南北朝称"莫瑶"，这是瑶族最早的称谓。华夏族入中原后，瑶族就翻山越岭南下，与湘江、资江、沅江及洞庭湖地区的土著民族融合而成为当今的瑶族。现都分散居住在广西、广东、湖南、云南、贵州、江西等省区境内。

据考古发掘，鄂西清江流域十万年前就有古人类活动，相传就是土家族的先民栖息场所。清江、阿蓬江、酉水、溇水源头聚汇之区是巴人的发祥地，土家族是公认的巴人嫡裔。现今的土家族都聚居于湖南、湖北、四川、贵州四省交会的武陵山区。

我国除汉族外有少数民族55个。以上只是部分少数民族的历史、发展分布与聚居地区，由于这些少数民族各有自己的历史、文化、宗教信仰、生活习俗、民族审美爱好，又由于他们所处不同地区和不同的自然条件与环境，导致他们都有着各自的生活方式和居住模式，就形成了各民族的丰富灿烂的民居建筑。

为了更好地把我国各民族地区民居建筑的优秀文化遗产和最新研究成就贡献给大家，我们在前人编写的基础上进一步编写了一套更系统、更全面的综合介绍我国各地各民族的民居建筑丛书。

我们按下列原则进行编写：

1. 按地区编写。在同一地区有多民族者可综合写，也可分民族写。

2. 按地区写，可分大地区，也可按省写。可一个省写，也可合省写，主要考虑到民族、民居、类型是否有共同性。同时也考虑到要有理论、有实践、内容和篇幅的平衡。

为此，本丛书共分为18册，其中：

1. 按大地区编写的有：东北民居、西北民居2册。

2. 按省区编写的有：北京、山西、四川、两湖、安徽、江苏、浙江、江西、福建、广东、台湾共11册。

3. 按民族为主编写的有：新疆、西藏、云南、贵州、广西共5册。

本书编写还只是阶段性成果。学术研究，远无止境，继往开来，永远前进。

参考书目：

1. (汉) 司马迁撰. 史记. 北京：中华书局，1982.

2. 辞海编辑委员会. 辞海. 上海：上海辞书出版社，1980.

3. 中国史稿编写组. 中国史稿. 北京：人民出版社，1983.

4. 葛剑雄，吴松弟，曹树基. 中国移民史. 福建：福建人民出版社，1997.

5. 周振鹤，游汝杰. 方言与中国文化. 上海：上海人民出版社，1986.

6. 田继周等. 少数民族与中华文化. 上海：上海人民出版社，1996.

7. 侯幼彬. 中国建筑艺术全集第20卷宅第建筑（一）北方建筑. 北京：中国建筑工业出版社，1999.

8. 陆元鼎，陆琦. 中国建筑艺术全集第21卷宅第建筑（二）南方建筑. 北京：中国建筑工业出版社，1999.

9. 杨谷生. 中国建筑艺术全集第22卷宅第建筑（三）北方少数民族建筑. 北京：中国建筑工业出版社，2003.

10. 王翠兰. 中国建筑艺术全集第23卷宅第建筑（四）南方少数民族建筑. 北京：中国建筑工业出版社，1999.

11. 陆元鼎. 中国民居建筑（上中下三卷本）. 广州：华南理工大学出版社，2003.

前　言

东北地区传统民居是在特定的自然环境和社会历史环境下形成的，具有鲜明的地域特色和民族特征。其中不仅蕴含着古人营建活动所积累的丰富经验和措施，还包含了民居建筑与自然环境适宜性的营造观念及多种文化交融所形成的地域性特征，是中国传统建筑文化的宝贵遗产。在全球化进程日益加速的时代背景下，如何认识和研究传统民居建筑，从传统民居文化中汲取营养是我们创造可持续发展的地域性建筑的重要途径。因此，东北传统民居的研究是一项很有必要、很有意义的工作。

目前，对于东北传统民居的研究还处于较为零散的状况，由于基础研究工作缺乏，研究尚处于起步阶段。一方面是由于东北地区地域广阔，全面而系统的实地调研是件十分艰苦的事情。另一方面，由于东北传统民居受自然因素和文化背景的影响，建筑外形和空间相对较为简朴，单就建筑的美学价值而言容易被人所忽视。近年来随着城市化进程的加快，大量东北地区村落的传统民居因缺乏保护而被不断破坏。笔者20年前曾调研过的一些村落现在去重新补拍和测绘时，很多有价值的建筑都被拆除或进行了破坏性的改造，这也为我们研究工作带来了更大的困难。

我1989年就进行过黑龙江省传统民居的调查，发表过"黑龙江省传统民居初探"等论文，并参与编写过《中国传统民居建筑》、《中国民居建筑》等著作。2006年受中国建筑工业出版社委托，我开始酝酿编写这部书，在指导硕士研究生学位论文的选题中也有所侧重这一方向，为本书作了一定的素材和理论上的积累，同时考虑到研究范围的局限性，陆续邀请了三校五位教授的共同参与，使东北传统民居的研究优势互补，更加全面和系统。编写大纲经反复斟酌最后又由陆元鼎教授审阅后，确定章节基本按照东北各民族传统民居建筑分类为研究基本框架。在编写过程中，作者们多次研究确定了写作方案，即在对古人空间艺术、营建技术总结，分析和比较的同时，引入了民族学、民俗学、人文地理学等研究理论和研究方法。本书汇集了一些当今研究东北民居的最新调研成果和理论思考。新的研究成果对东北传统民居自然适应的技术方法、空间特色的借鉴和利用也进行了一定的探讨。本书可以说是多位学者有关东北传统民居阶段性研究成果的总结，作者在此付出了很大的心血。

应该说，本书只是在东北传统民居的系统研究中迈出的第一步，还有很多调研不全面、理论研究不深入等问题，希望能得到有关专家学者和广大读者的批评指正。

周立军
2009年12月

目　　录

总序
前言

第一章　概论...15

第一节　自然环境...16
一、气候对民居形态的影响...16
二、地形、地貌与民居形态的关系...30
三、地方材料在民居中的运用...31

第二节　社会文化要素...33
一、经济因素...34
二、中原传统文化的传播...35
三、民族文化...38
四、宗教文化...44
五、地方民俗文化...48

第二章　东北汉族传统民居...55

第一节　概述...56
第二节　建筑平面格局...60
一、单体建筑平面类型...60
二、院落组成平面类型...62

第三节　构筑与造型...68
一、构筑材料...68
二、承重结构类型...72
三、造型与细部...77

第四节　空间特征...92
一、空间的构成特征...92
二、空间秩序...96
三、空间的结构系统...108

第三章　东北满族传统民居...121

第一节　概述...122
第二节　群体组合布局特点...122
一、选址问题...122
二、群体组合...122
三、院落布局...123

四、群体组合的特点及成因 125
第三节　单体建筑特点 129
　　一、平面特点 129
　　二、立面特点 132
　　三、剖面及空间特点 136
第四节　材料特点 137
　　一、土 137
　　二、土坯 137
　　三、石材 138
　　四、砖 138
　　五、木材 138
　　六、草 138
　　七、树皮 138
第五节　构造特点 138
　　一、基础 138
　　二、木构架 139
　　三、屋面 140
　　四、外墙 141
　　五、炕及烟囱 143
　　六、地面做法 145
　　七、门窗 145
　　八、油彩 146
第六节　采暖特点 148
　　一、建筑布局上的采暖措施 148
　　二、采暖工具 148

第四章　东北朝鲜族传统民居 151

第一节　概述 152
　　一、朝鲜族的迁徙历史 152
　　二、朝鲜族民居的分布特点 153
第二节　聚落形态 154
　　一、聚落的演变和类型 154
　　二、延边地区朝鲜族传统聚落 156
　　三、内陆庆尚道聚落 157
第三节　住宅形态 158
　　一、平面类型 159
　　二、外形分类 162
　　三、生活空间 165
　　四、家具布置方式 168
第四节　构造技术及装饰特点 169
　　一、建筑构件 169
　　二、装饰构件 172
　　三、造型与装饰结合 174
第五节　朝鲜族民居特色空间 176
　　一、温突（ONDOL） 176

|　　二、鼎厨间（JEONGJI） | 177 |
|　　三、凹廊（MARU） | 177 |

第六节　可持续发展 … 178
　　一、材料运用 … 178
　　二、取暖 … 178
　　三、环境 … 179

第五章　东北其他少数民族传统民居 … 181

第一节　民族概况 … 182
　　一、鄂温克族 … 182
　　二、鄂伦春族 … 184
　　三、赫哲族 … 187

第二节　民族聚落 … 189
　　一、鄂温克族聚落 … 189
　　二、鄂伦春族季节性聚落 … 191
　　三、赫哲族季节性聚落 … 193

第三节　三个民族在建筑类型中体现的传统文化 … 196
　　一、民族传统建筑造型 … 196
　　二、民族传统建筑空间 … 201
　　三、民族传统建筑技术 … 206

第四节　三个民族建筑的文化表征 … 208
　　一、鄂温克族传统建筑中的传统文化表达 … 208
　　二、鄂伦春族传统建筑中的传统文化表达 … 211
　　三、赫哲族传统建筑中的传统文化表达 … 214

第六章　东北传统民居的借鉴与技术改进 … 219

第一节　传统民居中的生态技术 … 220
　　一、采暖技术 … 220
　　二、环保材料 … 221

第二节　传统民居的技术改进 … 223
　　一、平面布局 … 223
　　二、墙体节能 … 224
　　三、新技术应用 … 226

第三节　新民居的设计实例分析 … 232
　　一、建筑设计概述 … 232
　　二、材料选用 … 232
　　三、围护结构节能措施 … 232
　　四、采暖和通风系统技术措施 … 233
　　五、使用评价 … 233

主要参考文献 … 234
后记 … 237
作者简介 … 238

第一章 概论

第一节　自然环境

建筑是人类与大自然不断抗争的产物，其功能是在自然环境不能保证令人满意的条件下，创造一个微环境来满足使用者的安全与健康以及生产生活过程的需要，因此从建筑出现开始，"建筑"和"自然环境"两者就是不可分割的。从躲避自然环境对人身的侵袭开始，随着人类文明的进步，人们对建筑的要求以及环保意识不断提高，至今人们希望建筑物特别是民居建筑应满足安全、健康、舒适、生态、便捷等要求。而人们在长期的建筑活动中，结合各自生活区域的资源、自然地理和气候等条件，因地制宜、就地取材，积累了很多设计经验。因此对东北传统民居与自然环境之间的关系进行探讨的必要性，是毋庸置疑的。

在东北地区，无论是汉族，还是满族、朝鲜族等少数民族的传统民居，大部分为合院式固定民居。在所有民居模式中，合院式民居是中国最普遍的一类民居，也是民居形态中材料使用和结构技术最先进、构成要素最丰富、"礼"的层次最复杂和装修装饰最多样的一种类型。从某种意义上讲，它是农耕社会里最先进的一种民居模式，也是封建社会形态物化自然环境较理想的一种模式。

一、气候对民居形态的影响

美国亨廷顿《气候与文明》中指出："一个民族不管是古代还是现代，若没有气候促进因素，就不能达到文明的顶峰，气候是人类文化的原动力、人口移动的主因、能源的主宰以及区别国家特性的重要因素，这些观点在一定程度上反映了以气候为代表的自然环境对人类社会发展带来的影响。"

建筑是人类适应气候的产物，它的产生和发展与气候密不可分。气候是长时间内气象要素和天气现象的平均或统计状态，时间尺度为月、季、年、数年到百年以上。气候以冷、暖、干、湿这些特征来衡量，通常由某一时期的平均值和离差值表征。影响区域气候的主要因素是温度、湿度、蒸发量、风向和风速以及太阳的辐射量。由于在建筑的构造设计中，要根据当地的气候因素和考虑热能的存储，根据平均气温、风向和风速确定墙壁和屋顶的保温隔热性能、窗玻璃的层数；根据建筑坐落位置的太阳照射角度，来确定建筑的朝向与遮檐的形式和深度，所以东北地区的气候条件是其传统民居形态最重要的影响因素之一。

东北地区位于北纬40°～55°之间，地处亚欧大陆东缘，我国大陆的东北部，是我国纬度最高的区域。其地域辽阔，气候地理学中的范围包括黑龙江、吉林、辽宁三省和内蒙古自治区东部的三市一盟（赤峰市、通辽市、兴安市和呼伦贝尔盟），地跨寒温带、中温带和暖温带，属于温带大陆性季风气候。东北地区气候的基本特征是：具有寒冷而漫长的冬季，温暖、湿润而短促的夏季。由于北临北半球冬季的寒极——东西伯利亚，冬季强大的冷空气南下，盛行寒冷干燥的西北风，使之成为同纬度各地中最寒冷的地区，与同纬度的其他地区相比，温度一般低15℃左右。夏季受低纬度海洋湿热气流影响，气温则高于同纬度各地区。因此，东北地区年温差大大高于同纬度各地。东北地区冬季寒冷而漫长，早春寒潮多，夏季短促。同时，与同纬度的其他国家相比，我国东北地区冬季的日照时间普遍较长，冬季需要供暖期间，太阳辐射热量较大，太阳能资源比较丰富，所以东北地区对太阳能的利用有一定的优势。

特殊的自然环境决定着东北民居的存在形式，大部分在形体上属于横长方形，具有良好的地域气候适应性。在平面布局上，为了接受更多的阳光和避免北方袭来的寒流，故将房屋长的一面向南，大部分门和窗设于南面。它的规模虽然根据居住者的经济条件而不同，有一间、两间、三间、四间、五间，乃至六七间不等，但面阔一间与两间的小型民居，门窗位置与室内间壁的处理比较随意自由，三间以上的除了若干乡村民居和旧式满族民居不受汉族传统的礼教所束缚以外，几乎都以中央明间为中心，采取左右对称的方式。由于各地区自然条件的差异，墙的结构有板筑墙、土墼墙、砖墙、乱石墙、木架竹笆墙与井干式等数种；屋顶形式有近乎平顶的一面坡与两落水，以及囤顶、攒尖顶、硬山顶、悬山顶、歇山顶、四注顶等不同的式样。

（1）面阔一间的横长方形传统民居。该类型民居大多分布在东北地区内蒙古自治区东部，入口通常设于南面，但门窗位置并不对称，室内设灶与火炕。屋顶用夹草泥做成四角攒尖顶，四角微微反翘，显然受汉族建筑的影响。除了改圆形平面为长方形以外，它的设计原则和固定蒙古包并无二致。其用柳条作为骨架，在柳条两侧涂抹夹草泥，在建筑外设炉灶，使暖气通过建筑地面下部，从相对方向的烟囱散出。

（2）面阔二间的横长方形传统民居。该类型有两种，第一种传统民居东西北三面用较厚的土墙，南面除东侧一间辟门外，其余部分都在坎墙上设窗。内部以间壁分为两间：东侧作为起居室，西侧为卧室，而土炕紧靠于卧室的南窗下。墙内以木柱承载梁架，上覆麦秸泥做成的屋顶，仅向一面排水，其坡度变化在5%～8%之间，俗称为一面坡。这种麦秸泥做成的坡度平缓的屋顶，除了一面坡的形式以外，还有前后对称或前长后短或前短后长的两落水屋顶，以及微微向上成弧形的囤顶等数种样式，东北地区使用囤顶的较多，而一面坡的较为普遍。它的产生原因，首先是气候方面，东北地区的最大雨量，平均每年在400～700mm，70%～80%的降水集中在夏季6、7月份，人们只要在雨季前修理屋面一次，便无漏雨危险；其次是经济方面，因坡度较低可节省梁架木料，而麦秸泥较瓦顶更适合农村的经济水准。因此在许多乡村甚至较小城市中，几乎大部分使用这几种屋顶，也有在同一建筑群中，仅主要建筑用瓦顶而附属建筑用一面坡或囤顶，这也可见气候、经济是决定建筑式样和结构的基本因素（图1-1）。

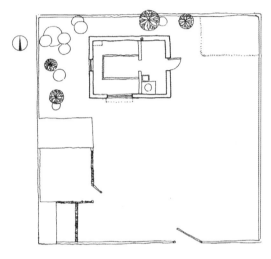

图1-1 面阔二间的横长方形传统民居[1]

前述各种麦秸泥屋顶的结构，可分梁架与屋面两部分来说明。梁架方面，如为简单的一面坡顶，可依需要的坡度将木梁斜列，一头高，一头低，再在梁上置檩，檩上布椽。如为两落水屋顶或囤顶，则木梁保持水平状态，再在梁上立瓜柱承载檩子及椽子，只将瓜柱高度予以调整，便可做出需要的坡度。屋面做法，先在椽子外端置连檐，再在内侧铺望板或芦席一层，然后铺芦苇秆或高粱秆，但简陋的房屋也有省去望板和芦席，而在椽子上直接铺芦苇秆或高粱秆。芦苇秆和高粱秆的厚度，各地颇有出入，但是大都在10cm左右厚，从而也致使连檐的高度有些变化。上部泥顶一般用麦秸泥，即在泥内加入麦秸，用木拍分层打紧。但也有些地方以麻刀代替麦秸，最后再用青灰和石灰找平粉光。较考究的房子用煤渣代替泥土，则数年不用修理亦不漏雨。麦秸泥厚度在20cm左右，其上铺3cm厚的碱土，打紧墁平，防止雨水，如无碱土则在泥内加入碱水或盐代替之。檐口的排水方法有数种：简单的仅于连檐上面铺砖一排，插入麦秸泥内，称为砖檐；或铺瓦一排，称为瓦檐；或在麦秸泥的周围砌走砖一排，砖上粉石灰浆拦住雨水，另在适当的地点以较长的板瓦向外排水。至于此种屋顶的施工，为防止泥土受冻或因阳光直射蒸发产生开裂，以春秋季为最适宜时间。

从麦秸泥屋顶的做法可以看出我国劳动人民就地取材与因材致用的高度智慧。其中用碱土及泥内加碱水或盐水的方法，效力可能并不太大，但这种方法异常简便，农民自己可以动手建造，无疑适于过去广大东北农村的经济状况，在今天也应该予以研究和提高。

第二种传统民居是井干式房屋，平面也分为两间，但有平房与楼房两种式样。平房的规模颇小，面阔不过5m多，进深不到2.5m。内部划分为大小两间。东侧一间较大，下作卧室，上设木架，搁放什物，所以它的外观比较高耸。西侧一间作为厨房与猪圈之用，皆仅有一门，无窗及烟囱。楼房面阔约7m左右，前设走廊，廊的一端为厨房。入口设于东侧一间，门内为起居室。西侧一间较小，作卧室，内有木梯通至上层，供存放粮食之用。因当地木材比较丰富，故内外壁体用木料层层相压，至角十字形相交。这种东北传统民居大多分布在山岳地区，其木料断面有圆形、长方形与六角形数种，再在木缝内外两侧涂抹泥土，以防止风雨侵入。梁架结构仅在壁体上立瓜柱，承载檩子，颇简单。屋顶式样用坡度较缓的悬山式，正面和山面都挑出颇长，覆以筒瓦和板瓦。

（3）面阔三间横长方形传统民居。该类型横长方形传统民居中央明间供奉祖先并兼作起居和客堂，所以面阔稍大，左右次间作卧室，面阔较窄，很明显地受宗法社会习惯所支配。为了抵御寒冷气候，一般在卧室内靠南窗处设土炕，但也有南北两面都设有炕床的。墙壁下部的裙肩用乱石砌成，其上为土墙。悬山式屋顶在椽子上铺小米秆，次铺泥土一层，其上再铺小米秆，仅以两根木杆压住屋顶上部，比其他地区在草顶上用"马鞍"式正脊更为简单。悬山部分虽挑出不大，但仍饰以较小的博风板（图1-2）。

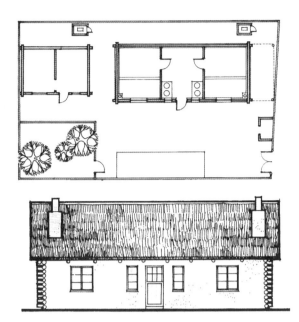

图1-2 面阔三间的横长方形传统民居

较富裕的地主往往在房屋周围绕以土墙，自成一廊，围墙作纵长方形。大门内西侧有石碾，其后建三开间横长方形房屋一座，当是工人居住地点。东侧角上为猪圈与厕所。后部用两个三开间横长方形房屋连为"一"字形，系主人的居所。前部西侧建储藏室一间，东侧划为菜地，整个布局异常简单，可以把生活所必需的东西都纳入围墙内，忠实地反映东北农村中自然经济生活的情况。

在横长方形民居中以面阔三间最为普遍，但墙壁屋顶的结构式样随着各地区的气候、乡土材料和生活习惯的差异，做法上也存在或多或少的变化。

（4）面阔五间横长方形传统民居。该类横长方形传统民居有两种，一种属于汉族，另一种是原来满族所特有而现在不大使用的住宅（图1-3）。

汉族的五开间传统民居，不论壁体用砖、石或土墼、夯土、竹笆、木板，也不管屋顶用硬山墙式或悬山式，但在平面布置上，中央明间的面阔总是稍宽，左右次间和梢间则稍窄，使人一见而知明间是房屋的主要部分。不过这种宗法社会的习惯虽然构成了汉族住宅平面和立面的重要特征，但也有若干例外，如哈尔滨的民居，各间面

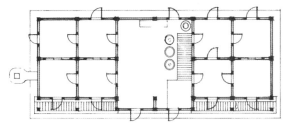

图1-3 面阔五间的横长方形传统民居[2]

阔完全相等，而且明间与东次间都在南面设入口，两者之间的隔墙开门一处，除了一家使用以外，又可将次门堵塞分住两家，是很经济的布局方法。它的屋顶结构，在椽子上铺望板，其次铺泥土一层，最上铺小米秆，山墙高出屋面以上。

满族的五开间民居虽也在南面开门窗，可是在东次间与东梢间之间，以间壁划分为两部分。入口设于东次间。入门为一大间，沿南、西、北三面设炕床，而西壁奉祀祖先是最重要的地点。橱柜多沿西、北两面的墙壁，置于炕上。炉灶设于东次间的北部。东梢间内又以间壁分为前后两个卧室，往往作为新婚的洞房。这种满族五开间传统民居据13世纪上半期的记载，似11世纪业已萌芽，此后成为满族民居的标准形体。

(5) 面阔七开间横长方形传统民居。该类横长方形传统民居一般不多见，多为合住性质的住房，其在结构上，仍用木构架与砖墙，但屋顶用东北地区向上微微突起的囤顶。屋面做法是在椽子上铺芦席一层，次铺15cm厚的高粱秆，檐口再置通长的连檐，使高粱秆不向外侧移动，其上再做10～20cm厚的麦秸秆泥与3cm厚的碱土面，外端用薄砖一层与蝴蝶瓦向外排水，整个出檐约自墙面挑出50cm左右。此类住宅的屋面虽然具有需要经常修理的缺点，但是此类民居的寿命可达上百年。

(6) 满族的"口袋房"。民居建筑伴随其社会的发展，逐渐形成了自己独特的格局。其中最有特色的就是"口袋房"。"口袋房"屋门开在东侧，一进门的房间是灶屋，西侧居室则是两间或三间相连。卧室分为一榀、二榀、三榀等。

满族主要生活在东北地区较寒冷区域，为适应北方地区的严寒气候，抵御冬季风雪，墙体的厚度为：北墙450～500mm，南墙400～420mm，山墙370～380mm，隔墙80～200mm，同时为了实现采光充足、便于通风，传统满族民居南北均设置窗户，南面的窗户较宽大，北面的窗户较狭窄，既通风又保暖。窗户上、下开合，上扇窗户为结实的木条制作。木条上刻有"云字文"等满族人喜爱的传统花纹。窗户纸糊在窗外，不仅可以加大窗户纸的采光面积，抵御大风雪的冲击，还可以避免因窗户纸的一冷一热造成脱落的现象。为了增强窗户纸的经久耐用性，通常将其用盐水、酥油浸泡，从而不会因风吹日晒而很快损坏。窗户在下面固定，可以向外翻转，避免大风吹坏窗户。在房门的设计上采用双层门，分内门和风门。内门在里，为木板制作的双扇门，门上有木头制作的插销；风门为单扇，门上部为雕刻成方花格子，外面糊纸，下部为木板。

满族睡的炕称为"万字炕"(图1-4)，或称"转圈炕"、"拐子炕"、"蔓枝炕"等，满语称"土瓦"。满族的火炕有自己的特点：第一，环室为炕。卧室内南北对起通炕，西边砌一窄炕，也有的西炕与南、北炕同宽，且与南、北炕相连，构成了"Π"形。烟囱通过墙壁通到外面；第二，炕面较为宽大，有五尺多宽。炕既是起居的地方，又是坐卧的地方；第三，也是最为重要的一点——保暖。满族使用和发明的火炕是通过做饭的锅灶来供热的，做饭、烧水等锅灶所产生的热气都通过火炕，所以炕总是热的。有的人家为了更好地保暖，把室内地面以下也修成烟道，称为"火地"，或称"地炕"；第四，烟囱出在地面上，也是满足传统民居的又一个特色。满族炕大，烟囱也粗，用砖和泥垒成

图1-4 满族的"万字炕"

长方形,满语称为"呼兰"。烟囱高出屋檐数尺,通过孔道与炕相连。满族人喜欢热炕,他们往往在炕沿下镶木板,上面雕刻卷云纹等图案,朴素而美观的装饰与铺地的大方青砖相映成趣。

此外,满族长期生活在东北松花江和黑龙江下游广阔地域,这里的地域气候条件、生产生活方式以及社会发展水平决定了满族传统民居特征,并逐渐形成东北少数民族特点鲜明的寝居习俗。为了抵御冬季风雪和严寒,满族先世肃慎人、挹娄人和勿吉人基本为"穴居"。女真族在形成期,仍然沿袭先世的"穴居"习俗。随着女真社会生产力的不断发展以及中原建筑的影响,女真平民的住宅有了很大的进步,在广泛使用火炕取暖的同时,逐渐由"穴居"转向在地面建房。女真族的这一居住习俗,被后来的满族人所承袭,可以说满族的火炕可以追溯到很久以前。

(7) 朝鲜族民居。东北地区从事农耕的朝鲜族,其传统民居的形态仍然保持单层横长方形,门窗的设置也与汉族、满族民居相类似,但是在平面布局上有些变化。根据正房、外房和内房以及长廊、大门的分布,经常采用的平面布局有四种类型:仅有正房的单幢房子,为单排房;正房和外房呈并排布置的双幢房;正房与外房的平面布置呈"L"形折角房;正房、外房、长廊和大门的平面布置为"口"字形,即四合院。正房分成里屋、上屋和头上屋,各屋之间用"横推门"隔开,需要时,推开门扇就成了一个大通间。各屋都有通向外面的门,门前有木板廊台,方便人们脱鞋进屋。

朝鲜族传统民居的结构最能表现其民族特色的是房柱和屋顶。房柱分为圆柱和角柱,圆柱有直圆柱和鼓形圆柱;角柱有四方柱和八角柱。房柱沿屋四周分布,下端可装置环形的木栏杆,顶端连接梁和檩,再用斗顶托房檐。屋顶均为有屋脊的结构,采用悬山式和歇山式屋顶。为了装饰屋顶的四角,把椽子架成扇形,有时还装上双层的椽子。

朝鲜族讲究庭院的布置,一般的院子有里院和后院,里院四周全是房屋,很像一个外间大屋。里院有井和放酱缸的台子,还有吸引人们观赏的花圃。有的地区,里院还设有一层或两层的长台,把各样花盆摆在上面,使人感到美好和温馨。后院和里院周围栽有各种树木,并砌有围墙,这就使得房屋的庭院绿树成荫,房内清爽宜人。里院像外间大屋,后院就像果木园,很适合人们休憩。院里或房前有井,自古以来,我国人民在选房基时,首先要勘定可供挖井的地方。水井有用吊桶的井,用辘斗的井和浅井。井边一般都栽有树木,绿茵蓊郁,凉风习习。过去,因为以务农为主,住家都设有保管农具、谷物的库房和喂养家畜的牲口圈。这些与营生有关的建筑,都建立在紧靠大门的地方,这样,与居室距离较远,又有一定的遮掩性。

朝鲜族室内的取暖设施也是火炕,而朝鲜族火炕的特点也主要在炕面。浸透了油而发黄的、又光又滑的"炕油纸"铺在炕面上,显得干净爽快，而且容易擦拭。住家的油纸炕上，备有莞草席子或各种坐垫。按照习俗，老人坐卧在热炕头，年轻人坐卧在"炕梢"。长幼有序，非常和谐（图1-5）。

(8) 达斡尔族民居。传统的达斡尔族民居，多以松木为房架，以土坯或土堂为墙，里外抹几道黄泥，屋顶铺草苫，房屋二间、三间、五间不等。二间房以西屋为卧室，东屋为厨房；三间房或五间房以中间一间为厨房，两边为居室。房子一般是坐北朝南，注重采光。窗户多是达斡尔族房屋的一大特点。

达斡尔族聚居的地区都依山傍水，多坐落在风景秀丽的地方，房舍院落修建得十分整齐，给人一种大方雅观的印象。达斡尔族人居住的大半是大马架或者是两间草房，院墙几乎全是用柳树条编织的带有各种花纹的篱笆，院落十分严谨。马棚和牛舍一般都是修在离院子较远的地方，这使得院内能保持清洁。

流行于今内蒙古莫力达瓦达斡尔族自治旗一带的达斡尔族民居还有一种"介"字形草房，这种"介"字形草房多取松木用"榫合法"搭成房架，房顶椽子上铺以柳条、苇席，用泥抹平，再覆以草苫或小麦秸秆，用马鞍形木架压住。墙用从草地上铲来的草坯垒成，里外用泥抹平。屋内隔成2~5间不等。以西屋为上屋，住人，靠西、南、北三面墙砌炕，天棚和墙壁讲究装饰。东屋为下屋，南北紧靠隔墙砌灶，烟筒通出东西墙外1m左右，门多开于南墙东侧。南墙、西墙开窗，窗外糊纸。正房前东西两侧盖有厢房，东西厢房南面筑畜圈。院墙用红柳条编成的带花纹的篱笆搭成。

达斡尔族居室的南、北、西三面或南、东、北三面建有相连的三大炕，俗称"蔓子炕"。"蔓子炕"保温性能好，是达斡尔族人冬季不可缺少的取暖设施。过去，达斡尔族的炕面大都铺苇席，也有铺桦树皮的，现在，很多人家已铺上人造纤维板（图1-6）。

与满族一样，达斡尔族人的居室以西屋为贵。西屋又以南炕为上，多由长辈居住。儿子、儿媳及其孩子多居北炕或东屋，西炕则专供客人起居。居室内也有一横梁，是悬挂摇篮的地方。达斡尔

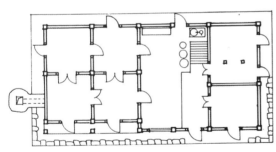

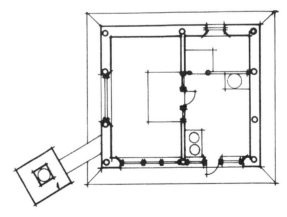

图1-5 朝鲜族民居[3]

图1-6 达斡尔族民居[4]

族的传统民居具有草顶西窗、坚固耐用、冬暖夏凉和宽敞明亮的特点。

（9）"马架子房"和"仓房"。赫哲族与满族、鄂伦春、朝鲜和汉族交错杂居在黑龙江、松花江、乌苏里江的三江平原的沿江地带，从古至今"夏捕鱼作粮，冬捕貂易货"，属于渔猎经济文化类型。赫哲族的传统民居为"马架子房"。其特点是：山墙向南背北，门开在南山墙上，门两侧各有一扇窗。室内东、西两面搭火炕，炕南端置厨灶，外呈马鞍架形，所以叫马架子房（图1-7）。

赫哲族人还习惯在树上搭盖一种木制的"仓房"，选四棵高大的树为柱，然后用较细的木头为檩子，以树的距离为房子的长度，房顶为"脊形"，夏天储藏冬天的东西，冬天储藏夏天的东西（图1-8）。

通过以上对各种类型东北地区传统民居的介绍，我们可以看出气候对于东北传统民居围护结构热工性能的影响甚巨。从建筑材料的选择，构造做法的安排，技术手段的运用，再到平面及空间的布局，都是因气候因素的影响决定取舍。具体体现在建筑措施上，包括防寒、隔热、纳阳等各方面，但东北地区还是以防寒为主。

（一）防寒

1. 布局松散

我国东北地区寒冷，采暖期一般可达6个月，黑龙江最冷时室外温度达到-40℃。故在东北地区防寒保暖则成为传统民居的首要考虑问题。为了防寒，东北地区的传统民居总体采用松散布局的形式，从而获得更多的阳光，同时为了满足在漫长冬季的日照采光需求，建筑大多坐北朝南，并且一些民居还把主要入口设置在南面。从太阳照射的时间和照射的深度方面来说，在东北地区向南的房间具有冬暖夏凉的特点；从主导风向方面来说，东北地区民居在朝向的选择上应该尽量让正房的长轴方向垂直于冬季的主导季风方向，加强建筑之间的挡风作用，降低热损耗。要尽量避免北向，这不仅是因为北向的房间冬季较难获得足够的日照，还因为冬季来自北面的寒冷空气会对建筑热工环境产生非常不利的影响。且空气流速越快，建筑围护结构的外表面热阻越小，通过建筑开口处的散热量就越大。所以东北传统民居北向开口的甚少。

由于东北地区平原居多，地势平缓地带上的村落，主要道路大多沿东西向成带形分布，民居间的距离较大。南北向道路较小，主要起辅助交通的作用，这也是考虑严寒气候下充分采光的结

图1-7 马架子房

图1-8 仓房

果。在传统民居群体布局形式上,大都采取行列式布局,其特点是绝大部分建筑物可以获得良好的朝向,从而有利于建筑争取良好的日照、采光和通风条件。而且东北地区地广人稀,土地资源相对丰富也是采用行列式布局的原因之一。但行列式布局的地形适应性也较强,不利于形成完整、安静的空间和院落,建筑群体组合也比较单调。而周边式布局由于建筑四周排列,难以保证朝向均好,而且不利于自然通风,所以很少见到这种形式的布局。

有些东北传统民居群体在行列式布局的同时故意错开一个角度,构成错列式布局,这样可以改善夏季的通风效果。因为通风效果与当地主导风向的入射角度有很大的关系,当行列式布局与主导风向垂直时,由于前排建筑的遮挡,后排建筑的通风效果不理想,为了获得较好的通风效果,只有加大前后排间距。当与主导风向的夹角为30°时,其效果实际上是在气流的方向上增加了建筑的间距。这种布局能更好地将风引向建筑群内部。

2. 规整的建筑形体

由于冬季温度较低,东北传统民居个体大都矮小紧凑,形体规整,平面一般呈横长方形,大多采用硬山的屋顶形式,形成这样的外形特征可以从体形系数的角度来解释。体形系数是衡量一个建筑物是否有利于保温的重要参数,对于同样体积的建筑物,在各向外围护结构的传热情况均相同时,外围护结构的外表面积越小,传出的热量越小。建筑的体形系数与耗热量基本呈线性正比关系。如图1-9所示,以立方体为基准,不同建筑体形在空间总量相同时外表面面积的差异。

尽管东北地区冬季气温很低,但大部分地区日照辐射还比较强,因此南向和东西向的外界面在向外散失热量的同时也接受太阳辐射,尤其是南向,受热吸收的日照辐射热量大于其向外散失的热量,因此建筑的体形不能只以外界面越少越好来评价,还要以南向外界面足够大,同时其他方向外界面尽可能小为标准来评价。通过建筑热

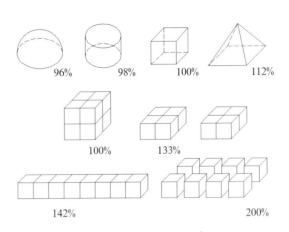

图1-9 不同体形在空间总量相同时外表面面积差异

工有关计算得知,在冬至日,单位面积墙面南北向接受日照获得的热量大于东西向单位面积获得的热量。这说明建筑长轴方向垂直于南北方向,不仅可以使南向空间充分受益,而且也增加了整个建筑获得的热量。由此可以得知,东北地区建筑的体形对寒冷气候的适应在平面上,一方面要尽量增大进深以减小体形系数,使建筑平面形式尽可能向四个方向扩展,接近于正方形,以减小围护结构的外表面散热面积;另一方面由于体形系数相同时(建筑朝向、底面积和高度都相同的两座建筑),南向面积越大,得到的太阳辐射热量越多。因此,建筑的平面布局在维持一定进深的基础上,沿面阔方向增加开间数量,而并非单纯为减小体形系数而向四个方向同时扩展。民居的平面选择,综合考虑了体形系数和日照的影响,形成了现在东北传统民居的这种横长方形的平面形式。如果单从体形系数上看,同一建筑采用平屋顶体形系数最小,但实际上综合考虑雨雪等其他气候因素的影响,东北传统民居普遍采用了硬山顶的形式,坡度较缓,这样有利于冬季屋面积雪的适量保存,使雪本身作为一种有效的自然保温材料,加强屋面在寒冷冬季的保温效果,这是适应本地区气候的一种方式。另外从屋顶形式上看,硬山顶也是较其他类型的坡屋顶来说体形系数最小的屋顶形式。同时,东北传统民居的空间布局紧凑、功能流线短捷,具有较高的功能运作效率,这也就促使了东北传统民居平面形成较小

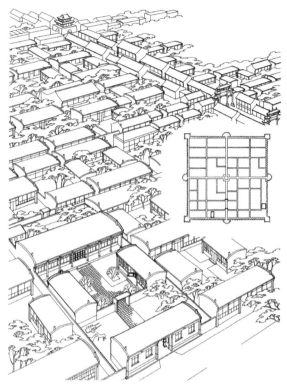

图1-10 东北村落总体鸟瞰[5]

的体形系数（图1-10）。

东北传统民居墙体虽然很厚，但是屋顶相对单薄，采用单层瓦屋面的屋顶，隔热和保温性能都非常差，而且屋顶的展开面积很大，对整体保温不利。因此传统民居一般在室内屋架上做有吊顶天棚，使得屋架与天棚之间形成独立的隔寒层。有的在天棚中放置锯末或者草木灰，再在天棚下裱糊纸张数层，进一步增加保温效果。传统民居的天棚很轻，易于制作，有船底棚、斗底棚、平棚三种做法。较小的房屋采用平棚，船底棚和斗底棚一般用于较宽大的房屋。船底棚是自檐檩内部开始，各向上沿屋顶坡度至二柁底面为止再做平顶一段，呈船底状。由于传统民居的层高都比较低，船底棚的做法使室内净空扩大，空气畅通，减少了低矮压抑的感觉，较为实用。斗底棚做成四面坡度，做法与船底棚相仿，但要求房屋必须足够宽大，平棚一般用在相对次要的房间。而在入口的灶间，通常不做吊顶，这样有利于通风排烟。

3. 厚重的墙体构造

墙体作为建筑中重要的组成元素，不但起到维护和分割空间的作用，而且具有保温隔热的重要作用。东北传统民居的墙体厚重而且在维护结构中所占面积比例很大，东北民众历来就非常注重墙体的保温，形成了独特的做法。一般来说，为了抵御冬季寒冷的西北风，北墙最厚，南墙其次，山墙再次，室内隔墙由于不承重，而且不需要保暖隔热，普遍做得很薄，经济状况差的用草泥墙，经济状况好的用木板墙。墙体的砌筑，一般都是外层为好砖，内用碎砖衬里，这种做法可以节省大量用砖。

东北传统民居的墙体大都是由几种材料组合而成，纯木、纯草、纯石头的民居较少，即便是采用单一的材料作为主体，也会采取添加或涂抹泥土等保暖措施。传统民居的墙体，砖墙由于当时技术和经济水平的限制，为了节约用砖，采用内外两侧砌砖，中间是碎砖并灌白灰浆使其结合紧密，保温性能优于单一砖墙保温效果。而木骨泥等复合墙体或纯木、纯草、纯石头形式的民居，由于取材容易，建造简便、造价低廉，使用人群较多。

建筑的保温性能包括防止热量散失和保持温度稳定两个方面。我们经常提到的传热系数和热阻是属于前者，而保持温度稳定则由围护结构的蓄热系数和热惰性指标来衡量。传统民居建筑复合式墙体中主要起保温作用的轻质保温材料虽然传热系数较小，但蓄热系数不大，热惰性指标较低，不能较好地保持室内温度稳定；而采用较厚的砖墙，虽然浪费一定占地面积和材料，但围护结构的热阻和热惰性指标都较高。

满族人还创造出来一种采暖设施——火墙。火墙是中空的墙体，一般与灶台连接，取暖、做饭两用，通常设在炕面上。火墙的应用可以弥补单纯靠火炕供热的缺陷，使室内温度分布更均匀，形成更为舒适的活动空间，后来广泛传播到东北各地。火墙的一般做法是用砖立砌成空洞形式，厚度约30cm，而长度、高度则视室内空间大小决定。内表面用砂子加泥，以抹布沾水抹光，这样可以使烟道内烟气流通毫无阻碍，升温更快，外部涂以白灰或石膏。对于火墙的维护至关重要，不能使之受潮，须经常掏出洞内烟灰。如果不常掏烟灰，不仅会缩短火墙的寿命，而且积聚时间太长，烟灰结块容易燃烧，造成火墙爆炸。

火墙是很便利的采暖设施，构造简单，外观上和室内隔墙并无不同。火墙的最大优点是散热量大，散热面积在室内占较大部分，因而温度比较平均，灰土较少，并且火墙的建筑位置、大小可以随意，有一定的灵活性。但火墙也有一定的缺陷，使用时温度过高，燃烧耗材量大；同时使用燃料的种类较少，只能用煤、木材，其他燃料都不适用。

"冷桥"是现代建筑冻害中存在较多的一种形式，它主要是由于构造不合理，建筑外围护结构局部墙体过薄或用材不当使得建筑局部导热系数过大而引起热量损失，而东北传统民居很早就考虑了这类问题。例如满族民居位于建筑外墙部位的柱子全部埋在墙体之内，这种特殊的做法是为了防止在柱子处产生"冷桥"，提高保暖性能，同时柱子也能免受外力损害。而汉族的民居中，砌墙时在平面上砌一个"八"字形的豁口，把木柱暴露在外面，这样做是为了防止木料受潮腐烂。这种墙柱位置关系的不同，充分体现了不同气候对建筑形式的影响。

由于墙体砌筑灰浆不满不实，不仅影响砌体的强度，而且会造成墙体透风，直接影响墙体保温效果。窗口窗框周围与墙体的连接处普遍存在渗透缝，由于砂浆与墙体及窗框材料的差异，很难避免干缩开裂，透风是不可避免的，而传统民居中采取砖口包框的啮合连接则避免了直缝贯通，减少了冷风与雨水渗透。如今，由于施工繁琐而被简化。

东北地区冬冷夏热，温差极大，这就有可能因温度的变化和低温的作用而造成建筑冻害。这里的冻害一方面是指由于温度变化而造成建筑构件热胀冷缩的变形和损坏；另一方面是指由于建筑构件内部或建筑构件之间的湿度变化，使水汽潮气遇冷结冰体积变大，造成建筑材料性能的改变和构件的变形与损坏。冻害造成的损坏或裂缝不仅会影响到建筑的寿命，也会极大地增大热损耗。

夯土墙是东北传统民居常采用的墙体类型，雨水残留在墙体中是不可避免的。东北地区的昼夜温差极大，尤其在冬季，晚间气温极低，这样残留在墙体中的水分就会结冰使体积膨胀，反复的冻融循环容易引起墙体开裂。而在黏土中加入稻草可以使砌块空隙率增大，具有弹性，这样即使有残留水分结冰，也可以有效地减小墙体的破坏。

另外东北传统民居平面规整，以长方形为主。温度变化时，各处受力较均衡，不易出现因某处受力相对其他地方过大而引起的墙体开裂等冻害现象。同时广泛采用的火炕、火墙等采暖措施，有助于防止冻害。室内的炕体对直接与外界接触的墙体有一定的热保护作用，避免其温度过低，也有效地减轻了冻害的影响。墙体内部充满灰浆，吸湿能力强，而且其极强的粘结力，足以抵抗因热胀冷缩而引起的应力变化。东北传统民居采用以木结构为主的承重形式，榫卯坚固，柔韧性好，山墙处也用壁柱加以固定，所以整体性强，不易因温度变化而引起变形破坏。另外还通过比较深远的出檐，防止雨水过多地积聚在防冻害的薄弱环节——墙脚。

4. 特殊的屋面形式

研究建筑屋面对气候的适应，需要从屋面与日照、风、雨、雪的关系及其保温、防水的性能等方面来考虑。

东北传统民居的屋顶按屋面材料分有瓦顶和草顶两种形式。瓦屋面一般采用小青瓦仰面铺砌，瓦面纵横整齐。瓦顶的屋脊上，有的用瓦片或花砖做些装饰，梁头、椽头皆不做装饰。它不同于北京地区采用合瓦垅，其原因是东北地区气候寒冷，冬季落雪很厚，如果采用合瓦垅，垅沟内会积满积雪，雪融化时，积水侵蚀瓦垅旁的灰泥，屋瓦容易脱落。特别是经过反复的冻融，更易发生这种现象。因此东北地区的做法是屋瓦全部用仰砌，屋顶成为两个规整的坡面，以利雨水排泄。在坡的两端做两垅或三垅合瓦压边，以减少单薄的感觉，这种做法称为"仰瓦屋面"。在房檐边处以双重滴水瓦结束，既有装饰作用，又能加快屋面排水速度。

草屋顶是东北传统民居中较为多见的屋面形式。一般草房都建在立柱上，首先置檩木再挂椽子，多为三条椽子。椽子以上铺柳条或者苇芭或秫秸，在这些间隔物顶上再铺大泥，称作"望泥"，也叫巴泥，厚度约10cm。为了防止寒气透入，再加草泥辫一层，这样可以防寒又可延长使用。最顶部分稗草铺置平整，久经风雨，草作黑褐色，整洁朴素，俗称"草泥房"（图1-11）。草房做法，屋檐苫草要薄，屋脊苫草要厚，正如俗语所说"檐薄脊厚，气死龙王漏"。

屋脊的样式主要有两种，一种是实心脊，即屋脊全部为实体，造型简洁；另一种是花瓦脊，屋脊用瓦片或花砖装饰，又叫"玲珑脊"，做法比较讲究。花瓦脊的具体做法是：在铺完瓦屋面后，在两排青瓦的接缝上方正扣青瓦一排，在空隙部分填充泥灰。这样的构造做法可以在泥灰渗水时依然可以防止雨雪渗入屋内。之后在上面铺砌一皮或两皮的胎子砖，铺一层脊帽盖瓦，在上面用瓦片拼出图案。上面再设一层脊帽盖瓦，两端则用青砖砌实。在做实心脊时则将拼花瓦片部分以青砖代替。

东北传统民居的屋顶较为缓和，但相对华北地区来讲比较陡峭，也是由于不同气候的影响。东北地区多雪，尤其是在冬天，气候长期严寒，降落在屋顶的雪可能会很长时间也不易融化，这样就给屋顶增添了很大的雪荷载，对于房屋的结构体系造成了不小的负担，从而降低房屋的使用寿命。因此，将屋顶的坡度增大，首先可以使积雪在自身重力的作用下，很快滑落。另一方面，在积雪融化时，也可以使雪水迅速沿瓦沟排出，如果屋顶坡度过缓，则容易造成排水不畅，这样到晚上融雪重新结冰，对屋面结构的破坏是十分严重的。

5. 独特的采暖方式

东北地区传统民居大量采用火炕取暖，提高室内温度。富户人家也兼用火盆、火炉取暖。火炕以砖或土坯砌筑，高约60cm左右。火炕有不同做法，按照炕洞来区分，可分为长洞式、横洞式、花洞式三种。炕洞数量根据材料和面积大小的不同，一般从三洞至五洞不等，选择哪种形式，无定规，由工匠临时决定。炕洞一端与灶台相连，一端与山墙外的烟囱相连，形成回旋式烟道。炕上以草泥抹面，铺苇席、炕褥等。灶台做饭时，烟道余热可得到充分利用，加热炕的表面。土坯砖蓄热能力强，散热时间长，因此更常用。

东北地区的满族传统民居，无论青砖瓦房还是土坯草房，都有一个显著的特征，即烟囱不是建在房顶，而是安在山墙外，像一座小塔一样立在山墙一侧，民间称之为"跨海烟囱"、"落地烟囱"，满语谓之"呼兰"。这种样式的烟囱来源于满族先民时代在山林中的住宅，由于其房顶是用桦树皮或茅草覆盖，甚至连墙壁也多用树干加工后排列组成，如果把烟囱直接设置在墙壁或房顶上会有发生火灾的危险，所以，远离房屋设置烟囱，有利于防止火灾的发生。另外，烟囱不安在房顶，还可以减小烟囱对房顶的压力，避免在房顶上修烟囱时造成烟囱底部漏水、渗水，春天雪

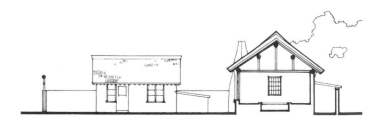

图1-11 草屋

化的时候水就从烟囱底下流入房里，容易腐蚀房屋结构。因此烟囱安在山墙边，再通过一道矮墙围成的烟道连通室内，就可以避免上述种种麻烦。烟囱立在地面上是满族民居最显著的特征之一，形式与功能很好地结合在一起。

早期做这种烟囱的材料，既不是砖石也不是土坯，而是利用森林中被虫蛀空的树干，截成适当长度直接埋在房侧，为防止裂缝漏烟和风雨侵蚀，用藤条上下捆缚，外面再抹以泥巴，成为就地取材、废物利用的杰作。满族走出山林后，这种烟囱也被带到东北的汉族居住区。随着建房材料的变化，逐渐改为用土坯和青砖砌筑，但高于房檐、下粗上细的风格依然如故。由于这种烟囱距房体有一段间隔，其间由内留烟道的短墙连接，俗称为"烟囱脖子"或"烟囱桥子"。而且烟囱坐在地面上，不仅可以延长室内烟道的长度，提高供暖效力，还适应了满族烟囱过火量大的特点。同时满族人还巧妙地设计了防止风雪从烟囱处倒灌进入灶膛的方法。火炕有三个通口，第一个通口是向灶膛中输入燃料的，第二个通口是灶膛与炕内烟道的连接口，第三个通口是火炕烟道与烟囱道的通口。灶膛中通过燃烧柴火产生的热烟就通过第二个通口排入火炕，从第三个通口中排出。在烟囱道底部挖一个深坑，作用是让冲进来的大风直接扎到深坑中，而不是直接灌入第三个通口，还要在第三个通口斜搭一块铁板，只露出洞口的大约3/5，这样的斜台既能阻碍从灶膛中产生的烟气，又能阻挡从外面进入的风雪。

（二）采光纳阳措施

在严寒的冬季，除了火炕、火盆等采暖方式外，充分利用自然能源——阳光，以补充室内温度，这对于生产力水平低下的古代社会尤为重要。因此东北传统民居从建筑的选址布局、单体建筑的朝向、洞口的位置和大小、门窗的做法等方面都充分考虑了阳光的影响。

东北的传统村落选址都尽量选择在南低北高的向阳坡地上。从日照的角度看，这样选址的好处很多，因为建筑位于向阳坡地上，建筑可以争取更多日照，温度与背阴坡地相比要高10℃左右。

从现代气候学的角度来看，日照会因为地理方位、地形、坡度标高的不同而呈现差异。以坡地为例，坡地受到的日照辐射程度与倾斜的方向、倾斜的角度息息相关，不同的坡向、坡度、坡高，其地形气候具有很大的差异。另外，地面与太阳光线所形成的角度与直接辐射热成正比，与太阳光线垂直的法线面有最大的辐射热。冬季寒冷地区，太阳辐射是天然热源，建筑基地应选在能够充分吸收阳光且与阳光仰角较小的地方。由此可见，建筑选址应当结合地形地貌特征，选择相对宜人的局地气候环境。

东北传统民居大多以院落的形式存在。院落是外界环境和室内环境间的一个融合与过渡的区域。在中国人的日常生活中，院落更是在使用上不可或缺的一部分，很多生活中的活动，如游戏、乘凉经常在这样一个露天却又围合得良好的空间中进行。院落式的布局具有重要的气候调节功能，封闭而露天的庭院能明显地起到改善气候条件和减弱不良气候侵袭的作用。利用冬夏太阳入射角的差别和早晚日照阴影的变化，庭院天井和廊檐的结合，可以有效地抵抗寒风侵袭，阻隔风沙漫扬。院落主要是通过调节庭院天井的大小、高低、开合，适应了北方强调日照、防风，南方突出遮阳、通风的要求。在这方面庭院充分发挥了建筑组群内部的小气候调节作用。不同气候区，院落空间的构成形式有很大差异。

东北传统民居的院落布局同中国其他大多数民居一样也是采用中轴线对称的格局。一户人家至少有一个院落，人口多的家庭有几进院落，沿纵轴线一进一进向外扩展。不过这种布局对土地要求比较高，需要有一块地势平坦面积较大的土地，因此在人口拥挤、土地资源短缺的市镇或坡度较陡的山地，就很少有这种布局的建筑。其中最具代表性的是三合院和四合院这两种类型。合院的平面布局一般由四部分组成，即大门入口部分、外院、内院和后院。合院构成要素一般有：正房、内厢房、外厢房、院门、腰墙、二门、影壁、风叉、配门、角门、院墙、烟囱、索罗竿子、花园等，庭院中布置得比较松散，正房与厢房之间的间距较宽。北京四合院宽深比接近 1:1，越往南院子比例越长，而东北传统民居大部分院落的宽深比在 1.2～1.9 之间不等。从外院到内院，房屋的台基和体量也是从低到高的，从而突出正房的高大和宽广明亮。

另外，东北传统民居的院落围以矮墙，高度一般低于屋脊。这种院墙高度的地域差异与日照程度密切相关。北方纬度偏高，太阳高度偏低，朝阳面的院墙如果高大，会严重阻碍居室采光。东北传统民居中有很多带前廊的房屋，特别是大型住宅在正房前端都设有前廊，有时厢房也设有前廊，廊端设置门。在组成院落时，正房和厢房的前廊连成一体，成为联系室内外的灰空间。这样在雨雪天，也可以穿行于正厢房之间，拓展了人们的活动空间。外檐出挑方式为利用椽子出挑，大户人家会有第二道椽子，即所谓的"飞椽"，飞椽既可以让檐部出挑得更远，又可以保证挑出的檐部不会遮挡室内的光线。檐部出挑还可以保护墙体在下雨或融雪的时候，屋顶的雨雪水能够顺利地排下，而不会沿着檐墙流下，从而避免墙体腐蚀，这种做法基于气候的影响而产生，也是适应气候的一种方式（图1-10）。

东北传统民居的南向墙面往往开窗很大，而北向墙面基本上开很小的窗户，也有的根本不开窗。南向开窗，大都采用支摘窗形式。支摘窗分为上下两段窗扇，上扇可以向外支起，下扇不能支起但可以摘下，故称为"支摘窗"。"支窗"为双层，外层糊纸或安玻璃，内层做纱窗，夏天将外层支起，凭纱窗通风。"摘窗"糊窗户纸，或用木板做成"护窗板"，以遮挡视线，白天摘下，晚上装上。满族民居的窗花装饰与汉族的很接近，基本元素相同，窗花大多式样简练，线条粗犷，且各种基本式样组合也比较简单。

东北传统民居的窗户形式和做法也是适应气候的一种手段。由于北方冬季寒冷，夏季酷热，大面积开窗可以获得更多的冬季采光，增加室内的温度和亮度，夏季可以更好地通风，使室内凉爽。还有少数人家开北窗，以便使通风舒畅，秋季以后则封窗缝。南向窗户尽量开敞，北向尽量不开或少开，一个突出"纳"，一个突出"防"，都是针对北方气候作出的适当处理。另外采用支摘窗不仅能减少开启和使用时对于室内空间占用，还减少了窗缝的数量，从而减少了冬季窗户的冷风渗透。

东北传统民居多采用"窗户纸糊在外"的做法，是因为东北地区冬季风大雪多，气候寒冷，室内外温差达 40～50℃，这样做不但可以用窗格作为支撑，防止风由外向里吹坏窗纸，而且有助于防止下雪时窗棂积雪。冬季外面气温低容易结霜，室内一旦升温，融化的水就会流到窗纸与窗棂的结合处，浸透窗纸，造成窗纸的损坏，而糊在外面，雪就不易附着在光滑的纸上，可以延长窗纸的寿命。另外东北地区春季多风沙，把窗户纸糊在外面，沙土也不会堆积在窗棂处，这就能保持室内的清洁明亮。窗纸上抹油，以增加室内亮度，还能增加防水防潮性能。现在的东北传统民居，都广泛采用玻璃、塑料薄膜这些现代材料，窗也都采用双扇外开的形式，传统的做法毕竟由于材料和工艺导致保温效果差而渐被淘汰。

东北传统民居的门，正门是双层门，朝南开，防止北向的寒风直接吹进室内；外门为独扇的木板门，上部是类似窗棂似的小木格，外面糊纸，下部安装木板，俗称"风门"。这种门并没有完全采用实的木板而是上部透空，一是为了增加灶间的采光，二是有利于排除室内做饭时产生的大量湿气。

门窗的朝向和大小可决定从窗户进入室内的太阳辐射总量，虽然东北地区由于气候的原因，对室内通风的要求没有南方炎热地区高，但考虑了气流分布的门窗朝向能改善室内自然通风条件。在早期的东北传统民居中，满族多采用"口袋房"的形式，因此建筑正立面也就形成了不对称的构图，后来出现的很多房屋由于受了汉族民居建筑的影响，多采用对称布置，门位于立面正中。甚至很多民居建筑原来是不对称的口袋房，后来改成对称的格局。

我们以典型的东北传统民居的正房为例来分析满族民居室内空气流通状况。由于各个季节主导风向的不同，我们可以粗略地从冬夏两季进行分析。

如图1-12所示，a、b为夏季的室内气流状况，c为冬季室内气流状况。我们可以看到，东北传统民居的南北墙面开口对位布置，而不是错位布置，并且位于房间正中，南向窗户远大于北向。这样在夏季容易形成房间中部的穿堂风，通风直接流畅，通风质量高。到了冬季，风向转为西北风，北向不开窗或开小窗（冬季密封）以阻止冷空气进入室内，风通过南向门窗进入室内，但由于开口位置短，通风效果一般，但有利于室内保温。

另外在吉林的乌拉街镇满族民居中，经常可以看到在东西厢房的南向山墙上开大窗（图1-13）。这种山墙开窗的形式在全国其他地区的民居中并不多见，但据史料记载，早在女真时期，住宅东西南三面都设大窗，以利通风采光，可见这种开窗的形式也是在寒冷的气候影响下，人们经过不断的选择与适应逐渐形成的，是为了增加射入室内的阳光辐射量，提高温度的一种措施。如图中的分析可知，在冬季，开口都处于负压区，难以形成自然通风，而到了夏季，可以形成较好的自然通风。

图1-12 满族民居冬夏两季室内空气流通

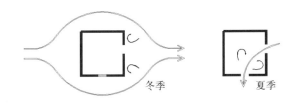

图1-13 满族民居南山墙设窗空气流通图

（三）防风防雪措施

人们对风的态度具有两重性。在干热气候区，凉爽的、带有一定湿度的风是大受欢迎的，人们也乐意接受夏季的风习习吹来，加强热量传导和对流，使人体散热增快；在气候寒冷的地区，风速过大会使人更加寒冷。太热、太冷、太强或灰尘太多的风是不受欢迎的，所以在选择建筑基地时，既要避免过冷、过热、过强、过湿的风，又要有一定风速的风吹过。在东北地区，气候寒冷，防风比通风更重要。山地地形可以改变风向，而且还可以生成局地风，因此那些由于地形影响风速较大的地方就是我们值得关注的地方。东北传统民居的村落选址一般来说，由于冬季主导风是寒冷的西北风不利于保暖防寒，背风建宅已成为山区建筑选址的一项重要原则。

另外，东北传统民居都尽量选择山腰处，通常不选择山顶、山脊、隘口这些地形建造房屋。受地形影响，风在山脚、山腰、山顶三种地方作用是不同的。在山脚，虽然附近的山体植被能起到一定的挡风作用，但容易产生霜冻效应而且不利于防洪。这里霜冻效应是指冬季晴朗无风的夜晚，冷空气沉降并停留在凹地底部、使地表面空气温度比其他地方低得多。而在山顶部，周围没有遮挡，风速较大，不利于保温。背风向阳的山腰位置是山区建宅的理想选址。隘口处也不适合住宅选址，因为那里气流集中，形成急流，成为风口。同时也不选在静风和微风频率较大的山谷深盆地、河谷低洼等地方，因为这些地方风速过小，易形成不流动的覆盖气层，导致被污染的空气不易排出，加重该区域的空气污染程度，甚至招致疾病。总之，应选择在受冬季主导风的影响较小，夏季主导风常常吹来以及近距离内常年主导风向上无大气污染源的地方。

建筑选址除了考虑规律性的季风外，还应充分考虑迎纳利用有利的地形风。所谓地形风，指的是在山区，由于地形起伏，造成日照辐射强度和辐射冷却不均而引起的热力环流。地形风归纳起来包括水陆风、山谷风、林野风几种。巧妙地利用地形风，可以创造持续稳定的自然通风效果。

满族先人最初就生活在白山黑水的山林之中，惯于"依山谷而居"，背山面水是他们建筑选址的重要原则，后来随着活动范围的扩大，慢慢迁移到地势平坦的江河流域，无法借助山体的挡风作用，只能依靠村落的总体布局，通过建筑的相互遮挡来减小风的影响。同时注重绿化的防风作用，在北、西两方向种植防护林带以减小冬季寒风的影响。

降水量（包括降雨和降雪）也是影响建筑选址的重要因素。在平原上，降水量的分布是均匀渐变的，但在山区，由于山脉的起伏，使降水量分布发生了复杂的变化。这种变化的最显著的规律有两个，一是随着海拔的升高，气温降低而降水增加，因而气候湿润程度随高度增大而迅速增加，使山区自然景观和土壤等随高度而迅速变化；二是降水量和降水强度随山的坡向、坡度不同会产生较大的变化。一般来说，向风坡上的降水量和降水强度远大于背风坡，山南坡的降水量和降水强度远大于山北坡，而且坡度愈大差别愈大。

东北地区降水量很大一部分是以降雪的形式出现的，夏季降雨也远小于南方湿热地区，而且东北地区地形以平原为主，也没有太高的山峰，因此可以忽略降水量随海拔的不同而带来的变化。总体来看，在东北地区，降水量对建筑选址的影响要比日照和风的影响小，而在南方湿热的山区，降水量就成了主要考虑的因素。

通过绿化来调节微气候，可以减弱建筑由于技术手段的不足而造成的居住环境质量的问题，而且自然生态、简便易行。所以人类自古就十分重视建筑与植物绿化的结合。长期生活在东北地区的民众对聚居环境中建筑与树种的搭配规律总结出了一套方法，包括树的高矮、疏密以及树种的选择，并且考虑生长特性与地域气候的关系以及树与建筑之间的相互影响。绿化可以起到减低气流速度的作用。当气流通过树丛时，由于与树干、树枝和树叶产生摩擦，消耗了能量，风速为之锐减。实验证明，在树高 5～10 倍的距离范围内最具有防风效果。在新宾县上夹河镇胜利村的肇宅中，树木的种植就考虑了这种作用。在正房的北面种植了高大的乔木，有效地抵抗了冬季盛行的寒风。同样在吉林乌拉街镇的后府，花园的布置也是出于抵抗冬季寒冷季风的考虑。在院落西面北面的花园，形成一个气候缓冲区，为建筑的外部空间创造了一个相对稳定的气候环境，减弱外界气候波动给建筑带来的不利影响，创造了良好的微气候环境的。

从建筑物理学的角度来看，植物枝叶之间以及植物与建筑之间滞留的空气间层形成了气候缓冲层，不论是对严寒还是酷暑都会产生阻尼防护作用，而植物随季节的形态变化也对这个气候缓冲层起到了调节作用。例如在吉林乌拉街镇的奎府中，庭院的正中偏北一点，沿中轴线对称种植了两棵高大乔木，夏季有利于降温消暑，使庭院和室内环境凉爽而适宜；在冬季落叶后，又不会遮挡阳光，更有利于建筑吸收太阳能，提高室内温度。

另外，通过对吉林乌拉街的萨府庭院中绿化的分析，我们可以看到，在建筑南面外侧布置高大乔木，内侧布置低矮灌木。高度不同的灌木和乔木配合可以将低处的气流偏转吹向远离建筑的上空，这样利于偏转冬季北面的寒风，可以有效地减小冷空气对建筑的影响。

东北传统民居中的绿化布置给了我们很好的启示。针对东北地区的气候特点，绿化的作用主要体现在抵抗寒风上，其次才是夏季遮阳。建筑外部空间绿化应当结合各地的气候特征以及当地的植物种类，充分利用当地的植物进行布局。因为当地的植物对自然环境本身就有一种与生俱来的适应性，因此能起到更好的调节气候的作用。

二、地形、地貌与民居形态的关系

地形地貌会造成局部气候的差异，进而影响到东北传统民居的分布与类型以及建筑特色的形成。因此有必要了解一下东北地区的地形地貌特点。东北地区是以东北大平原的松嫩平原为核心，地形特点大致为周围高中间低。西、北、东三面环山，西面和北面是大兴安岭、小兴安岭，从黑龙江省北部呈"人"字形，分别向西南和东南延伸，东面是长白山。因此，整个东北地区地形呈马蹄型的格局。

东北地区的地表结构自东向西大致分为三个带，最东是黑龙江、乌苏里江、兴凯湖、图们江和鸭绿江等流域低地，紧接着是大兴安岭北部、小兴安岭和长白山地，最西为东北中部平原。小兴安岭呈北东走向，平均海拔500～800m。山体由多列山地组成，大多山地顶部平坦浑圆、坡度和缓，分水岭高低起伏，河谷宽广，境内有较大面积的沼泽分布。长白山地从乌苏里江的完达山一直延续到鸭绿江边的千山。长白山地的主要特点是平行的山脉、丘陵和相当宽广的山间盆地、谷地相间排列，大致呈东北、西南走向，与本区季风方向相垂直。地势海拔多在500～1000m之间，很少超过1500m。东北中部平原包括松嫩平原及其周围的冲积台地，地势低平，海拔一般在120～250m，地表略有起伏。

东北地区幅员辽阔，地貌多样，气候复杂，历史上各民族根据自然条件的不同，本能地选择了适合自己的生活方式，东北地区很早便形成渔猎、游牧、农耕三种生存方式并存的格局。这三种生存方式在地理分布上也有明显的界限：东北地区西部，除崇山峻岭和原始森林之外，即为与蒙古相连的大草原，这里是天然的牧场，适宜游牧生活，自古以来即是乌桓、鲜卑、契丹、蒙古等游牧民族生息繁衍的区域；东北地区的南部，地势较为平坦，气候相对温暖，适于农垦生活，因此这一地区很早便为汉族开垦和占据；东北地区东部和北部，由黑龙江、乌苏里江、松花江为主脉连接而成，这一地区山林茂密，有山有水，适于渔猎生活，自古以来就是肃慎、挹娄、勿吉、靺鞨、女真、满族等渔猎民族生息繁衍的地区。满族的先世最初生活在长白山低山丘陵区，后来随着活动范围的扩大，慢慢向南迁移，走出山林进入平原。自然环境的改变，尤其是气候环境的变化导致生产生活方式的变化，进而影响了满族民居的建筑形式。

局部地形也是传统民居选址的重要考虑因素，局部地形不仅会影响到阳光、风向、水势、植被等因素，还会涉及土方平衡、排水防洪等技术问题。《管氏地理指蒙》指出，关于基地选址，"欲其高而不危，欲其低而不没，欲其显而不彰扬暴露，欲其静而不幽囚哑噎，欲其奇而不怪，欲其巧而不劣。"可见，位置的高低、形态的适度、具有特色，都是地形选择应该考虑的内容。

东北传统民居选址时，首先要选择青山环绕形成相对封闭空间，可以使基地避免大风的场地，特别是冬季西北的寒风，周围环山有利于遮挡东晒和西晒，场地宽敞平坦或在缓坡之上更便于排水，前方无高大的山体、植被及其他物体遮挡，从而便于采光纳阳，山上茂密多样的林木错落生长，提供新鲜空气、保持水土、涵养水源的同时，降低了山谷风的速度。林木群落作为夏季风的来源，还可以提供生活用的柴薪；其次，场地最好临近河流或湖泊，最好位于场地的前方，清澈的河流及湖泊可以提供生活饮用水源和丰富的水产品，便于交通运输、物资交流，还可以进行引水灌溉，夏季形成凉爽的水陆风，但是随着打井技术的发展，在远离水系的地区，临河或湖而居亦变得不重要；最后，场地四周要高，中间要低，这种模式使民居建造的场地能有效地避免雷电灾害。周围地形高、树林密都可以吸引雷电，实现自然消雷，且场地与水源保持一定的距离，场地因通风而相对干燥也有利于避雷。

虽然东北地区的气候特征总体接近，但由于地理位置、地形地貌的不同会造成局部气候的变化，也会导致东北各地的传统民居形态略有差异。

三、地方材料在民居中的运用

东北传统民居在建造中都能尽量就地取材，节省经费，因而房屋最能反映出地域的自然环境特色。

石材是许多山区最廉价的建筑材料，可就地

采用，在普通农村，土是重要的建筑材料。另外根据不同的地区，木材甚至草类、高粱秆也都用作建房的材料。东北地区不同的地方材料有不同的色彩与质感，配合得当的传统民居，具有活泼、丰富与美观的外部形象。有时建筑尽管平面形式和内部结构有其共同特点，但由于运用了不同的建筑材料，外部特征也往往千差万别，各具特色。东北传统民居用材主要使用的是天然材料，如木、土、石、砂、草、苇等，亦有一部分人工制材，如砖、瓦、灰、油、毡、布棉、麻等，使用量不多，因此传统民居的造价是最节省的，仅有部分豪宅大户使用高级天然材料，大量使用人工材料及装饰，才会使费用倍增。

（一）天然材料

1. 木材

木材结构特点是横竖杆件以榫卯搭接或穿接，其形式构图为矩形体系，形体纤细，所以不会产生厚重的、弧形的或弯曲的构图。以木材制作木骨泥墙、梁柱、屋顶檩椽、门窗、挑檐、木雕等，其规整的框架、细密的棂格都为东北传统民居建筑增添了个性色彩，更不用说木雕装饰在美学方面的贡献了。由于东北林区盛产木材，其中很多传统建筑都采用了井干式民居形式，且所用皆为乡土的一般木材，如红松、白松、黄花松等，同时在选材上比较粗大。

2. 泥土

土的使用历史亦甚早，夯土、木骨泥墙是原始社会建筑的主要用材。土的取材方便、具有良好的可塑性，保温性能好，可以和多种材料混合使用。其缺点是怕水、怕潮、强度不高。东北传统民居中对土的利用主要是夯土、土坯及泥墙三项。夯土用于地基基础或填方筑台，自从版筑技术创始以来，夯土墙成为传统民居的普遍技术，用之筑院墙、山墙、后檐墙。

土坯的使用较夯土墙更为灵活，可砌筑出各种形体，多用于非承重的填充墙、灶、火炕等，因其强度低，不耐冲淋，故用于室外多施以抹面。东北地区人们将草根盘结的湿土地，用锹切成方块，整块起出即成坯砖，成为垡子。虽然这种方法破坏了植被，实不可取，但是可以看出人们很早就已经具有了这种就地取材的观念。泥墙亦是一种古老的技术，原始社会即出现了木骨泥墙，现今农村中仍常用竹筋或竹笆抹泥墙或木筋苇束笆墙，作为外墙。东北传统民居还有垛泥墙、草辫子泥墙等。

3. 石材

主要指不规则块材和板材。一般用于围护结构，具有良好的保湿隔热性能，但是重量大，不宜太高，且施工费时费力。石墙作为承重墙在东北传统民居中也是经常使用的，但多用于山区或盛产石材地区。

4. 草、苇、秸秆

草、苇、秸秆等材料由于其具有柔软、韧性大、取材方便、产量丰富、保温性能良好等优点，在东北传统民居中常作为填充、围护、装饰、保温、防虫等材料使用。

5. 动物毛皮

人类早期使用的材料，主要为游牧民族和狩猎民族所采用，具有良好的保暖防寒的特性。在东北传统民居中主要作为围护材料，多用于游牧、狩猎民族的房屋中，如鄂伦春、满族等民居，也可作为装饰等室内材料以及室内床上用品或座椅垫等保暖用品。

（二）人工材料

东北传统民居中的人工材料以砖瓦使用最早（在我国约在西周时期就已经出现铺地砖），使用亦最广泛，其防潮、保湿性能好，且强度高，易于生产加工、施工砌筑，造价便宜，可用于筑台基、墙体、屋面、烟囱、火炕、铺设地面等方面。由于是手工制作，用处各异，所以品种较多，规格参差不齐。仅有一个大致尺寸，而无统一的绝对精确的规格尺寸。

白灰（石灰、材料胶泥）亦是一种常用人工材料，是将石灰石经焙烧而成的一种胶接结材，具有粘结性好、强度高、防潮好、易加工、造价低等特点，用之抹墙、砌砖、粉刷，效果甚好，而且价钱便宜。为了克服其开裂的缺点，在传统民居的建造过程中，往往在灰泥中加用麻刀纤维。白灰另一项重要功能即是与土混合组成"灰土"，或与砂、土混合成三合土。灰土可做基础，耐压力很强，且有防水性能，历史悠久，是传统民居建筑中长期使用的一项技术。

纸具有一定的透光性能，廉价、方便使用，但其容易燃烧、强度低。在东北传统民居中通常用作裱糊门窗以及窗花剪纸装饰用品的材料等。

动植物油脂、胶质具有不透水、胶接、可燃烧等性能，传统民居中通常用来粘结木材，作照明燃料、木制房屋的防护以及进行窗纸的浸泡，增加窗纸的透光性能和强度。

织物是利用动植物纤维编织、纺织而成的，具有良好保温和装饰特性，但强度较低、易腐蚀，其主要可以用于室内的门窗帘、床罩幔、室内纱幔、窗纱以及临时遮阳篷等。

金属由于其坚固耐用，具有可塑性，常作为连接构件（如钉子、铜金、门锁等）、装饰构件（如门环、镏金等）使用，但由于其价格较昂贵，东北传统民居使用少，多为富裕家庭使用。

第二节 社会文化要素

社会文化是指一个社会的民族特征、价值观念、生活方式、风俗习惯、伦理道德、教育水平、语言文字、社会结构等的总和，它可以包括文学、艺术、理想、信念知识、智慧、诗意、哲理、生活方式、社会意识、政治态度和精神追求等。社会文化是同社会政治、社会经济密切联系的，它是社会政治、经济的集中反映，同时它对社会政治、经济也有反作用，可以说社会文化是隐性社会动力，它同样推动了社会的发展。社会习俗、信仰、审美、价值观等因素对建筑有重要的影响。一个单纯从自然环境角度出发，而忽视社会人文要素的建筑是很难得到使用者认可的。自有人类活动以来，人的生活就处在某种特定的政治和文化环境内，人类为了满足生活世界的需要而进行生产和创造活动，建筑设计便作为一种人类有意识的活动而产生。几千年来，随着社会形态、文化内涵的变化，民居的使用功能、空间形态等都发生了巨大的变化。居住空间在社会文化、历史事件、人的活动及地域特定条件中获得了文脉意义。民居建筑放在人类历史的架构中看，应包含这一重要成分：即社会文化因素与纯粹自然环境的互动关系。也就是说，社会文化因素如何影响自然环境并影响到何种程度。居住环境是多重的，包括社会、文化和物质诸方面。物质环境的变化与其他人文领域（如社会、心理、宗教、习俗等）之间的变化存在一种关联性。居住环境的本质在于空间的组织方式，而不是形状、材质等物质方面，文化、心理、礼仪、宗教信仰和生活方式在其中扮演了重要角色。

人是组成社会的细胞，人类的生产、生活具有社会特性。人离不开社会，离不开集体，反映在住房分布上，便是具有聚居的特点。住房不仅有保障人身安全和健康的基本作用，而且也应有利于居民的生产与生活。由于人们的经济活动及生活习惯的不同，居住文化也有所区别。在古代（近代工业出现以前，或称为前资本主义时代），人类社会大体并存三种经济形态：农业、畜牧业和渔猎业。此外，当手工业在一个社会中已成为一个独立的生产部门时，自然也会成为另一种经济形态。在不同的国家或地区，不同的历史发展阶段，每种经济所占比重都不相同，有的甚至是单一经济。直到当代这种情况在某些落后的国家或地区依然存在。数千年来，在东北这片广袤的土地上，一直是农耕、畜牧、渔猎这三种经济形态并存，同步发展。手工业在农耕地区作为经济的补充，也在独立发展。

首先，农业始终是古代东北地区占主导地位的经济形态，迄今已有六七千年的历史，主要是在东北的南部、中部，北至呼伦贝尔地区，都比较早地出现了原始农业。其中，在沈阳发现的新乐遗址，更证明南部农业以及辽西地区的农牧业都超越了其他地区的发展水平。约在4000年前，农业取得了长足的进展，在辽河两岸最发达，处于领先地位。这主要归因于气候适宜，有利于农作物的生长。另一方面，自燕秦以来，于此处设置辽东郡、辽西郡，成为汉族稳固的聚居地，经营农业成为他们的主要生产方式和谋生的惟一手段。自南向北，农业在全地区逐步发展起来，连游牧、渔猎民族也在不断地向农业经济转化。

其次，在东北地区渔猎的历史比农业更为悠久。山间丛林，江河湖泊，都是渔猎的区域。如在长白山区和大小兴安岭，在遥远的黑龙江两岸、乌苏里江流域等，都是渔猎民族的栖居之所，渔猎是他们谋生的主要手段。如居住在黑龙江下游至乌苏里江沿岸的赫哲族，世代以捕鱼为生，以鱼皮和鱼肉为衣食之源，当地俗称他们为"鱼皮鞑子"。当这些民族走出丛林，进入平原，或创建政权，渔猎便降为次要地位，逐渐演变为消遣娱乐活动。如女真人建的金朝、满族建立的清朝（后金），仍保持渔猎的传统，但已不是为谋生，而成为一种娱乐活动了。

再次，畜牧经济在东北分布广泛，也很发达。不论哪个少数民族，畜牧都是他们经济生活的重要组成部分。如养马、牛、羊、猪等，在全地区都很普遍，其中以养马最为重要。专以畜牧为主的民族，主要是生活在广阔草原上的游牧民族。在黑龙江大兴安岭南北，到吉林西部、西北部，延续至辽宁西部，紧邻今内蒙古东部，形成一片宽广而无遮拦的草原地带，是其主要的畜牧区。从先秦时代的东胡，到秦汉时的乌桓、魏晋时的鲜卑、唐宋之际的契丹，直到宋初的蒙古族，多少个世纪以来，相继成了大草原的主人。如《魏书》描绘乌桓人的生活："俗善骑射，随水草放牧，居无常处，以穹庐为室，皆向东。日弋猎禽兽，食肉饮酪，以毛毳为衣。"他们世代经营的是单一经济，以牧养马匹、牛、羊为主，同时兼射猎，补充生活的某些需要。在接近农耕的地区，这些游牧民族也兼作少量农业。

除了上述三种经济形态，还有一种半农半渔猎、半农半牧的经济。这是过渡型的经济形态，或从渔猎，或从游牧，正向农业转化，只是这个转化尚未完成，故呈"过渡型"形态。东北地区的社会经济与冷湿的自然环境相适应。东北大部分地区的水热条件可以满足作物一年一熟的需要，平原地区的居民以农业为主，由于冬季漫长而寒冷，大部分地区冬季不能耕作，故农民有冬闲积肥的习惯。辽宁南部为暖温带，冬小麦、温带水果可以越冬，丘陵地区人们有放养柞蚕的习惯。东北山地气温冷湿，森林茂密，林业工人以伐木为业，农民也栽培人参、木耳、猴头菇、蘑菇等林区特产，饲养鹿、貂。东部河谷平原地区灌溉方便，农民有种植水稻的习惯。西部地区草原辽阔，以牧业或半农半牧业为主，沿海和沿江地区的渔民有不少以水产养殖和捕捞为主业。不同经济方式也影响了居民的饮食文化、居住文化。

一、经济因素

人类的建筑活动是社会经济生活中不可或缺的内容。建筑设计对工程建设的投资、实施及使用中的能耗、物耗有重要而深远的影响作用。英国建筑经济学家P·A·斯通在其《建筑经济学》一书的序言中开宗明义地指出，经济的建筑并不一定是最廉价的建筑，而是一种美观的而且在建造费用、运营管理费用、人工费用上都便宜合算的建筑。从中可以看出，建筑的经济性不仅是建设成本多少的问题，更要考虑如何将有限的社会资源综合、高效地加以利用。

建筑的布局、样式和构造首要与地域经济差异相适应。技术设置要做到切实可行、经济有效，就必须从地域经济的客观条件出发，与人们的实际消费需求相适宜。建筑设计中与自然气候、地形、地貌、地质等因素相结合，"设计结合自然"、"设计结合气候"，常常会使方案的建构获得事半功倍的效果，而且可以有效地降低建筑使用中的能耗、物耗。因此，东北民居受经济因素的影响颇为巨大。

（一）决定作用

一个地区的建筑在设计和施工过程中，受各

种各样复杂因素的影响和作用，其中经济因素和社会因素的影响最为突出，可以说它们是驱动和操控一个地区内建筑的主要"程序"，是影响建筑发展的构想与现实之间对话的重要的客观存在。这些内容被贯穿于建筑设计和施工的全过程中，起着引导和促成开发活动、左右开发形式的巨大作用。

在不同的社会历史阶段中，东北地区的经济因素和社会因素对居住形体环境的影响的确由来已久，在生产力不高、城市发展缓慢的历史阶段，对居住环境的设计和建设影响较大的是社会因素，即社会制度、政治信仰等。在东北民居发展的过程中，村镇的规模日趋增大，经济活动异常活跃，经济因素强烈地冲击着居住群落的建设。经济因素和社会因素对建筑的影响程度需要给予足够的重视。

（二）制约要素

经济因素的制约对建筑形式的影响很大。评价建筑的优劣和社会价值，从经济因素的角度来讲，要保证社会资源的充分合理应用，以求建筑的最大价值体现。东北民居的指导思想是经济、适用、在可能的条件下尽量美观，可见经济因素对建筑有着多么重要的制约作用。

建筑物的平面形状会对建筑造价产生较大影响。一般来说建筑平面形状越简单，它的单位造价就越低。以相同的建筑面积为条件，依单位造价由低到高的顺序排列，建筑平面形状顺序是：正方形、矩形、L形、工字形、复杂不规则形。仅以矩形平面形状建筑物与相同面积大小的L形平面形状建筑物比较：L形建筑比矩形建筑的围护外墙增加了6.06%的工程量，相应造成施工费用增加40%；土方开挖的费用增加18%；散水费用增加4%；屋面费用增加2%；就整幢建筑物而言，单位造价增加约5%左右。由此可见建筑平面形状的简洁，会在降低建筑造价上起到相当巨大的作用。

因此，东北传统民居的平面多以长方形为主，也有正方形，统称为"矩形平面"。长方形平面是最为普遍采用的平面类型，间数从三间到九间不等。单座民居建筑，横向与纵向组合，外围以墙，内联以廊，构成三合或四合的庭院，这是东北传统民居最基本的群体单元形式。这种合院单元，前后左右联接，可以扩充成为几进、几套院。这种院落重重的大院，既可以满足大家族共同生活的需要，又可以在大院中保持小院落的独立空间，以满足各支各股夫妻子女单独生活的需要。富裕家族在日常生活院落外，常附有宗祠、佛堂、书房、花园等满足各种特殊需要的建筑。院落式民居能适应居住者长时期居住的需要，同时也要求居住者具有长期固定的生活方式，常见于从事农耕、渔猎等居住地较为固定的民族，如汉族、满族。其他民族如鄂温克族、鄂伦春族、蒙古族、锡伯族等长期从事游牧生产的民族则基本上不采用院落式的民居。

另外，建筑物的层高对建筑造价也有影响，层高在满足建筑使用功能的前提下应尽可能降低，因为在相同建筑面积的条件下，受到层高变化影响的主要项目是外墙、内墙、墙体饰面等，由于层高的增加还要引起相关项目的变化。根据不同性质的工程综合测算，建筑层高每增加10cm，相应建筑造价增加2%～3%左右。还有建筑材料的选择对建筑造价的影响，选择的建筑材料比较经济合理，既能达到使用功能和建筑艺术效果的要求，又可以降低建筑成本。东北传统民居广泛使用土坯砌泥墙、树枝夹樟子等营造方法也是就地取材、节约成本的典型例证。长白山地区井干式民居就是利用长白山生长的大量木材搭建的。满族人在建房时非常注重材料的生态和节能，充分利用地方建筑材料是满族民居的特点之一，在满族民居中常用的材料有土坯、石材、青砖、木材等。

二、中原传统文化的传播

中原移民进入东北地区，促进了民族融合。东北是多民族聚居地区，少数民族较多，经过多年的移民，少数民族、汉族移民共同生产生活，进行经济文化交流，使少数民族的语言也出现了融合现象，满族人逐渐放弃本民族语言而开始学习汉语，汉语得到广泛传播。如今东北以普通话为主要语言，方言很少，应当归功于中原移民的功劳，是他们传播了汉文化。移民的涌入也改变了东北地区长时期的封闭落后的状态，极大地促进了东北社会经济的发展，加快了东北粮食商品化的进程，加上政府的鼓励，加速了东北的民族融合。

1861年，清政府同意放垦呼兰所属荒地200多万垧，标志着清政府同意移民东北。以后东北的荒地陆续放垦。到19世纪70年代末，清政府取消了禁止汉人移居东北的所有法令，着手组织向该地区移民，加紧开发东北边疆。1880年清政府颁布奖励向东北移民的办法，大批的华北人口得以向东北流动。1878年清政府解除汉族妇女移居关外之禁，关内人民更是携家带口前往东北。这些鼓励移民的措施，让关内人民看到移民东北的合法性与广阔的发展前途，纷纷带着一家老小来东北垦荒定居，打算常住东北，因此东北地区永久性居民逐渐增多。除此之外，东北地方政府还采取了鼓励移民垦荒、票价减免等鼓励移民措施，更加速了移民向东北迁移。据民国5年（1916年）《通北设治局采集通志资料》记载，通北"自开荒后，始有满、汉人踪迹。汉人居十之七，满洲人十之三。历年经久，更姓氏，通婚姻，一切习尚早为汉人所同化。"正如中国台湾的学者赵中孚所说："对绝大多数的山东移民来说，东三省无非是山东省的扩大。"四合院子的出现，也是受移民影响的结果。

满族民居的总平面格局深受中原汉族文化的影响，无论是三合院还是四合院，均是严格地按照中轴线对称布置，作为主要出入口的大门（或二门）必须在中轴线上。院落布局按中轴线展开，布局严谨。内院正房居中布置，两厢房布置避开正房，不遮挡光线，且正房间数居多，使得院落宽敞，如此宽松布局的主要原因不单是因为东北地区土地广大，更主要是为了求得庭院舒朗宽大、庭院及房间通风良好，多纳阳光。

（一）宗法等级制

宗法等级制是中国古代社会的一种重要的社会制度，它是随周代分封制的确立而发展起来的，对整个中国古代社会产生过重大影响。

何谓宗法？宗法包含两层涵义：第一，作为统治阶级维护政治和社会秩序的重要工具，宗法是在血缘外衣掩盖下、以加强王权为目的、以嫡长子继承制为核心，以确定大宗小宗权利义务为内容，通过等级名分的区分而形成的贵贱有等、上下有别、尊卑有序的等级制度。第二，作为一种规范体系，宗法是一种以血缘关系为基础，以维护族权、父权与夫权为中心，标榜崇拜共同祖先，维系血缘亲情，在宗族内部区分尊卑长幼，并规定继承秩序以及不同地位的宗族成员各自不同的权利和义务的族法、家规。所谓宗法等级制度，是一种与宗族紧密联系，以父权、族权为特征的，包含有阶级对抗内容的宗族家庭制度。

中国宗法制度因氏族制度瓦解不彻底，容留了族权（即父系家长凭借血缘关系对族人进行管辖和处置的权利）而形成。梁漱溟曾说："中国的家族制度在其文化中所处地位之重要，及其根深蒂固，亦是世界闻名的。中国老话有'国之本在家'及'积家而成国'之说；在法制上，明以家为组织单位。中国所以至今被人目之为宗法社会者，亦即在此。宗法制度以血缘为纽带，以嫡长子继承制为核心，兼有政治和法律两种性质。"宗法制度在中国持续了几千年，至今还在发挥着重要影响。著名学者梁启超曾指出："吾中国社会之组织，以家族为单位，不以个人为单位，所谓家齐而后治国是也。周代宗法之制，在今日其形式虽废，其精神犹存也。"

东北传统民居的布局原则，源于阶级社会制度及其意识形态。中国古代以农业为立国之基础，一家一户为单元的封闭式家庭结构是其社会的组织细胞。从原始社会末期以来，以父系血缘关系为基础的父子继承制度就占据着家庭的主导地位。宗族的正统观念十分浓厚并且影响深远，遍及社会的各个层面和意识形态领域。由家扩展到国，统治者都是以这一套治家的方法统治国家。因此，自君臣到父子都讲究主从、尊卑的关系，这种关系体现在建筑的群体布局方面，就呈现以中轴线为中心、均衡对称的院落结构方式。

儒家中的君臣父子、长幼尊卑等纲常伦理制度导致的等级观念及中庸思想，在建筑设计和布局上得以充分体现。因为在中国社会生活的组织关系中是以血缘为纵向，以家族关系为横向组织起的社会制度，进而体现在建筑布局、城市布局上的。在建筑布局设计上，东北的传统建筑以群体组织关系见长，体现出社会组织关系。在轴线设计上，以南北纵轴线为重要布局，以东西横轴线为辅助轴线。以中轴线为中心，按照轴线对称的方式进行，在不同坐标点上的建筑，直接体现出主人社会地位的高低及等级，轴线对称布局是中国传统儒家思想中等级观念及中庸思想物化的集中体现。

三合院、四合院建筑依然遵循这个设计思想原则。坐北朝南的房间为正房，供家族中长辈居住，充分体现了中国传统儒家思想的长幼尊卑的观念，东西两侧的配房是晚辈的居住地及其他用途，坐标点成为个体在群体生活当中最具象的标记。

（二）礼制秩序

"礼"的核心内容是祭祀活动，而礼制作为一种制度所规定的核心内容也是关于祭祀活动的仪式规范，并由仪式规范引发社会规范。所谓"国之大事在祀与戎"，"凡治人之道，莫急于礼；礼有五经，莫重于祭"。所谓"礼制"者，从归纳的内容看，特指儒家经典所规范的祭祀活动。儒家文化是中国传统文化的主体，影响到人们生活的方方面面，在居住建筑中亦起主导作用。包括家庭亦要长幼有序，内外有别，男女有避，合族而居的等级秩序，这些思想皆贯穿在民居总体布局中。南宋陈元靓的《事林广记》中称："凡为宫室（住宅），必辨内外，深宫固门，内外不共井，不共浴室，不共厕。男治外事，女治内事。男子昼无故不处私室，妇女无故不窥中门，有故出中门必拥蔽其面。"说明礼制对民居内生活影响的情况。

礼制观念是儒家的基本思想，它对中国北方传统民居形制影响很大，其中宗法思想是封建道德思想在伦理上的具体化，它肯定家族中的族权、父权、夫权的神圣。对民居建筑的主要影响在两方面：一是尊卑有序（包括上下有序）和内外有别（包括男女有别）。在家族内部的尊卑为辈分与长幼，住房一定要按照中为上、侧为下、左为上、右为下、后为上、前为下的次序安排家族成员。二是为表现尊卑关系，建筑、台基高度也因位置不同而有所差异。

"贵贱无序，何以为国。"儒家伦理把建立尊卑有序的社会等级秩序看成是立国兴邦的人伦之本。"天尊地卑，君臣定矣。卑高已陈，贵贱位矣。"明确规定社会各阶层的尊卑、长幼、亲疏与上下的等级关系，则是礼的基本原则，以此达到"上下有义，贵贱有分，长幼有等，贫富有度"。"天无二日，土无二王，家无二主"，"女正位乎内，男正位乎外"，"宫墙之高足以别男女之礼"，礼规定了天人、人伦关系和统治秩序，也制约着生活方式、伦理道德、思想情操。"夫宅者，乃是阴阳之枢纽，人伦之轨模，非夫博物明贤未能悟斯道也。"东北传统民居庭院式布局方式所构建的封闭的空间秩序，与儒家所宣扬的伦理秩序形成了同构对应现象。如传统的四合院多前、后二院，前院设"倒座"，作为仆役住房、厨房或客房；后院为全宅主院，位于中轴线上的堂屋为长辈起居处，厢房为晚辈住所。四合院中房屋总的次序是北屋为尊，两厢次之，倒座为宾，这种安排使四合院中上下尊卑有序，秩序井然，等级制度、伦理纲常都得到充分体现，形成四合院最鲜明的特色，充分体现了儒家的家庭伦理观念。

建筑作为起居生活和诸多礼仪活动的物质场所，理所当然发挥"养德、辨轻重"的社会功能，因此，房屋建筑是贯彻礼制等级制度的实体。具有强制性、普遍性、规范性特点的"礼"，深深制约着中国传统建筑活动的诸多方面。总的说来，"礼"的影响主要体现在两个方面：其一是形成了严格的建筑等级制度；其二是在建筑类型上形成了独特的礼制性建筑序列。

（三）生活观念

满族民居最初只有三间，后来受汉族的影响，有五间和七间。房屋的平面布置，按间划分。一般为三间到七间不等。与民居营造相关的生活观念，其中代表性的有择地、择日、格局、结构、材料、建造等事项。

择地，按中原传统的习惯，建房一般都是坐北向南，忌讳坐南向北。宅基地的形状，俗以为四方形，或南北长、东西狭的主吉；东西长、南北狭的主凶。古俗又有"宅不益西"的忌讳，即宅地忌往西边扩大。择日，旧时民间以为建舍盖屋必择吉日。择吉日有一大忌，即忌讳冲犯太岁。旧时还有忌五月盖屋的习俗。格局，旧时民间建房很讲究格局，一般以一院四屋为定格，主房、偏房、门楼、厨房、厕所各有定位，不可错乱，否则不吉。在同一处聚居的各家，建房的高度要大体一致。民间一般很忌讳某家的房子、院墙高于其他人家，否则便会说是压了人家的"吉利"、"运气"。门是家的代称，俗谓成家立业为"立门户"，所以门的设置在建舍盖房立院中是最受重视的。门前环境涉及整个房宅布局，民间以为，凡人家门前有双池，为哭字头，不吉利。结构，造屋的地基要平实，屋形宜前低后高，不宜前高后低。同一座房屋，门的开向必须一致，不要一房多门。中原传统观念房间的窗户不能做得比门更宽大。旧时农村有住草房的，草房铺砖根脚，喜单忌双，尤忌铺八层砖，因"八"与"扒"谐音，恐不吉利。材料，盖房所用的木料，房梁一般喜欢用榆木，取其"余粮"之意；忌用桑木，俗说"桑不上房"，因"桑"、"丧"同音，恐不吉利。

三、民族文化

建筑是人类一切造型创造中最庞大、最复杂、最耐久的一类，它所代表的民族思想和文化更显著、更多面，也更重要。建筑如衣食、工具、器物、家具等一样，具有不同的民族性格和特征。数千年来，每一民族，每一时代，在一定的自然环境和社会环境中，积累了世代经验，创造出自己的形式。在器物等方面，人们常常采用当时当地最方便合用的材料，加以合理处理成为习惯的手法，并在艺术方面加工做出他们认为最美观的纹样、体形和颜色，形成了普遍于一个地区和民族的典型范例，成为该民族的文化特征及工艺形式，建筑也是如此。每个民族虽然在不同的时代创造出的器物和建筑都不一样，但在同一个民族里，其民族特征虽有变化而总是继承许多传统的特质，所以无论是哪一种工艺，不论属于什么时代，总是有它一贯的民族精神和文化传承。

东北地区是一个多民族地区，在长期的交往和融合中，各民族的民俗文化有趋同的倾向，但还保持着各自的民族特色。东北地区是满族（古肃慎后裔女真人）的发祥地，满族是东北人口最多的少数民族，人口约750万，占全国满族人口的85%，以农业生产为主。朝鲜族主要聚居在东部地区，人口约190万，占全国朝鲜族人口的99%，主要从事水稻种植。蒙古族主要聚居于本区的西部地区，主要从事畜牧业。其他少数民族还有达斡尔、锡伯、鄂伦春、鄂温克、赫哲族等。清代以前的东北北部地区，基本上是满族、蒙古族狩猎、游牧的场所，农垦较少。东北南部地区，汉族早已开垦，以农业经济为主。我们来大致了解一下几个民族的各自文化。

（一）满族

满族是长白山区的主要民族，其所创造的灿烂文化，对东北乃至对整个中华民族都产生了重要影响。满族人的居住从穴居、半穴居一直到泥墙草房的满族老屋，其间经历了漫长的历史岁月，他们所积累的丰富经验一直到今天仍为包括其他生活在东北地区的民族所采用。遍布在长白山区的满族草房，代表了该地区基本的民居建筑风格，具有浓郁的民族特色，它既是满族居住习俗的载体，也是满族风情的主要表现形式。满族草房以草苫盖，以泥砌墙，火炕、锅灶、烟囱、门窗等独具特点，因其在东北地区特殊的自然环境中，具有很强的适应性，所以一直延续至今。

满族传统民居庭院通常是四方形，北侧居中是正房，东西两侧各建厢房，属于典型三合院的庭院围合方式。大门在中轴线上，整体布局的轴线感较强，马车可以直接进入院内。满族民居的大门都是向外开合，以防野兽撞击闯入，这也是对满族游猎民族生活习惯的保留。在满族传统民居庭院中，"索罗竿"树立在庭院中的东南方向，与"口袋房"偏东而设的房门直线相对。这是因为满族举行祭天大典时，人们习惯在屋门内正对"索罗竿"举行仪式。《北盟会编》记载："环屋为土床，炽火其下，与寝食起居其上，谓之炕，以取其暖。"火炕，是满族先人的一大创造。清代诗人缪润绂曾有一首《火炕》诗："柴烘炕暖胜披裘，宿火多还到晓留，谁道塞寒衾似铁，黑甜乡好更温柔。"对火炕的温热御寒特性，作了生动的描绘。在满族草房的内部结构中，火炕是其中最重要的组成部分之一。

满族民居主要是学习汉族建筑而来，但由于其民族文化习俗与汉族有诸多差异，自然条件的不同使得他们在房屋建筑中创造出自己的特色。满族建筑有"以西为贵，以近水为吉，以依山为富"之说。满族"屋脊弯崇，门户整齐"的建筑风格，体现了他们彪悍、豁达的民族性格。满族民居具有东北大院的基本特征，例如，皆为四合院式布局，常有内外两进院落，每进院落的正门都位于南北纵向的轴线上。院落中设有东西厢房，正房设在第二进院落的纵向轴线上，坐北朝南。院落尺度较大，各层院落呈前后（南北）纵深向组合，很少附有跨院或横向的组合形式。建筑呈"一"字形布局，于灶间辟入口。满族民居总体布局多为由低到高，一般民居常依山就势取得高度上的变化，贵族王府常将第二进院落建在人工夯筑的高台之上。院内正房前设月台，房门可居中，也可以设于一边，呈不对称立面构图。各建筑均为硬山起脊式。室内常设"口袋房"，"万字炕"跨间的通炕常用一种称为"笤子"的灵活隔断，进行空间划分。室内西山墙上挂设祭祀神龛。室内用墙或木隔断分隔，也常设"倒闸"防寒。为了御寒，民居外墙很厚，一般在砖或土坯之间填入土、石等，加强保温效果，称为"夹心墙"。山墙厚度为41～45cm，宫殿常为110cm。外墙柱子隐藏在墙内而不外露。屋架采用双檩承重，举折平缓。满族民居建筑用材不尽统一，就地取材。南窗大，北窗小，两山不开窗。窗多采用直棂窗或"一码三箭"式（后来改用步步锦和盘肠等形式）。窗户纸糊在窗棂之外，门多为拍子门。烟囱与建筑分离，拔地而起，室外地面设水平烟道称作"跨海烟囱"，其位置可在房屋的前后左右任何一侧。院内主要建筑前的东南方设祭祀用的索罗竿。各个并列布置的不同院落之间无横向联系。

随着经济文化的发展和与各民族交往、学习，满族人逐渐形成自己的居住习俗。他们以当地的建筑材料，修建了泥坯草房、青砖瓦房和夹用石料的房屋。满族民居建筑形式上明显的特点便是屋顶硬山起脊，建于高台之上或底层架空（马架子），院落多呈四合院布置方式，形成内庭空间。这些明显的特点都是其建筑的设计要素，也是地域的文脉体现。

满族民居群体布局特点有：

（1）以合院作为群体组织的基本单元。在满族民居的演化过程中，特别是满人居住地由山地向平原迁移的转变，合院布局才逐渐走向完善与成熟。

（2）以南北为主的单条纵向轴线控制院落的空间与序列。多数合院为一进或二进，只有少数权贵的院落建成三进以上的套院。每组院落仅由一条纵向轴线控制，呈现为单向纵深发展的空间序列关系，而无横向跨院。相互毗邻套院的控制轴线往往呈现为一组平行线，院落之间无横向联系。

（3）院落的纵轴竖向设计往往体现出由低到高的空间规律。以牧猎为生的满族人，以"近水为吉，近山为家"，在其居所由山地向丘陵再到平地的迁移过程中，常把"背山面水"作为理想的宅地选择条件。将院落建造在山脚下，面向河流或水面，院落地坪随山势由前向后逐渐升高，以后背的山作为防风避寒又保安全的天然屏障。

满族合院的尺寸较北京四合院略大。它不仅取决于院落四周起着围合作用的房屋的开间数，还取决于车、马的出入和院内各种功能活动的要求。

院落大门设在院落北墙的中央，有"杆式"、"墙式"和"屋宇式"三种。

一般民宅的大门多用杆式，用两根立柱支撑着横木或横杆而成，有的在杆式门上做起脊草顶，即所谓的"棚门覆以苔草"。

墙式院门由四柱承起，按"五檩五枕"抬梁式屋架构造做成两坡顶。正脊下面做板门并与墙体分开，称为"四脚落地"。

有钱人家的宅院大门多采用"屋宇式"，即在北墙处设倒座房。该房为单数开间，中央开间不设前后檐墙，开双扇大门。门外两侧放置上马石和下马石。门内设有影壁，但后期影壁的做法逐渐被省略。这是由于满族人性格犷直，在实用与心理需要之间，更注重于实用。开敞的大门有利于车马出入，也更显得直截了当。院门两侧的房间多供下人居住，或作门卫，或作仓储，或作客房。

满族院落常用木栅栏围合。这是继承其先人居住在山地林区时的习惯，直至平原建房仍保持这种传统。

满族民居单体建筑特点有：

(1) 立面特点。满族建筑除极个别的采用歇山、攒尖、卷棚，绝大多数都采用硬山形式。屋顶举折较为平缓，有瓦顶和草顶之分。瓦顶又有黑泥小瓦仰放和黑色筒瓦两种。瓦顶的扁担脊上有的用瓦片或花砖做些装饰，或将瓦顶两端做成翘起的鳌尖蝎尾造型，此外几乎不用顶饰。檐下无斗栱，梁头椽头皆不做装饰。

这些并非是满人自己的创造，而是在受到汉文化影响模仿建造的。但在做歇山顶时，对歇山的收山做法不得要领，在原满宅硬山的基础上，另出外廊柱，在外墙柱和新加的外廊柱上架设戗脊。这种"外廊歇山"在建筑立面上表现为，歇山顶的三角形山墙面与下面的外墙上下相对，一看就知是由硬山发展而来的。满族人对卷棚建筑的做法也并未真正掌握，甚至出现梁架为卷棚，外观却起脊的做法等等。但毕竟绝大多数满族建筑都是硬山式，特别是民居，几乎没有别的建筑形式。

南窗满开，北向为防寒仅开小窗，西尽间多不开后窗。房门为木板拍子门，窗则多用支摘窗。窗隔心早期为直棂马三箭、斧头眼、三交六椀等样式，后期吸取汉族做法，广泛使用步步锦、六方锦、工字锦和盘肠等形式。

(2) 剖面特点。建筑内有的在灶间和卧房分间处设"通天柱"，以减小梁的跨度，可用小材。由于此处设有隔墙，因此该通天柱对室内空间并无影响。在室内其他位置，皆不再有柱。室内吊顶并不避讳大梁外露，而将天花置于梁上皮，使室内空间显得高旷。满族人喜欢通透、开阔，甚至不在乎"一眼望穿"。

建筑的外墙虽不承受屋面重量，但是出于防寒保温需要，仍做得很厚重。内隔墙则区别很大，穷者多以秫秸抹泥，富者则砌砖，也有的采用木隔断，以求美观。

(3) 平面特点。其平面形状大多为"一"字形，很少有凹凸或其他变化。这种形状由于外墙面积较小，在寒冷的东北地区非常实用。

建筑不一定要单数开间，也不强调对称。大门可设在中央的明间，也可设在偏东的次间，根据室内的空间布局而确定。但不论房门的位置怎样，它总是要开设在灶间，人们先要经过灶间再进卧房。这是利用灶间兼作门斗，以阻隔室外寒冷空气进入居室。灶间的四个角上分别设有做饭烧炕取暖用的四个灶。在这一点上，东北地区的满、汉民居同出一辙。只是满族民居中的灶口一正一侧，而不允许两两相对。灶间两侧皆可作卧房，即所谓的"对面屋"，满族人以西为上，长辈住西屋。

卧室内的空间布局则以"口袋房"、"万字炕"

而与众不同。

所谓"口袋房",即从灶间进入卧房,规模稍大一点的卧房将两三个开间打通,构成一个口袋形空间。

所谓"万字炕",是在这个口袋房中所设的南北大炕间又沿山墙设有一"顺山炕",令南、北两炕连成一体,平面呈"凹"字形布局。东北的炕,不仅是晚上睡觉的地方,也是人们室内活动的主要场所。请人们"炕里坐"或"炕头坐",成为满族人尊重老人和招待客人的淳朴礼节。

满族人家惯有男女老幼群居之习,有的人家于室内分间处的炕面上设有与炕垂直并与炕同宽的活动隔断"笸子"。它白天可以平开或上旋挂定,使口袋房内空间开敞,只是晚上将其关闭,炕上的空间被适当分隔,而南、北两炕之间的空间仍是通透的。为保证夫妻生活的私密要求,在炕沿的上方挂有通长木杆,称为"幔杆",为晚上挂幔帐之用。同样,白天收起幔帐后,仍可恢复室内的开敞效果。

无论是从满族宅院内影壁的逐渐消失,还是室内对宽大、通畅空间效果的追求,我们都可以感受到满族人宽阔的胸怀和直率的性格。满族有以西为尊的风俗,卧房内沿西山墙的"顺山炕"是不允许坐人的,那里专供摆放祭具。家家的西山墙上都挂设有一个木架,即供奉祖宗板和"完立妈妈"(亦称"佛头妈妈")的龛架。木架上置放装有祭祀用神器或神木的神匣。又在木架上贴挂着表示吉祥和家世的黄云缎或黄色的剪纸——"满彩"。房屋内靠近西山墙的北墙上又设置着供奉宗谱的谱匣。因此,这一开间往往不设北窗。三面的环状炕之间无炕面的空间,除作交通通道之外,也是家庭从事宗教活动的场地。

在中央开间设外门的对称式房屋,一般是由于"对面屋"平面布局的结果——灶间设在中央开间,灶间两侧分别布置卧房。这也是满宅室内经常采用的平面形式。

有的宅户在室内设一道与北墙平行的纵隔墙,将房间又分为南北两部分。南间仍作主要的生活间,这个北间称为"倒闸"。倒闸的作用是将南间与北墙隔开,有利于室内冬季保温,同时又有一定的使用功能。倒闸的进深尺寸根据使用目的而定,兼作储藏的可以小一些,用作厨房时可以大一些。也有的令卧房内的倒闸尺寸与南间的尺寸相近,并在其中设炕,可供夏季住人,又称为"暖阁"。

大户人家也有将檐墙内移的做法,形成前后檐廊。檐廊上有屋顶,下有台基,前有檐柱,是一处非常有实用作用和有益建筑造型的室内外过渡和缓冲空间。这里也常设置室内火炕的下沉式烧火口,这样在室外烧火可免受风雨的影响,又避免了柴草烟气污染室内环境。也有的由于需要另外布置烟囱,在沿墙上开一梯形凹洞,洞内侧的两个小孔与炕道相通,排烟时两股青烟犹如两条胡须,故称"二龙吐须"。

(4)建筑用材和采暖特点。满族民居的建筑用材重经济实用,而少讲排场,更特别注意就地取材。早期多用木料、土坯、茅草、石块甚至动物肢体等,甚至当时汗王努尔哈赤的住所都以茅草苫顶。至今我们在一些满族人家还可以见到猎物肢体用作建筑构配件的传统习俗的延续——以狍子腿当作窗挂钩等现象。

后期民居使用了青砖和泥土瓦,建筑质量得到较大提高。由于砖、瓦相对较贵,使用时非常慎重。用砖时,常常与土坯和石头混用。比如以砖、石合用砌筑成"五花山墙",既节约了用砖量,也打破了大面山墙的单调感,成为一种十分经济的装饰手段。而以双层砖墙留中空、内以土坯填充的"夹心墙"和以砖砌墙外皮、土坯为墙内皮的"内生外熟"墙,更有利于提高墙体的保温效果,也大大减少了用砖量。

由于地处东北,属严寒地区的气候,满族民居在防寒保温和取暖方面形成自己的特色。我们对此作些简单的归纳:

①平面形状为"一"字形,墙面无凹凸,且房间进深较大,外围护结构面积相对较小。

②主房坐北朝南,选择争取日照的最佳朝向,

并南向开门，避免冬季寒风袭人。而东、西向的厢房不作为主要卧房，或作为仓房，或作牲口棚。朝鲜人李民奂所著《建州闻见录》一书即称满族民宅"皆南房"、"开南门"。

③墙体虽无承重功能，但为保温防寒需要而采用厚墙、夹心墙、内生外熟墙等做法，尽力加大墙体的热阻和热惰性。将柱子包在墙内，而不似清式做法令柱身外露，以防木柱受潮腐烂，满族建筑更注重保温效果，避免任何可能出现热桥的不利因素。为防柱子受潮，在外墙上对着内包柱子的柱脚部位开洞或砌一块透空的花砖，以利墙内通风。

④在室内空间序列的组织上，以灶间作为内与外的过渡空间，能阻隔冷空气，并使冷空气先在以烧火为重要功能的灶间预热后再进入到卧房。室内采用倒闸隔开北墙，保证主房间朝南而不邻北墙。

⑤南向开大窗，尽量争取日照，北向开小窗甚至不开窗以减小热耗。更以"窗户纸糊在外"成为东北的"一大怪"，这是可以避免窗棂外露，防止雪花落在窗棂上，雪融时浸泡窗纸的有效办法。

⑥室内以火炕、火地、火墙等采暖，这的确是一种充分利用能源和发挥能效的好办法。"一把火"的做法被广泛提倡。所谓"一把火"，是指用烧饭的余热——热烟来加热火炕、火地、火墙，使热能被充分地利用，十分经济。满族的火炕、火地与汉族并无大区别，而火墙却与众不同。火墙常被用在口袋房的分间处，它不是拔地而起，却是坐在炕面之上，与炕同宽，高 1.5～2m。这种火墙不仅有采暖功能，还与前面提到的"箅子"相似，起到分隔炕上空间的作用，但对室内空间并不起隔断作用。

另外，"跨海烟囱"是满族民居的一大特色，是区别满族民居与其他民族民居的重要标志之一。"跨海烟囱"既不是建在山坡上方的屋顶上，也不是从房顶中间伸出来，而是像座小塔一样立在房山之侧或南窗之前三四尺远的地面上，在通过一道矮墙内的烟道连通室内炕洞，达到排烟效果。"跨海烟囱"是生活在山林中的满族人的创举，之所以形成这样的形式，主要是因为有一部分早期的满族住宅，在构筑材料的选取上以桦树皮为屋顶材，以木刻楞为围护板材，若将烟囱置于山墙或房顶，极易引起火灾，故而如此为之。但迁居平原以后，满族人的房屋构筑材料发生了转变，"青砖墙、泥瓦顶"建筑材料自身的防火能力较之从前大为改观，可烟囱的形式依然如故，既占用地又费材料，究其原因方知其故。原来，这种烟囱与满族人的丧葬习俗有关，满族民间认为，家中老人过世之初，儿女要到烟囱根下喊话，为亡灵"指路"。传说烟囱的根部是亡魂寄身之处，年节时在此处烧纸祭奠。当老人故去七天，家人如想见其足迹，便取少许烟灰撒于烟囱底部，并用大碗盛水放置在烟囱通道上。次日早上，若灰上有老人的足迹，水也被老人喝去一些，则表示其思念家人，回来看望过了。因而民间又把烟囱称为"望乡台"。

（二）朝鲜族

朝鲜族民居有着独特的空间构成、外观形式、采暖方式、结构体系及构造做法，其中作为决定其居住形式的核心部分的室内空间更是别具特色。它集中体现了朝鲜族民族文化风俗习惯和生活方式。

生活模式由住（宿）、居（休闲、交往会客、工作）和食（烹饪、就餐）等内容组成，以卧、坐为主要姿态。这些生活内容和行为姿态决定了住宅室内空间的构成要素。朝鲜族生活模式在住、居、食等方面都有着独特的风格，它们是长期形成的，与当地气候、文化、社会经济状况有着直接的关系。我国 97% 的朝鲜族生活在鸭绿江以北、图们江以北和黑龙江中部平原地区。这些地区均属于中温带湿润性气候，冬季严寒而漫长，降雪期长达 5～7 个月。朝鲜族人承袭民族传统，采用独特的取暖方式——满铺地炕。这样，在寒冷的冬天全家人便可以聚集在温暖的火炕上抵御风寒。

朝鲜族自古以来就没有统一的民族宗教，在不同的历史时期，信仰过不同的宗教。源于中国儒学的儒教是对朝鲜族生活影响最大的宗教，尤其是对社会下层的平民百姓的影响更是根深蒂固。"男尊女卑"、"男女七岁不同床"等儒家思想对朝鲜族的生活模式有着决定性的影响。朝鲜族是以"稻作文化"为主的农耕民族，这使得他们有着同游牧民族、狩猎民族不同生产方式，这种生产方式决定了他们独特的生活方式。此外，朝鲜民族是乐观、开朗、喜爱交往的民族，这种独特的民族性格也使得他们的生活方式与同时代的其他民族的生活方式相比更加开放而外显。

朝鲜族独特的生活模式决定着独特空间的设置，下面列举几种特色空间。

(1) 满铺炕。一幢朝鲜族民居的室内，除牛房、草房（仓库）及入口脱鞋处之外，全部布置低火炕，面积占整幢房屋面积的2/3以上。这种以大面积火炕为特色的低矮内部空间，是朝鲜族民居的显著特点。以席居为主要特征的居住行为模式是形成其空间特征的主要原因。朝鲜族的日常生活多在炕上进行，女人在炕上做家务、同女客人聊天、休息；男人在炕上待客、进餐、休息、看书看报或干一些修理家什的活；孩子们在炕上学习、休息、玩耍；老人们更是整天在炕上活动。朝鲜族人一生都离不开火炕。人们在炕上出生、成长、死亡。这种祖祖辈辈的炕上生活对朝鲜族的身体结构和思维方式都产生了深远的影响，朝鲜族甚至被称为"火炕上的民族"。

(2) 核心居室（包含餐厨空间）。核心居室不仅具有现代住宅中起居室的功能，而且包含厨房的全部功能，它几乎容纳了日常生活的全部内容。餐厨空间与居室直接相连，这与东北地区其他民族的民居单独设置厨房的布置方法是不同的。其原因首先在于朝鲜族独特的饮食习惯。日常生活中的饮食，以饭、汤、泡菜和各种小菜为主，不喜欢吃油腻和过咸的食品，即使在年节和各种庆宴，也以海味素菜和糕点、糖为主，很少吃油腻的食品。厨房里没有煎、炒、烹、炸的炊事过程，室内几乎没有油烟。其次，与灶相连的房间可以整个作为厨房使用，使厨房实际的使用面积较汉族大得多，能达到近20m²。在整幢住宅面积不大（40~50m²）的情况下，餐厨空间却相对较大的原因在于传统的饮食风俗中采用多桌分餐制，即进餐时，老人（爷爷奶奶）、父亲、母亲和孩子分别在不同的桌上吃饭。做好的饭菜都摆到小桌上，一齐端给老人或父亲。一般每餐都要摆上三四张桌子，因此需要足够大的空间，才能满足这种生活方式的需求。

(3) 居室。朝鲜族民居的居室所占的面积比较大，一房之内，除厨房、牛房、草房、仓房之外，全部为居住的房间，传统朝鲜族民居的各间有严格的使用规定，这与儒学对生活方式的影响是密不可分的。住居的平面形制及空间形态中充分显现出长幼有序、男女有别的儒教思想内涵。室内南侧的上房、外房及牛舍等均为男性活动空间，上房为家内的议事、接客、祭事等的核心空间，由男家长居住，外房由男性老人或孩子居住，内房由女主人居住。闺房为最隐蔽空间，由稍长的女孩居住，餐厨间为女人们炊、寝、起居及家务的空间，一般男人禁忌到女人居住空间，南墙有与院落相连的出入口。

(4) 牛房。牛舍设在草房的旁侧，没有草房时则将牛舍设在厨房的近旁，或者是把牛舍设在草房的前端，成为拐角形的房屋。这种布置牛舍的方式是不合理的，有的人家牛棚和居室之间只有一门之隔，牛粪气味直接侵入室内，严重影响居室卫生，但一直被来自朝鲜半岛北部的咸镜道人所采用。其原因在于，牛在以农耕为主要生产方式的朝鲜族人心中的位置极其重要。朝鲜族有句民间谚语："没有爹能活，没有牛活不了"。而朝鲜半岛北部多山，山中各种野兽很多，为了防止牛被猛兽袭击，同时也防止被偷走，爱牛如命的咸镜道人便把牛舍建在房子里，时时刻刻同主人生活在一起。延边地区及牡丹江地区的气候、地理环境同咸镜道很相似，传承前辈的做法，他们也把牛舍设在住宅中。

（三）其他少数民族

在东北地区的其他少数民族还有蒙古、达

斡尔、锡伯、鄂伦春、鄂温克、赫哲等，在这里主要介绍蒙古族的民族文化。据考证，早在一二十万年前，就有人类在内蒙古的草原上生息繁衍。从战国到元代以前，对这里影响较大的民族是匈奴、东胡、乌桓、鲜卑、柔然、突厥、契丹、女真等。1206年，元太祖统一蒙古，元顺帝退治漠北，逐步形成了蒙古民族。蒙古族又称为马背上的民族，不仅由于他们能骑善战，而且因为他们多以畜牧业为生，骑马放牧。

蒙古族崇尚白色，认为白色象征着纯洁和高尚。究其原因是，纯洁雪白的奶食品养育了世代蒙古人，白色的羊群是牧人的希望，洁白的蒙古包在草原上如朵朵盛开的白莲，在牧人眼中"蓝蓝的天上白云飘"是最美的景观。因而，蒙古族人民还认为"白色为伊始"。从元朝起，每逢新年，大汗和臣民们都穿白袍，以白色衣服为吉服。进贡给大汗的骏马一律为银白色。蒙古族欢迎贵宾必献上洁白的哈达，随后端出"德吉"，是两种洁白的精致奶食品。如果有婚礼，蒙古包还会被用洁白的奶食涂抹一新，司仪要高举洁白的奶汁向新郎新娘祝福。喇嘛庙的寺院建筑、古塔、壁画皆为白色调。

蒙古族自古以来认为"九"是最吉祥的数字。在《蒙古族秘史》中就有"九"是"吉数"的说法。原因在于，当时人们认为九是阳数之极，是个大数，以大为吉利，"九九"则更是有"以合天道"的含义。

蒙古族以"西"为贵。蒙古包内正中有火炉，西北两边为贵座，除房主以外别人不能坐，来客进门坐在东边，特别尊贵的客人经礼让后，才可以坐在西边，自家的子女也不准坐在西边，要把西面的座位尊为父母之位。在古时有多妻婚制时，丈夫的多个妻子，每个妻子都有自己的一顶毡帐，正妻的毡帐置于最西边，末妻的毡帐置于最东边，其他妻子的毡帐按照各自的地位依次从西往东安置。

蒙古族是一个好客的民族。如果有客人来访，不仅盛情款待，而且终日陪坐，只是主人不会把自己的座位让给客人，客人也不会去坐主人的位子，吃饭时先给自家主人送上，然后送给客人。

在蒙古族的习俗中，过去有许多不成文的禁忌。例如，人进蒙古包之前马鞭子需放在门外，进门后要从左边进入，入包后要在主人的陪同下坐在右边，离开包时要走原来的路线。包内西北角为供佛的地方，睡坐时脚都不能伸向西北方，更不能坐在佛龛前面。炉灶不许用脚踩碰，更不许在火上烤脚。蒙古包都有门槛，出入蒙古包时客人绝对不能踩门槛。

古代的蒙古族牧民由于受生产方式的决定，历来无法注重房屋的好坏，不论冬夏，为了寻找好的草场更换营地，一走便是三五天的搬家之路。虽然喜欢两三户住在一起，在牧业经营管理时好相互照应或合伙打猎，但是受牧场水草资源的限制，又不得不单家独户地四处游牧求生存。

干垒石头房是蒙古族常见的民居形式，即用片石干垒500～700mm厚的墙身，屋顶是用木杆上铺苇草帘加抹镶泥，面南开启较小的门与窗。这是牧民在夏季多使用的一种房屋，由于石头蓄热、墙体透风的缘故，房内在夏季午间烈日当头的时候能创造出清凉爽的室内环境，夜间室内的温湿度依然较为宜人。此外，还可以用来晾晒、存放牛羊肉等。

四、宗教文化

在宗教思想发展历史上，佛教、道教、儒教、禅宗作为重要的组成部分，各以其不同的特征影响着中国居住文化的发展，同时它们又相互融合，充分体现了中国居住文化多元互补的特色。因此，中国居住文化以道家思想为底蕴，融合儒家礼教、佛家禅宗等多种思想流派的精华，具有深厚古典文化内涵的典型艺术表现形式，也铸就了东方传统建筑的最高成就，对东北民居的发展也产生了深远的影响。

（一）佛教文化

佛教于汉代由印度传入我国，近2000年来，与我国的本土文化道教不断融合，逐渐形成了具有中国特色的佛教文化。最为突出的是佛教禅宗在中国开花结果，并与道教学说互相影响，形成了独具特色的禅宗佛学文化，对中国文化的发展和演变产生很大的作用，并延伸和扩展到整个文学、艺术、建筑等领域。

中国古代建筑在世界建筑史上独树一帜。汉代以后，我国的建筑艺术在不断发展与演变中吸收了大量外来文化的影响，形成今天这种纷繁复杂、形式多样的绚丽局面。在诸多的外来文化影响中，来自印度佛教的艺术对其影响颇大。佛教建筑的中国化正是外来文化与本土文化碰撞、交流、融合的产物，是"内核"文化与"外缘"文化结合的成功典范。

我国佛寺建筑布局经历了一个漫长的发展过程，目前能看到的大都是明清建筑，布局普遍采用纵轴式，整齐对称，体现了我国传统建筑布局之美。具体来说，一般都是一个由南往北的长方形院落，前有山门，进入山门后是前院，然后为前殿，穿过前殿进入后院，后院北面是正殿，东西两侧为配殿。山门、前殿和正殿都在一条中轴线上，形成三合或四合院落。

寺庙布局逐渐向宫室建筑和普通民宅形制转化，以塔为中心转变成以殿为主体的纵向轴线布局，由大门开始，纵列几重殿阁，中间以回廊联成几进院落，廊院式变成四合院式；在主体建筑两侧，排列若干小院落，各有用途。各院间亦由回廊联结。主体与附属建筑的回廊常绘壁画，成为画廊；体现中国平缓、对称和阔大的建筑风格，典型平面均为方形，这和中国"以方为贵"、"天圆地方"的观念有关；佛教文化与皇权思想的融合对中国古代建筑设计思想的形成有着深远影响，也对东北传统民居起到了一定的影响作用。

（二）道教文化

道教是在中国古代社会宗教信仰的基础上发展起来的一种古老宗教，在形成和发展过程中，吸收了阴阳五行家、道家、儒家学说，构成内容复杂的道教体系。道教的学术思想影响了巨大和悠久的中国历史文化，源远流长，普遍深入每一部分。例如以中国的宗教与哲学而言，佛教经典及佛学内容的翻译，有许多名词、术语，以及注释与疏述，很多地方都借助道家学术思想的名辞和义理。

道教以追求长生、重生恶死为核心信仰，以尊道贵德为根本义理，崇尚自然，淡薄名利，清心寡欲，致中守一，强调人与自然的和谐统一。道教推崇"自然无为"，是指顺应规律的不强作妄为，其最终目的在于达到"无不为"。道教主张清静无为，要求修道者修真养性，追求得道成仙，主张"清虚自持"、"返璞归真"的教义和俭朴奉道的生活方式。

伊东忠太著《中国建筑史》记载："中国之庙祠……除祭祀祖先者外，尚有祀特殊人物或神仙者……祀神仙者，初仅宗教化，后完全成为一种宗教，即道教也。秦始皇与汉武帝等热心崇拜神仙，为甚显著之事实，故必有祠庙之建筑……此种之庙，以安置神位之堂为中心，入口建阙，且有石人石兽等，其体裁殆与陵墓相同。至于祀特殊人物之庙，亦异曲同工。"因为道教主张清静无为，追求得道成仙，主张"清虚自持"、"返璞归真"、"俭朴隐居"，表现在建筑上是不主张建高屋大堂，而是更崇尚洞殿结合，所以道教主张建筑规模一般应较小，而且多选址在幽静僻静的山林。"师法造化，崇尚自然，虽由人作，宛自天开。"这是中国古代建筑所遵循的重要原则。无论是帝王的宫室、达官显宦的苑囿，还是文人雅士的田庄、私家庭院，在择地选址、立体造型、平面布局、取材用料、塑形传神、造景立意等方面都体现了将楼台亭阁、房廊馆榭与自然山水融为一体的原则，这其中固然有工程技术的要求和人们审美情趣的移入，但更是中国传统哲学的自然观在古代建筑艺术上的显现。概而言之，传统建筑艺术崇尚的"自然"，既蕴涵"道法自然"的命题，又寓意"观天法地"的思想，相互补充与渗透。道教的思想对传统建筑艺术产生了极为深刻的影响。

"崇尚自然、师法造化"的原则，不仅体现在古典园林建筑之中，而且是中国传统建筑的显著特征。许多建筑群的选址，都注重顺其自然，因地制宜，依山傍水，因山就势。许多著名的寺院道观往往都建筑在林木葱郁满山青翠中，透出一簇簇红墙青瓦，不仅没有破坏而为自然环境增添了诗情画意。

（三）萨满教

萨满教是原生性宗教。萨满教不是创生的，而是自发产生的。萨满文化是世界性的文化现象，流行区域集中在亚洲北部和中部，乃至欧洲北部、北美、南美和非洲，这是广义的萨满教。狭义的萨满教为阿尔泰语系，如满族、维吾尔、哈萨克、塔塔尔、蒙古、锡伯等民族所信仰，其信仰主要是万物有灵论、祖先崇拜和自然崇拜。萨满教的基本特点是没有始祖、没有教义、崇拜多种神灵，没有组织、没有固定的庙宇教堂、没有专门的神职人员。萨满教的主要活动是跳神。

"萨满"一词源自通古斯语Jdamman，意指兴奋的人、激动的人或壮烈的人，为萨满教巫师即跳神之人的专称，也被理解为这些氏族中萨满之神的代理人和化身。萨满一般分为职业萨满和家庭萨满，前者为整个部落、村或屯之萨满教的首领，负责全族跳神活动；后者则是家庭中的女成员，主持家庭跳神活动。萨满，被称为神与人之间的中介者。他可以将人的祈求、愿望转达给神，也可以将神的意志传达给人。萨满企图以各种精神方式掌握超级生命形态的秘密和能力，获取这些秘密和神灵力量是萨满的一种生命实践内容。在他们的家里，宗教信仰是鲜明的。通过居室正屋山墙醒目的大红神榜，可知这里是道场。红纸神榜很大，常见的是"有求必应"、"在深山修真养性，出古洞四海扬名"的横批和对联，还有一种常见的是"金花教主"居中或居上的红纸神榜。

史官不用"萨满"这个名词，在文字上只称其为"巫"。在匈奴时代，萨满在政治、军事上都起着一定的作用，凡战争或其他处于犹豫状态的事件，最后要取决于萨满。北方民族的萨满，大不同于中原的巫。萨满必须具备许多常识或知识，能够观察事物的发展，预测未来，敢于预言吉凶。

萨满是北方民族的原始信仰，起源甚早，在母系制度的社会里已经非常发达与成熟。萨满差不多都是氏族领袖，被中原神化了的西王母，就是萨满兼酋长。创造天圆地方盘瓠学说的也是一位女萨满，"高辛氏有老妇居宫中，得耳疾，取之得物大如茧，盛瓠中，复之以盘，俄顷化为犬……"这位老妇就是萨满，成为犬戎之祖。她对天地万物的认识有了新的升华，产生了天圆地方的宇宙观，天地相合则万物生。茧，可以解释为原始细胞，犬代表万物万象，五色化为五行水火木金土，五方东西南北中，五色青黄赤白黑，五味等等的朴素唯物思想和进化的意识，因之就产生了最原始的信仰，即天地万物的自然崇拜。

任继愈先生主编的《宗教词典》指出，萨满教是原始宗教的一种晚期形式，并进一步说明，因满—通古斯语族各部落的巫师称为"萨满"而得名。形成于原始社会后期，具有明显的氏族部落宗教特点，各族间虽无共同经典、神名（近亲部落除外）和统一组织，但都具有大致相同的几个基本特征。

中国的东北，地处东北亚萨满文化圈中心。萨满文化是一种古老的原生态自然宗教，崇信万物有灵。至今，在东北民间，还可以看到较为普遍的供奉"胡黄保家仙"习俗，这是萨满文化之脉在民间生存、延续的外在表现。它已融入到人们的日常生活之中，熟悉得一辈又一辈地流传，理所应当，没有人去追问它的来历。萨满文化靠自然传播，没有教义、教主，属于神秘文化，其传承更多的是靠口碑相传。其表现形式可随着时代的变化而变化，或繁或简，因时而异，显现着民间宗教强劲的生存能力，但其核心文化是隐性的，具有相对的稳固性。

民间传言胡、黄人马通过救唐王李世民，从芸芸众动物神中脱颖而出，升至陆上最尊崇之仙位。唐王加封胡、黄人马的日子是农历十月初一。为了纪念唐王加封的这个日子，经总理胡、黄人马的天神金花教主奏请天庭，玉皇大帝同意，十月初一被定为"龙花喜会"节，成为胡、黄人马等仙界的"年"。从此，在民间就有了"唐留、宋供、清烧香"一说。

在匈牙利学者迪欧塞吉撰写的《不列颠百科全书》（1980年版）"萨满教"条目中，认为19世纪北亚萨满教可作为典型形式，其特点如下：①萨满是一个"专家"（男人或女人），被社会认为能直接与超世界交往，因而有能力为人治病和占卜，此种人被认为在与精灵世界交往上对社会有很大用处。②这种人物有生理上和精神上的特点，神经衰弱、癫痫，或有某些小缺陷（如六指，比常人牙齿多等），有一个直觉的、敏感的、易变的性格。③他被相信具有一个或一群主动的神灵作为助手，并可能有一个被动的守护神灵，此种神灵表现为一个动物或一个异性，可能作为一个性生活的伴侣。④萨满的异常能力和随之而来的社会作用，被认为由于他是为"神灵所选中"的缘故，虽然被选中的常常是青少年，可能抗拒神灵的挑选，甚至达数年之久。神灵以病魔折磨他，制服他的反抗，迫使他这个后补者必须接受使命。⑤萨满的引进（授职），依照信仰体系，可以通过偶遇一个超自然的同等人（梦幻所见到者）或一个现实的同等人（萨满）而实现，或者先后遇上二者。当后补者如死一般睡着的时候，处于一种变化状态，身体被另一世界的神灵切成碎片，或受到类似的考验。切碎他身体的原因是要看看是否他比常人有更多的骨头。此人醒来后，象征性的引进仪式——爬"世界树"，则偶尔举行。⑥等到此萨满能自行昏迷时，即被相信能够与神灵直接交往，其方式是，或由其灵魂离开形体去到精灵世界，或作为精灵的喉舌，像个中间人。⑦萨满教一个最显著的特点是两个萨满作动物状的决斗，此种动物常常是驯鹿或有角的牛。这种决斗很少有一个确定的目的，倒像是萨满被迫进行的一种功业。决斗的结果意味着胜者得福，而败者毁灭。⑧在进入昏迷状态（"下神"）时或者在神秘的决斗中，使用一些实物（法器），如鼓、鼓槌、帽子、大衣、金属响器、杖等。⑨独特的民间故事说唱和萨满歌已经产生，表现为依照传统的诱唤声和模仿动物叫声格调的即兴形式。

早期的俄国萨满教研究者史禄国（S·M·Shirokogoroff）认为，万物有灵论为萨满教创立了环境，也为萨满教特有的魂灵体系提供了基础。从本质上讲，萨满教同原始的万物有灵论并无二致。萨满教专有的特性在于奇特的仪式、服装、法器及其特殊的社会地位等方面。

萨满教影响着北方民族的传统民居格局。清末刘兆缇所作《吉林事诗》中有这样一首："直立庭前木一根，祭天祀祖百神存。禳祈祸福凭义勇，切肉同餐俎上豚。"诗中所咏即旧时东北满族宅院中所立的"索罗竿"。

索罗竿民间称"神竿"，其形式有几种，比较标准的如现存沈阳故宫清宁宫门前所立者。选用碗口粗细、一丈多长的笔直树干，去掉树枝和树皮，并把顶端砍削成渐尖的形状，套上一只空底的锡碗，使之卡在距竿顶一尺多的地方，下面立在高约二尺的石座上。做竿子的"神木"必须由本家主人亲自从山林中砍来，否则就是心不诚，竿子也不会有"灵气"。比较简单的"神竿"，则可用树枝、秸秆临时捆扎制成。树立竿子的地点，一般在宅院的东南方向正对屋门的位置，比较宽敞的庭院索罗竿位于院心砖砌或木制影壁之前。因竿子较高，人们从院外就可以看到，也成为满族人家的标志。索罗竿的来历，据满族民间传说，它是老汗王努尔哈赤年轻时上山采参时用的"梭拨棍"，而民间在竿下放三块"神石"，则是老汗王采参打猎烧饭用的"支锅石"。总之，人们把"神竿"和他们的英雄努尔哈赤联系在一起。传说当年敌人追捕努尔哈赤时，他跑到一棵枯树下躲藏，一群乌鸦落在枯树上，追兵以为树下不会藏人，努尔哈赤因此得以逃生，后来他便命满族人家家立竿，在竿顶放肉和粮食酬谢乌鸦。据考"立竿祭天"是辽金时期女真人中早已存在的传统习俗，在清王朝建立后，才附会种种传说，其实这只是传说而已。

索罗竿在满族家祭还愿中使用，这种祭典多

在秋季举行，也有春秋各一次的，主要用意是祈祷和酬谢天神的赐福和保佑。祭祀时，以家族为单位在立有神竿的院子里举行（妇女在室内），照例要杀猪献牲，并由主祭的萨满在竿前念诵祭词，众人向竿磕头。

通常每次大祭都要更换新的索罗竿或重新立竿，人们用竿尖蘸上猪血后把猪的喉骨套在竿尖上，还要在竿顶的锡碗里放猪内脏等碎肉。若用树枝和秸秆作竿，则把肉捆缚在竿上。这些肉都是用来饲喂乌鸦的，因为在民间传说中乌鸦是曾经救过老汗王努尔哈赤的神鸟。

每逢这种祭天大典，操办得都非常隆重，许多家族还有萨满跳神仪式，参加的族人要分食祭肉和用小米加肉末做成的"小肉饭"。村里的异姓人甚至路过的陌生人，只要在索罗竿前磕个头，就可以进院吃肉，吃得越多主人家越高兴，而且临走时不许向主人道谢，只向竿子叩头即可。因为从观念上讲，这些肉和饭是天神所赐，应该谢神才对，表达了满族传统的信仰和淳朴的风俗。由于索罗竿是满族宅院中的圣物，平时人们对它也很崇敬，不得往竿座前扔倒污物污水，不得踩、坐或用脚踢蹬竿座，也不能在神竿下口出污言秽语，否则便认为会被天神知道，遭受责罚。这一具有浓厚宗教色彩的标志物已成为东北满族传统民居的一大特色。

萨满教信仰对东北传统民居及其居住空间形制产生了巨大影响，其主要内容有：

(1) 以西为贵。满族正宅以西屋为大，称上屋，一般由家中长辈居住。据萨满教创世神话说，天母阿布卡赫赫派方向女神给人类指方向，最早指明的是西方，所以西屋为上。实际上这种神话是建立在一定的生活基础之上的。古代满族先民多在山地架屋，寒冷的西北风能被山挡住，所以西屋较暖和，为尊者长者所居。

(2) 西炕禁忌。万字炕围合的空间是满族家庭进行萨满祭祀的场所，在西墙上供有祖宗匣子，祖宗匣子是极为神圣的，一般人不能随便看。匣子里珍藏着本民族祖先和民族功臣的王爷像和神祇，还有宗谱，记载着家族的历史、兴衰变化和祖先的功绩。因此，来客人一般不能坐西炕，只能在南炕、北炕上坐，更不能往西炕上放狗皮帽、皮鞭之类的东西。如果有不懂规矩的人坐在西炕上或往西炕上乱放东西，主人就会不满意，并认为是对其祖宗最大的不尊敬。

(3) 索伦祭祀。大部分满族民居，在院落的东南方向立称"索罗竿"的"神竿"，届时举行祭祀。在索罗竿的顶端置锡斗或草把，里面放五谷杂粮或猪的杂碎，以敬乌鸦和喜鹊，反映了满族萨满教的灵禽崇拜观念。神竿则是古代野祭中神树的演化。

五、地方民俗文化

地方民俗文化是一个民族或一个社会群体在长期的共同生产实践和社会生活中逐渐形成并世代传承的一种较为稳定的地方文化现象。它涵盖了物质生活、精神生活的方方面面。任何一种地方民俗文化都有其独特之处，这种融会了物质和精神、历史和文化的具有地方性、传承性的民俗，成为人民社会生活的重要组成部分。

地方民俗文化作为民间最广泛的传承文化，以它悠久的历史、深刻的内涵和特有的功能，在社会发展的历史长河中始终制约和影响着东北地区人民群体的思维观念、物质生产和生活方式。和其他地方民俗文化一样，东北地方民俗文化的传承也有其相对保守性，这就形成了以地域为特色的东北民俗文化圈。东北民俗文化圈是一种以民族为活动依托，具有地域性和传承性特征的民俗文化生存形态。

（一）风水意识

风水意识不是中国人所独有，任何一个民族和文化都有，只不过由于生活环境不同、语言不同、生活方式不同，而有不同的表达方式。这种文化现象统称占地术（Geomancy）。无论是埃及法老王的陵墓选址，还是玛雅文化中金字塔的方位，还是美洲印第安人蛰居洞穴的选择，人类都有类似的环境解释和操作模式，都旨在茫茫的大地上给自己定位，以便建立起和谐的"天—地—人—神"的关系。中国具有世界上最悠久的农业文明，中国文化与土地具有最紧密的联系，因此，中国的风水带有更加浓重的土地及其自然关系的烙印，因而更强调风"和"水"这两种对农耕生产生活最关键的自然过程。

以东北众多民族中的满族为例，满族的先民发源于山川河泽之间，渔猎、采集的生活烙印深深根植于满人的思维模式之中，进而影响到了满族民居的构筑观念。"近水为吉、近山为富"的民间习俗是满族人敬水、祭山古风的体现。因而，早期的满族民居经常以滨水背山的向阳坡地作为理想的宅基地。依托山势起伏修建院落，从而形成前低后高的空间形态，并以背后的山避风防寒。随着满族的壮大，迁入平原的满族人依旧保留着山地生活的习惯，运用夯土砌筑高台，形成特色鲜明的满族高台院落，这既是满族人对早期山地生活的传承，也象征着居住者社会地位的高低。满族住宅禁忌是与"索罗竿"相关的，因为索罗竿处为祭天之所，因而不能随意对待祭祀用的神圣的象征物"索罗竿"，不得有牲畜碰撞，不得拴挂什物，立索罗竿的座石也不得随意搬动，甚至不许随意踩踏索罗竿的影子。《晚清宫廷生活见闻》载："神殿，就是祭祖的地方……那里窗户仍保存关外的遗风，用高丽纸糊着窗户，殿右侧有一杆子，名叫'咬啦杆子'，也叫'神杆'，一般人都不许踩它印在地上的影子。"

风水作为一种具有独特意蕴的文化现象，在中华民族数千年的文明历程中，曾对人们的社会生活产生过重要的影响。现今遍布全国各地的古村落，无论在村落选址、宅院布局，还是园林构景、居室设置等方面，无一处不讲究风水形局、环境宜忌。可以说，风水早已根植于中国传统社会文化心理结构的深处，凝结为社会民众的一种"集体无意识"，讲究风水宜忌已成为中国传统社会广大民众日常家居生活的重要组成部分。

民众对住宅基址的选择相当慎重，对居所环境的经营也非常重视。那么，社会民众对住宅基址的选择和居所环境的经营又是依据怎样的标准进行的呢？在传承已久的风水民俗中，为人们提出了一个理想的人居环境模式的指标规范。

(1) 坐北朝南。风水民俗中的理想环境模式，最为流行的是"左青龙，右白虎，前朱雀，后玄武"。《阳宅十书》指出："凡宅左有流水，谓之青龙；右有长道，谓之白虎；前有污池，谓之朱雀；后有丘陵，谓之玄武，为最贵地。""宅东流水势无穷，宅西大道主亨通"，其宅左即宅东，宅右即宅西。表明这个"左青龙，右白虎，前朱雀，后玄武"的理想风水模式就方位而言，是"坐北朝南"。"三世修得朝南屋"、"千金难买朝南屋"等民间谚语也说明"坐北朝南"是理想风水模式所必备的特征。在风水民俗中，认为"坐北朝南"、面南而居，顺应天道，得山川之灵气，受日月之光华，能颐养身体、陶冶情操，所谓"凡宅居滋润光泽阳气者，吉"，即指此。坐北朝南作为风水民俗中的主要指标规范之一，有其深厚的民俗生活基础。常识告诉我们，人与自然界是一个动态变化着的整体，在这一整体中，空气对人类的影响最大，空气的流动就是风。故风水民俗对人居环境的选择首先考虑是否通风，又如何避风。除空气外，人类生存的另一必要条件为适宜的温度。中国地处北温带，冬季的严寒给人的生存带来极大的挑战，所以冬日驱寒趋暖的生存需求又对居所环境提出了避风向阳、便于取暖的风水要求。为了满足既避风向阳，又空气流通的基本要求，在风水民俗中积淀"坐北朝南"的择居原则是理所当然的。

(2) 山环水抱。除空气和温度外，人类生存的基本条件既要有足够的水源，又要有足够的薪火能源。因此，在长期的生活实践中积累而成的风水民俗对水源和薪火资源的充足与否有着密切关注。"山环水抱"择居原则的本初意义就在于有利于采薪取暖和引水饮用。依照"山环水抱"的原则，三面群山环绕，奥中有旷，南面敞开，房屋隐于万树丛中的村落环境布局，是理想的风水宝地，也是中国传统社会努力追求的理想境界。

(3) 明堂开阔。土地作为人类生存和发展的必要资源，在传统风水民俗中占有重要的地位。理想风水模式中"明堂开阔"的原则，其本意就在于传统农业社会对土地资源的渴求。《黄帝宅经》主张"以形势为身体，以泉水为血脉，以土地为皮肤，以草木为毛发，以舍屋为衣服，以门户为冠带，若得如斯，是事严雅，乃为上吉"，将土地比喻为人的皮肤。流行于清代的《丹经口诀》则认为"明堂宽大为有福"。明堂开阔就意味着有比较丰富的土地资源，不仅能保证村落、家族或宗族生存所必需的衣食供应，而且有利于村落、家族或宗族的"发族"，即村落、家族或宗族的可持续发展。

(4) 藏风聚气。在我国传统社会中，自然条件中的日照、温度、风向等气象状态，地形、水文、植被等地理情况，以及人工环境中的景观、绿化、交通等人文环境的优劣，是居屋选址时必须加以综合考虑的。优者，风水民俗称之为"藏风聚气"，是吉地；劣者则是凶地，不宜人的居住。清人范宜宾说："无水则风到气蔽，有水则气止而风无。故风水二字为地学之最重。而其中以得水之地为上等，以藏风之地为次等。"风水民俗中有歌诀说："阳宅须择好地形，背山面水称人心，山有来龙昂秀发，水须围抱作环形，明堂宽大为有福，水口收藏积万金，关煞二方无障碍，光明正大旺门庭。"大体意思是山环水抱、背风向阳、形势灵动、植被繁茂、生机盎然的地方，就是"藏风聚气"的风水宝地。

(5) 因地制宜。《周易·大壮》说："适形而止"，意即因地制宜。风水民俗融合吸纳了这一思想，在择居、建居中注意根据环境的客观性，采取适宜于自然的生活方式。我国地域辽阔，地理条件各不相同，气候差异很大，因此对人居理想环境模式的建构也各有千秋，建筑形式各不相同。西北干旱少雨，民居样式采取穴居式窑洞，施工简易，不占土地，防火防寒，冬暖夏凉；西南潮湿多雨，民居多采取干栏式建筑，楼下空着或养家畜，楼上住人，空气流通，凉爽防潮；南方丘陵地区，视山为龙；北方平原地区，以水作龙，如此等等。因地制宜，就是要使人与建筑适宜于自然，融于自然，返璞归真，天人合一，这正是风水民俗的真谛所在。

（二）生活风俗

东北地区的生活民俗，既有中原传统文化的历史沉淀，又受到其他文化的影响和渗透，加之与北方游牧文化和土著文化相结合，是多种文化共同影响的产物，集合了诸文化的精华。

黑龙江地区地处我国北方，纬度较高，"四时皆寒"，无霜期短，夏季最热时，也不过二十几天，其他时间都比较寒冷。"四时之气多风，四月犹霏雪霰，夏日偶喧或南风作必雨，不雨则江涨……惟雷至，四月始闻，伏天多雨，雹大者如盘，七月已霜，八月则无不雪，所谓高处不胜寒可以验天时矣。"而且土地广阔、沃野千里，在黑土地滋养之下孕育而生的生活民俗，也自然带有淳朴、大方、粗犷、豪放的特征。"民风敦朴，其居住及衣食，不甚讲究"，"即外来托宿者，亦与共之"，足见民风的质朴。

在服饰上，采用保暖性能好的材料制作衣服，多穿皮、毛、棉制品，服饰以宽、大、厚为特点，式样简单朴素。

在居住上，"江省木植极残，而风力高劲，匠人造屋，先列柱木，入土三分之一，上覆以草，加泥涂之。"这种房屋，结构坚固，墙壁和屋顶较厚，保温效果好，适应寒冷、多风的气候。而且房屋朝向坐北朝南，留南窗，不仅便于采光，而且炕多建于南窗下，充分利用了光照，可达到取暖的效果，还可以避开冬季强烈的西北风。门窗都从外关，原来因为"恐夜间虎来易于撞进"，久而久之，形成习惯。窗户是木窗，上有窗棂，"窗自外糊，用高丽纸，纸上搅盐水，入酥油喷之，借以御雨。冬月，盈窗棂间层霜内积，稍暖则化，点滴如雨。"从外面糊窗户纸，可以增加光照面积，使室内光线明亮，而且避免因忽冷忽热致使窗户纸容易脱落。并把纸在盐水里搅拌，再放入酥油中浸泡，这样既可防雨，又可御寒，经久耐用，不致因风吹日晒而损坏。窗户纸糊在外，是东北地区独具的特色，被称为"东北三大怪"之一。窗户上也有安装玻璃的，多在城镇。有的房屋还留北窗，便于夏天通风纳凉，但到冬季就用泥或草填堵以保暖，足见季节性的差异突出。

在睡眠上，"卧时头临炕边，足抵窗，无论男女尊卑，皆并头。以足向人，谓之不敬……其头不近窗者，盖天寒，窗际冰霜晓且盈寸，近则裳绸常为寒气所逼，致不干，故头临炕边，亦不得已也。"因为冬天的寒气重，窗户封闭不严，易透凉风，所以睡眠时头临炕边，脚抵窗户。否则若头临窗户，会受风寒。冬天，室外气温可达零下几十度，再加上冰雪覆盖，空气洁净，可以作为"天然冷藏室"。低温冷藏可以杀菌防腐，食物不会变质。人们利用自然环境冷冻肉类、黏饽饽、馒头、饺子、水果等，养成吃冻食的习惯。有的人家还专门用冰块垒成冰窖，里面放冰，把食物埋在里面，食用时挖出来，烹饪时味道依然鲜美。"凡新年食物皆于腊月制成冻储之。"

在交通上，冬乘爬犁，夏坐船，平日骑马、乘马车。人们在夏天常用的独木船，秋冬时用作马槽。

东北地区是满族的"龙兴之地"，尤其黑龙江地区是满洲重地，汉族人民学习和借鉴了许多满族的生活民俗。由于寒冷的气候环境，火炕成为居家不可缺少的取暖设施。炕高一尺五寸左右，外高内低，有的家庭只设南炕；有的家庭人口多，设南北两炕，俗称"南北炕"，也称"对面炕"；有的南北西三面都有炕，西炕小，两端与南北炕相接，以便通烟，俗称"弯子炕"或"条子炕"。屋内火炕与灶相通，借炊烟烧炕，或者在炕沿下方另辟火门，称为"闷灶炕"。炕热之后，会把热量散发到屋内，"炕热屋子暖"。火炕是黑龙江地区人们与自然环境协调发展的结果，也是各族民俗兼容并包的表现。

不过，东北地区阶级性在社会生活上的表现依然明显，贫富差异、地位差异仍然存在，并且很鲜明。居住上，富家院墙高筑，有重门，设影壁，住深宅大院。普通人家往往一家老小挤在一间房子里，贫贱人家，两家共居一室，"仅以各炕为领域，客来仍许借宿，无问城乡，类如此。"可见，等级性差异明显。

（三）建筑风俗

房屋是人类生活的基本空间，是人们赖以生存的基本物质条件之一，在日常生活中起着至关重要的作用，成为家庭成员活动的主要场所。同时，随着人类的发展，在房屋的建造方面也融入文化创造的内容。房屋的建筑形式，随着社会生产的发展而变化。东北各地的建筑房屋，均以朴素、实用为重，华丽、美观次之。房屋大多是土木结构，房屋的类别从外观上看，主要有以下几种：砖瓦房、草房、平房、土平房等。城镇中多为砖瓦房，乡村多草房。建造房屋时，先将四周墙基挖四五尺左右，再逐渐添土，用石垒好，称为"打地身"。然后用选好的木料搭骨架（多用木质结实、不易腐烂的松木），把木柱直接埋在土中，或者在木柱下方垫础石。然后在柱上架横木为梁，顺着梁，架铺横木为檩子，每条檩子相距一尺左右。接着在檩子上架椽子，支撑屋顶。有木椽子的，叫做"挂椽子房"；没有椽子的，以木檩数目为名，有七檩、九檩之分。把草拧成束状铺在檩子间，再从上下两面抹泥，厚实的地方比砖还厚。墙用土坯或垫子垒筑，垫子就是用低温草根盘结和土，用铁锹切成方块，分开晒干即成，再用麻穰、麦秸和土成泥，墁上；或者用穰、秸和泥，以叉堆垛为墙；或者用拉核墙，"核"指骨架，用木头搭骨架，再拉泥。

在屋顶上墁土，则为"平房"。平房建筑简易，工料便宜，坚固耐久，贫寒的人家多住平房。以平房为基础，中间起脊建"人"字形屋顶，在屋顶上苫草，为"草房"。因为草的保暖效果好，而且不吸热，所以这种结构的房子冬暖夏凉。草房上所苫的草有章茅、黄毛两种，厚约一尺。砖瓦房就是在草房的基础上四面砌砖，房顶铺瓦，有仰瓦，无覆瓦（少数富裕人家有仰瓦，有覆瓦）。砖瓦房的建筑费用比草房高，保暖效果也没有草房好。清末采用瓦为建筑材料的，只有寺院的佛殿，不仅是因为瓦的价格昂贵，而且瓦房御寒效果不如草房，所以人们不建瓦房。室内墙壁多用拉哈（核）墙（满语），"拉哈墙，纵横架木，拧草束密挂横架上，表里涂以泥，薄而占地不大，隔室宇宜之。"

烟筒或在屋顶，或在屋角。有的人家在东西墙砌烟筒，作为室内火炕的通泄器。用土坯或砖砌成，高于屋檐，远远望去像炮台、瞭望台，或者砖塔。房屋间数三五不等，也有七间、九间的，但为数不多。有的人家还在房屋两侧分别建造房子，面向南的为"正房"；面向东西的，为"厢房"。一正两厢的房屋样式最多，如果再有门房，就成了四合房子。还有在正房后面建一进院的，极为少见。城镇中的富裕人家，有的还建造三层房屋，造重门，设影壁。房屋四周有院墙，院墙尚高，城中多用木板围成，为"板幛"，富裕人家则砌砖墙，也有土墙。还有用柳条或杆秸作墙的，为"幛子"。乡间富人，在土墙四角建炮台，用来瞭望防卫，以备非常，俗称"响窑"。农家多用柳条或杆秸作幛子，板墙很少。大门多为木制，或者以土垣为墙，上面盖板，有脊的，叫做"门楼"，两旁是闪屏，左边有一个小门，叫做"角门"；不盖板的，叫做"光亮大门"。世宦之家大门多用砖砌，上面盖瓦、圆脊，俗称"滚脊门楼"，又建二门，砌花墙，把院子一分为二，二门也用砖瓦，圆脊。乡间多柴门，或者不设门，只有富人家有砖木做的门楼。通常院内宽敞，院门高大，便于车马通行和储积薪粮。院内有仓廪、牲畜圈和厕所等辅助性建筑。仓廪和牲畜圈设在院子前方，厕所位于庭院后方的角落里。仓廪，也称"仓房"，用来存放粮食和食品。此外，屋外院设有天灯，平时点得少，过年时点天灯的十室有九。

普通居室，门在房屋正中，进门是厅堂，厅堂兼作灶间，左右为寝室。城镇中的富贵人家还有仿效内地或西洋格局的。房屋注重取暖设施和采光设施，火炕成为居家不可缺少的取暖设施。冬季"不近炕，多冻死"，"烧之室自暖，不然虽偎红炉，寒气不散，地下四时坚冻，即三伏炕必

一两日一烧"。即使在夏季也时常烧炕，睡热炕成为黑龙江地区人们普遍的生活习惯，炕多外高内低，家庭聚餐、娱乐都在炕上。其他取暖设施还有火墙、火炉、火盆、暖阁等。房屋多面向南，窗户宽大，利于采光。与黑龙江地区不同，因为缺少建筑木材，而且纬度比黑龙江地区低，气候较为温暖，绥远地区汉族居民多居住在"一出水"的土木结构房屋里，屋内设土炕，乡村房屋矮小，采光较差。可见，地理位置、气候环境与房屋的构造有直接关系。

东北地区城乡居民大都仍然沿袭传统的建筑风俗，追求朴实和简约。其主要表现在：

其一，建筑类型日趋多样。一批西方风格的建筑陆续出现，丰富了黑龙江地区的建筑形式，而且增添了新的居住习俗，房屋建筑类型呈现多样化的局面。城镇中砖房多仿效洋式建筑，但仍造火炕，借炊取暖。楼房少，多为商铺。在山水、田圃之间搭盖小屋，称为"窝棚"，以便打猎、放牧的人临时居住，稍大些的，称为"磋落"。乡村中的租佃之户，搭盖简易小屋居住，称为"马架"，稍大的称为"绰落"。

其二，房屋建造不尽合理。人们喜欢住草房，认为草房保暖，但是住草房增加了火灾的隐患，而且草房不如瓦房牢固，住久了容易坍塌。而且时间一长，草房顶上积满沙土，雨后长满青苔，冬季下雪时，房顶西北坡的积雪也不易融化，春天狂风大作，会有"卷我屋上三重茅"的担忧。所以，草房屋脊放置木架压草，防止草被风刮走，也有用砖压草的。居民也常把柴、粮放在屋顶上，以防止被盗。当时由于受到经济条件的限制，对于大多数人来说，草房是他们的首选。久烧的火炕，炕洞中积满煤臭，往往随烟筒出，容易引燃房屋，引起火灾。烟筒出火称为"煤子疾"，可以撒一把盐或者把猪粪投入烟筒，再把灶门堵住，火就自然熄灭。所以，炕必须一年掏一次，经常检查，以免出现隐患。此外，炕洞中的烟容易从墙缝溢出，造成煤烟中毒，必须谨慎提防。

其三，住炕、烧炕祛病解乏。居民一年四季

都睡在炕上，既温暖、舒适，又可以解乏。"卧土炕者，仍升火不辍。冬日之烘火以御寒，夏日之烘火以祛湿。""即三伏，炕必一两日一烧，否则腰腿间易致疾，疾甚须以热炕烙之。"把躺在火炕上烙，作为治疗疾病的方法，有腰酸背痛、肚胀腹痛的，或是关节疼痛的，在炕上一烙，症状就会减轻许多。日久天长，养成住热炕的习惯，不住热炕便感觉浑身不适。

其四，居住方式尊老爱幼。采光好的左边的寝室，称为"上屋"，右边的寝室，称为"下屋"。长辈住上屋，晚辈住下屋，招待客人在上屋。如果有南北炕，长辈住南炕为尊，晚辈则住北炕。距火洞近的地方为"炕头"，距火洞远的地方为"炕梢"，炕头到炕梢，热度递减。若同炕而眠，长辈住温度高的炕头，然后是孩子。以热度强弱为敬爱之别，体现了尊老爱幼的习俗。炕梢顶端多放柜子或箱子，也放杂物，白天把被褥叠放在箱子上。

其五，租赁房屋遵守规则。居民租赁房屋住的，数量很多。租赁规则多为一年分成两季，农历二月至八月为上季，农历八月至第二年二月为下季，所以二、八月搬家的人很多，这种习俗被称为"二、八月乱搬家"。因为农历二月正值冰雪消融、春暖花开之际，去年储备过冬的食物和燃料此时已基本用尽，况且气候转暖，所以搬家便利。农历八月，盛夏刚过，秋高气爽，人们往往在八月以后储存秋菜，腌渍酸菜，准备燃料，以便顺利过冬，因此在八月搬家，可以在入住新居之后再准备过冬的食物和燃料，省去很多运输的麻烦。

其六，建房迁居款客习俗。建筑居室落成，亲友来贺，馈赠钱、什物或者联匾，主人设宴款待，俗称"贺房"。居民迁居，亲友前来祝贺，馈赠钱或者食物等，主人摆宴席，招待，俗称"温锅"或者"燎锅底"。因为在建房或迁居过程中，主人可能都会受到亲友的帮助，无论是"贺房"，还是"燎锅底"，都是一次主人向亲友表达谢意的机会，可见民风的淳朴。而且，在入住新居之时，亲友前来庆贺，可以减少入住新居的冷寂孤独之感，增添喜庆欢乐的气氛，帮助主人尽快适应新居。

其七，建造房屋不讲迷信。房屋建造虽有定制，但迷信色彩不浓。这一点与华北地区不同。华北地区人们信奉风水观念，从主房到门、户、灶、厕等皆有固定的地方，其高低广狭也有固定的尺寸，即使是土垣茅舍，也要请阴阳家相其阴阳，按照五行星宿方位，推测相生相克，预言吉凶祸福，从而确定建筑房舍的位置。

注释：

[1] 汪之力，张祖刚. 中国传统民居建筑. 山东：山东科学技术出版社，1994：40.

[2] 汪之力，张祖刚. 中国传统民居建筑. 山东：山东科学技术出版社，1994：34.

[3] 汪之力，张祖刚. 中国传统民居建筑. 山东：山东科学技术出版社，1994：35.

[4] 汪之力，张祖刚. 中国传统民居建筑. 山东：山东科学技术出版社，1994：48.

[5] 汪之力，张祖刚. 中国传统民居建筑. 山东：山东科学技术出版社，1994：17.

第二章　东北汉族传统民居

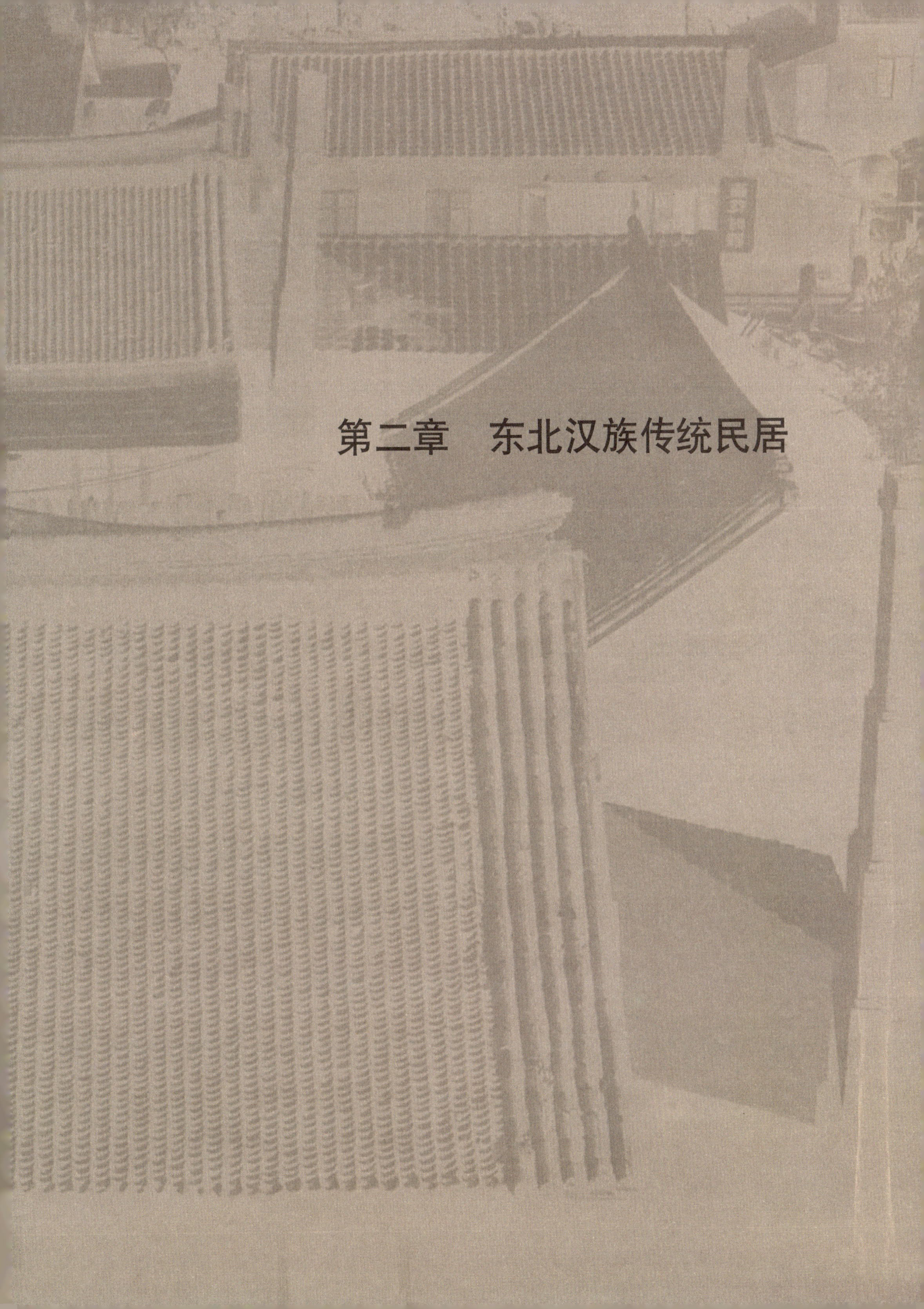

第一节 概述

东北汉族传统民居是过去汉族居住东北时，根据生活的需要建造，并反映汉民族特色和生活特色的民居。东北汉族居民多为自历史上不同时期，由中原迁徙而至东北地区的，"中原地区的汉族……在整个历史中，一直成为东北汉族的主要来源和主要流向。"[1] 因而，东北汉族民居作为传统民居的一个类别，既具有中原汉族传统民居的共性特征，也具有由汉族自身民族文化和所处地域条件共同形成的地域民族特征（图2-1、图2-2）。中原汉人的建造习俗被北迁移民带到东北后，有了较大的变化，这主要是由于对于民居形制能够产生重要影响的一些因素，比如地域环境、社会历史背景以及居民的生活方式等，都随着民居的地域迁徙而有别于原有的地方形态，因而民居形制本身也就相应地产生了必然性的改变。

首先，从民居对于地域环境的适应角度来看，东北地区属于典型的大陆性季风气候区，较之中原而言，冬季更加寒冷干燥，冬夏温差较大。东北汉族传统民居在其漫长的发展历程中，不断适应东北地区气候环境的特点，尤其体现在对于长达半年之久的寒冷冬季的适应性，并且因地制宜、广泛利用当地的筑房材料，逐步形成具有地域特色的民居形态特征及构造特征。

东北自古流传下来的谚语是这样形容民居建筑立面形态的，"高高的，矮矮的，宽宽的，窄窄的"、"黄土打墙房不倒"、"窗户纸糊在外"等。这其中，"高高的"是指房屋的台基较高，台基高了可以防积雪保护基础；"矮矮的"是指房屋室内的净高要适当低些，"宽宽的"是指南窗要宽大，以便摄取更多的日照，窗的形式多采用支摘窗，并将棉纸或高丽纸糊在窗外，以防冬季寒风将窗纸吹破或被窗棂融化的积雪浸湿破损；"窄窄的"则是从空间尺度而言，指房屋的进深要窄小，这样有利于居室的防寒保温。[4]

在建筑材料方面，由于东北地区森林资源丰富，山区民居因地制宜，利用木材建造了俗称为"木楞子房"的井干式民居形式；在平原地带，民居的建造材料多为土筑，无论是黏土或是碱土，均可就地取材，且造价低廉，具有较好的保温、隔热效果，"土坯房"、"碱土平房"等都是当地典型的民居形式。对于草类的应用，比如秫秸、芦苇、羊草等，也都是较易于就地取材的，可层层铺设作屋面材料，也常作草筋与土结合使用，以增加夯土墙或土坯砖的拉结力，它们同时也具有较好的保温性能。

其次，东北汉族传统民居无论是院落空间布局、房屋建筑形态，或是民居整体的装饰意匠，以及构筑材料的选用，都较为简单、粗犷而透着一种原发性的古朴气息。不像北京四合院那样采用"庭院深深"而严谨的民居平面构图形式，也

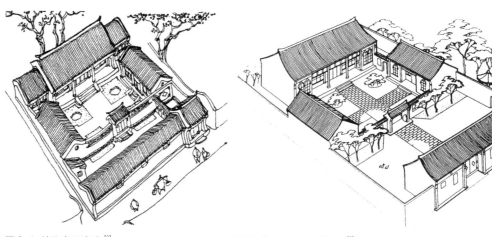

图2-1 某北京四合院[2]   图2-2 辽宁省兴城邸宅[3]

少有像山西乔家大院那样精美绝伦、颇深造诣的装修装饰。追其缘由，东北汉族传统民居建筑形制在迁徙过程中的"萎缩"现象与东北地区较为复杂的历史发展进程是分不开的。

历史上的东北地区，各少数民族、部落之间不断迁徙、融合，争斗频繁。这种长期极不稳定的社会状态，对于社会制度的确立与经济的发展造成了极大的影响，当黄河流域已经进入奴隶社会和封建社会时，这里的原始氏族制度仍然牢固的存在着。明末与后金（清）之间的大规模战争更是造成社会财富的流失，死者难以计数，正如东北流人诗云："败亡二十载，枯骨尚如麻。"人口锐减，耕地日益荒芜，导致整个社会生产能力低下，渔猎、游牧业向农业生产过渡缓慢，加之严冬恶劣气候的影响，这种情势则更为明显。这在客观上阻碍了中原文化在历史发展进程中阶段性的北向传播，并且没有给予中原核心文化得以滋润生长的文化基础。

为恢复发展东北经济，清初实行招民开垦辽东经略，大批关内农民进入东北。同时，随着清初残酷思想统治"文字狱"的推行，大批翰林儒子、名宦文士也被发遣到东北地区。这些"流官徙民"在东北积极推广中原文化，这一阶段对于东北民居建筑技术的发展起到一定的促进作用。但这些"流人"毕竟社会、政治地位低下，在这"八疆骇甄脱，山川疑开辟"的边疆塞外，维持生计都很困难，其对于中原核心文化传播能力之有限也可想而知。然而，清政府招民垦荒的政策颁布没十几年，就惟恐出关的流人过多，会破坏了满族祖先发祥的"龙兴之地"，继而实行"柳条边"封疆政策。这样一来，汉人不得出关，汉文化亦不能北向传播，使得东北与关内更加隔绝开来，这一狭隘的闭关政策使得先进文化的传播受到了人为的阻碍。

"古代文明发展缓慢的一个重要原因，就是地理隔绝，对其他文化不甚了了，所以很难产生改变自己、超越自己的愿望，长久地在自己封闭体系中循环往复。"[5]封疆政策使得东北地区各民族社会经济的发展失去了一个飞跃的时机，建筑技术的发展水平亦几近停滞状态。而与此同时，中原地区传统的木构架建筑体系已发展至成熟晚期，建筑形制、工艺成熟度的确立及发展较之东北地区要领先几百年。

再次，中原移民迁徙至东北地区以后，受到当地的地域环境以及原住居民生活与观念的影响，逐渐孕育出具有自身特色的生产、生活方式。正如俗话说得好，"一方水土养一方人"，地域环境提供给居民寄以栖身的生存空间和满足生活生产所需的各种物质资料，居民生活状况如何，在很大程度上会受到地域环境的影响和制约，使得人们的生存方式也会具有浓厚的地域特色。这种生产、生活模式的变化，对于东北汉族传统民居形制特征的转变也有着较为深刻的影响，通过下面的几个较为突出的方面为例来说明。

第一，东北汉族传统民居的"防御性"较为突出，这与东北地区历史发展进程中由于分分合合而造成的社会局面有很大的关系，也是移民地区民居形态较为普遍的特点之一。"富豪屯宅甚多，土壁高丈余四隅筑楼，设女墙自卫以防马贼"[7]，东北汉族民居的防御性以乡村住宅更为显著，不仅院墙高大，还在院墙四角修建炮楼做"防御工事"，真可谓"堡垒式"民居（图2-3）。院墙一般要高出于房屋檐部以上，高度约4～5m左右，厚度约1.2～1.5m左右，建造的目的是为了防御马贼、抵御枪弹之用。炮台则多为夯土筑成，或用青砖石块而砌，外形方整，坚固耐久，它们与大墙合为一体，共同保卫着"家"，亦坚固了墙体在角落处的衔接。比较中原传统民居而言，东北汉族传统民居体现出较强的防御姿态，加深了其作为合院式民居本身所具有的对外封闭、内向的民居形态特征。

第二，民居院落空间形态的变化。如图2-4所示，比较北京四合院民居与东北汉族传统民居来看，院落大门设置的位置、外院与后院的尺度规模以及院落房屋建筑与外围墙的布局关系都有着较大的区别，而这些差异之处就是主

图 2-3 东北汉族传统民居中的炮楼[6]

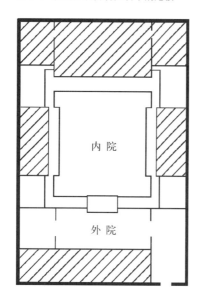 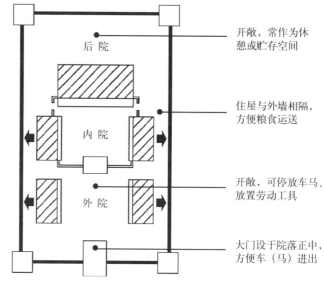

a. 北京四合院平面布局　　b. 东北汉族传统民居平面布局

图 2-4 生活、生产方式的变化导致东北民居形制的转变

要受制约于居民日常的生产方式。北京四合院的院门多设在院落东南角之"巽"位，其缘由主要是追随风水理论的吉凶方位，而东北大院改设院门于南向正中则是出于方便车马进出的需要，朴实豪爽之中也让人心里觉得敞亮；北京四合院的外院主要是作为联系几个不同功能区域的过渡空间，院落尺度相对窄小，而东北大院的外院则变得开阔，院落尺度较大，这是与东北地区生产活动的特点不能分开的。由于冬季寒冷漫长，很多生产劳作不得不在室内进行，外院的厢房就多被用作磨房、碾坊、仓库、马厩等用，院子也就相应地用于停放车马、搁置暂存物品（如柴垛）及佣人的劳作工具等，故对于院落空间的尺度要求也就相对开敞；后院是被开辟出来的一处室外存储空间，常用来设置粮囤，同时为了便于粮食的运送，常于房屋建筑与外围墙之间开辟出一条道路，形成房墙相离式的院落布局，这与中原合院式民居墙屋相结合的建造形式也有较大不同。

第三，还要提一下东北的炕头文化。东北地区气候寒冷，在长达半年之久的寒冷冬季，屋里的热炕头是人们经常坐卧之处。中原民居中被视为宗法、礼仪核心空间的"堂屋"，位置在东北虽还留有一席之地，却多被改作为厨房以及暖阁

（满语称"倒闸"）之用（图2-5）。亲朋好友来串门被招呼到"屋里头炕上坐"（图2-6），说的是位于堂屋两侧的腰屋或里屋（中原民居称次间及梢间）。堂屋的地位较之中原明显降低，在某些方面其地位或许还不及屋里的南炕头，堂屋其名也被改称"外屋地"。在民居室内装饰装修方面，堂屋也不再是人们关注的重点，反而更多精力用在对屋内特别是炕面的修饰上面（图2-7）。东北的几大怪之一叫作"养活孩子吊起来"，说的是用绳索将摇篮吊在炕面"子孙椽子"上，使孩子能够沐浴在南窗的阳光和炕面上升的热气流中而不至于着凉（图2-8、图2-9），这也是东北炕头文化的一个缩影。从这些变化中我们可以看出，民居形制在自中原北迁的过程中，对于一个家族能够产生核心凝聚力的"堂屋"，其地位在某种层面上已经逐渐被里屋，尤其是里屋的"炕"面所替代。

"十里不同风，百里不同俗"，通过以上的分析论述，使我们认识到东北汉族传统民居的形态特征在很大程度上受制于东北的地域环境、经济发展条件以及居住者的生产、生活方式，而中原核心文化对于其民居形制的强烈制约，在民居迁徙过程中已被逐渐淡化。北迁的流人们在面对东北地区相对恶劣的环境时，在某种程度上放弃了对于民居文化性的追求，而是从地域生存环境的角度出发，对民居建筑的形态作了相应的调整，使得居住环境能够更好地顺应地域变迁带来的气候条件、居民生产生活状况的变化。这既反映出北迁的汉族先民们在加强民居环境适应性改造的过程中体现出的聪明才智，同时也是汉族人民向原住地居民学习、借鉴以及共同努力的结果。

图2-5 辽宁开原某宅外屋地

图2-6 呼兰萧红故居南炕头的炕琴、炕桌

图2-7 榆林恩育乡某宅木隔断[9]

图2-8 悠车

图2-9 "养活孩子吊起来"[8]

第二节 建筑平面格局

一、单体建筑平面类型

（一）两开间的平面格局

碱土平房与井干式民居都是东北地区较有特点的民居形式，主要分布在经济条件并不是很富裕的碱土地带，以及林木密集的林场旁或山沟中。在这两种民居中，最为普通的房屋平面布置常采取两开间的形式。例如齐齐哈尔市郊王宅，为黑龙江省西北部传统碱土平房，由两间正房、两间耳房（用作仓房）和两间西厢房（驴棚）等围合而成。其中两开间的正房进深较大，平面呈正方形，采用这种两开间式平面布局，外墙面积小，既建造经济又有防寒保温的效果。外屋以隔扇分隔成两部分，前面为厨房和过道，后部隔成小间为暖阁。屋里设有南炕，南向开大窗，北开小窗。吉林敦化县黄泥河北山沟某井干式住宅，其平面布局亦采用两开间的形式，平面几近正方形，室内厨房与寝卧空间没有较明显的分隔，陈设较为简单（图2-10、图2-11）。

（二）三开间的平面格局

"一明两暗"三开间的布局模式较为常见——堂屋（俗称"外屋地"）居中，两侧对称布置东屋、西屋（图2-12）。堂屋是出入各屋的必经房间，常用作厨房，设有灶台。另外，汉族人祭祀祖先的地方常设于正房堂屋靠北面的墙上，或在堂屋中间木隔墙上设大型花窗，窗上做祖龛，堂屋因此也多了一层礼神空间的色彩。东、西屋则为日常的寝卧空间，置南炕或南北炕，也有人家学习

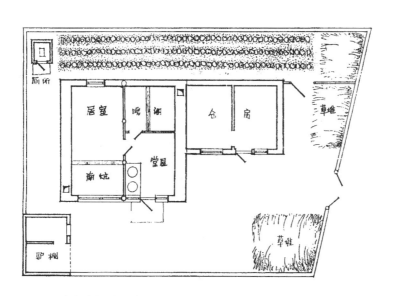
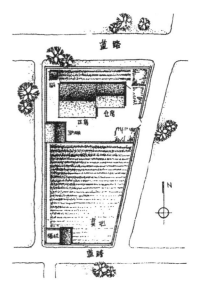

图2-10 齐齐哈尔市郊王宅

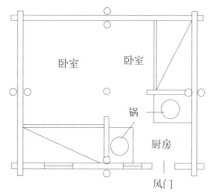
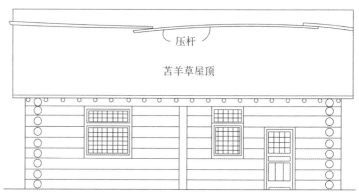

图2-11 吉林敦化县黄泥河北山沟某宅

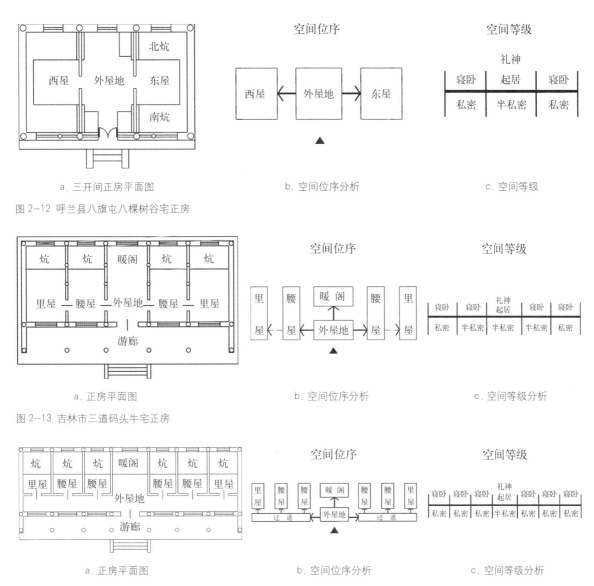

a. 三开间正房平面图　　b. 空间位序分析　　c. 空间等级

图 2-12 呼兰县八旗屯八棵树谷宅正房

a. 正房平面图　　b. 空间位序分析　　c. 空间等级分析

图 2-13 吉林市三道码头牛宅正房

a. 正房平面图　　b. 空间位序分析　　c. 空间等级分析

图 2-14 吉林市通天区湖广会馆牛宅后正房

满族置炕的形式而建造"万字炕"。三开间的小型房屋，各功能空间逐个连接，空间流线及分区简单明确。

（三）多开间的平面格局

五开间或七开间的房屋在汉族大型民居中较为常见，于堂屋两侧对称布置四间或六间房屋，称谓较中原亦有所不同，次间称为"腰屋"，梢间称为"中屋"，尽端的两间称为"里屋"。富户人家常将堂屋的前半部分用作厨房，置炊具，而在其后半部分隔出小屋称"暖阁"，内设火炕，"为给老人暖衣暖鞋而用，以避免冬季出门穿衣的当时感觉寒凉。"[10] 除堂屋外，其余的几间便都是用于家人寝卧之用。

由于东北汉人的院落住宅，正房开间数多在三间以上，住在两端里屋的住户，出入堂屋房门时多要穿过腰屋较为不便，涉及房屋联系方式的优化问题。为了使得住屋内部的空间流线更加合理，东北汉族传统民居主要采用以下三种各具特色的空间联系方式：其一，除里屋以外，其他各间基本都留出一个过道的空间，作为各房间相互联系的交通空间，即建筑形态学中所说的线式序列中的构成要素逐个连接，这种情况下，里屋的私密程度较高（图 2-13）；其二，在堂屋两侧，沿南向设置狭长的交通联系空间，即线式序列中的构成要素共有一个独立的联系空间，使得各寝卧空间都能拥有较高的私密性（图 2-14）；其三，

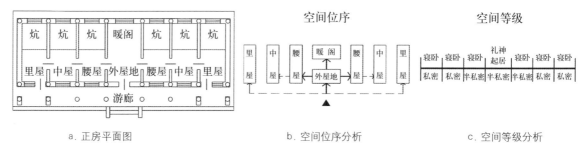

a. 正房平面图　　　　　　　　b. 空间位序分析　　　　　　c. 空间等级分析

图 2-15 吉林市江沿街肖宅

采取第一种联系方式的同时，在东西两间里屋开设独立的房门，确保里屋与中屋的私密性要求（图 2-15）。

二．院落组成平面类型

院落空间的类型分析主要从院落构成要素的层次为出发点，因为院落组成的平面类型主要反映的是院落构成要素的内在组织关系。东北汉族传统民居院落空间的各组成要素，按照一定的方式进行组合，呈现出有规律可循的内在的平面组合规律。结合民居实例进行分析比较，归纳出东北汉族传统民居的院落组成平面类型主要呈现出"围合"与"衔接"两种构成关系，进而总结出民居平面布局的标准形式以及相关的子类型。

（一）以"围合"关系组织要素

"中国传统建筑的每一单位，基本上是一组或者多组的围绕着一个中心空间（院子）而组织构成的建筑群。"[11] 院子可以被看作是人们主动地将外界自然环境引入到住宅中，它既满足了人们对于环境的需求，同时它作为一种过渡空间，也符合人们对于空间私密性等心理需求。东北汉族传统民居作为传统民居的一个类别，其特点亦在于除了居住建筑以外，尚有一个或几个家庭私用的院落，以建筑及院墙将其围合，院落整体呈现较强的内向性。首先，根据院落空间构成要素间所呈现的不同程度的围合关系，将东北汉族传统民居分为四种类型：一合院式、二合院式、三合院式以及四合院式。

1. 一合院式

一合院式民居布局简单，常见于林区的井干式民居以及碱土地带的民居院落。由于房主多为当地农民，故常在院内设置菜果园、柴垛、仓房等，与正房共同围成小型院落。例如图 2-16 尚志市亚布力镇宝石村张宅所示，张宅是黑龙江省东部林区传统的井干式民居，三开间正房及其西侧仓房与外围的木樟子围合成梯形的一合院落，院门开在东南角，院内布置有木材堆、鸡舍和果园。

2. 二合院式

二合院即是在一合院的基础上，自另外一个

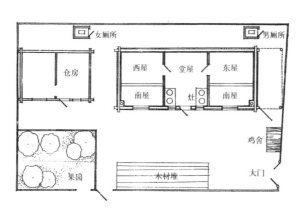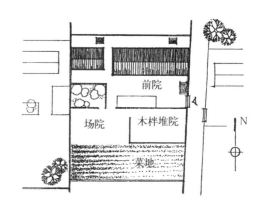

图 2-16 尚志市亚布力镇宝石村张宅

方向设置房屋建筑或是廊而产生的围合形式。例如图 2-10 齐齐哈尔市郊王宅所示。一、二合院式民居，其布局方式多是从使用者日常生产、生活方式的角度出发，要考虑置于院子中的原材料的存放、运输是否便捷等因素，以及动物饲养的合理性等要求，而中原民居较为看重的宗法礼制观念被淡化，装饰装修工艺也极少被居住者关注，因而是被生活化了的民居平面布局形式。

3. 三合院式

三合院式住宅是以正房为中心，于其前两侧建东西厢房，设院墙与院门，院门为非房屋建筑形制的单间屋宇型大门，或者是四脚落地式大门。房屋建筑在院子中的布置显得很松散，相互之间多无连廊连接，只能通过甬路相联系，并且各房的端部大都不设耳房。正房一般为三开间，个别大宅有七开间者，厢房为三开间或五开间。正房与厢房之间留有一定间距，厢房的布置避开正房，为的是给予正房更好的采光条件。一旦正房间数增多，则院子就更宽敞而空旷。例如图 2-17 吉林市牛宅胡同某宅所示，该宅为二进三合式住宅，正门为单间屋宇型大门。

4. 四合院式

将三合院式住宅的大门改建为"门房"，即构成了四合院式住宅。比较三合院式民居而言，四合院式民居平面布置更为完整，院落等级亦相对有所提升。如图 2-18 吉林市江沿街肖宅所示，其特点主要体现在：①院落纵深"进"数增多，由三合院的一进或二进院式增至二进或多进院式；②房屋建筑的形制有所提高，多带有前檐廊，局部装饰更为精致，正房多为五开间以上；③增建附属用房及配房；④个别大宅在门外圈出很大的空地，增设门前院，使得门外空间开敞，进宅需过门宇重重，颇显宅主人的显赫地位。

（二）以"衔接"关系组织要素

以一个院子为中心围合而成的院落，可以被看作是院落组群的一个基本构成单元。当院落空间需要扩大规模时，只需要横向或纵向地累加排列这个基本单元，这其间"有纵的联系，也有横的联系，继而成为一个交叉的交通路线网"。[12] 这是中国传统建筑中上至宫殿建筑下至庶民宅舍，在建筑组群的建造以及扩张用地规模时，都较为普遍采用的空间延展方式。围绕中心空间（院

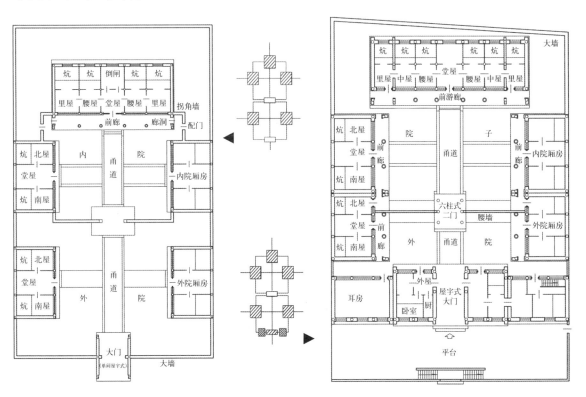

图 2-17 吉林市牛宅胡同某宅　　　　图 2-18 吉林市江沿街肖宅

子)组织建筑要素,这叫作"围合";将这种基本的围合单元,横纵向的呈行列式地排列组织,称为"衔接"。东北汉族传统民居院落也是依这样的组接关系来组织空间构成要素的,其主要表现为以"进院"为单位,一个进院是一个基本构成单元。根据各单元之间衔接关系的特点,将东北汉族传统民居分为主要的两种类型:串联式与双向复合式。

1. 串联式

串联式组合就是住宅的各主要院落沿轴线纵深方向排列,以腰墙、二门(或影壁)、拐角墙、配门(或拐角廊)等要素串联起几进院落,住宅平面呈狭长状。串联式住宅主要分为两种类型:二进院式、三进院式,每种类型又可以细分出几种不同的类型。

(1)二进院式 二进院式布局形式是东北汉族传统民居中较为常见的类型。整个宅院由内、外两组院落构成,两院之间以腰墙、二门或以院心影壁相分隔。外院是佣人活动的范围,后院前、后是主人家居住的中心。外院主要的建筑为大门、外院东西厢房,大户人家往往在门房两侧并置附属用房;内院布置正房、内院东西厢房,内院建筑大多设有前檐廊,正房较少设置耳房。

两进式院落还可细化分为:①二进三合式;②二进四合式;③二进四合半后院式。

"二进三合式"与"二进四合式",都是比较常见的平面格局,二者的区别仅在于院落的围合程度。"二进三合式"住宅如图2-17吉林市牛宅胡同某宅。图2-19吉林市通天区头条胡同张宅为"二进四合式"住宅,正门为五开间屋宇型大门,正中大门一间,左右各两开间作仆人用房。"二进四合半后院式"住宅,是指四合院中的第二进院落只设有一座后正房,而没有设置东西厢房,相对于第一进院落,缺少"合"的整体性。为了区别前两种较为完整的模式,而取其名为"半后院"(图2-20)。这种一合院式的院子形式在东北汉族传统民居的院落组群中是较为常见的,因为"厢房"在东北往往不是供家人居住,而是作为磨房、碾房或佣人居住的房舍,而像郝浴故居这样的多进院落,生产用房以及佣人的活动范围往往仅限定于外院,在家庭成员又不是很多的情况下,内院往往只建造一座后正房就够用了。

(2)三进院式 三进院式住宅由外院、内院、

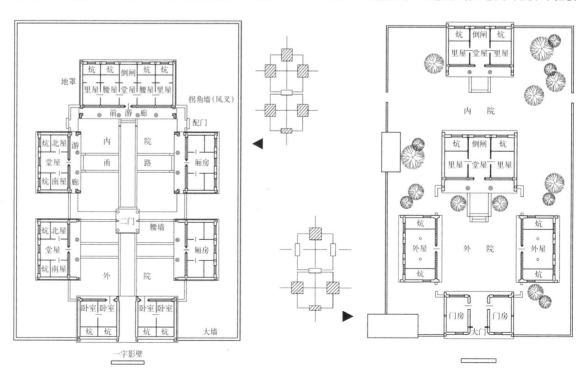

图2-19 吉林市通天区头条胡同张宅

图2-20 辽宁省铁岭郝浴故居

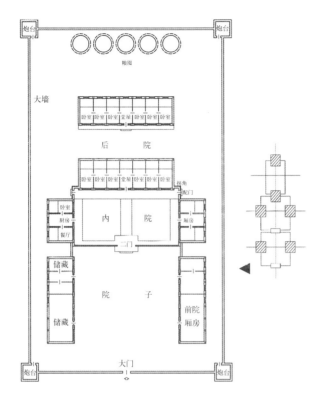

图 2-21 扶余县八家子张宅

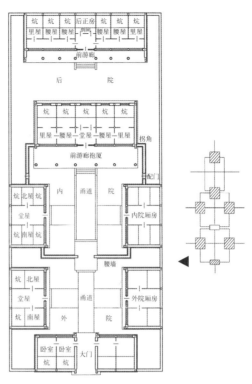

图 2-22 吉林市通天区湖广会馆胡同牛宅

后院三"进"院落构成。三进院就是在二进院的基础上加建后院，增建后正房，人口多的大户人家亦在后院增建厢房。内、外院之间多用二门及腰墙分隔，内院与后院之间，以正房相互分隔，并在内院正房两侧设置拐角墙、配门或用拐角廊与后进院落相沟通。三进院式住宅可以细化分类为：①三进三合半后院式；②三进四合半后院式；③三进四合式。

"三进三合半后院式"与"三进四合半后院式"住宅，前两进院落都是很标准的三合院和四合院，只是后院的布局较特殊，只设置后正房，无东西厢房。如图 2-21 扶余县八家子张宅所示，张宅为"三进三合半后院式"宅。院落空间呈纵向布局，防御性较强，是东北地区规模较大的乡村式住宅。前院基本上都用作储藏、生产用房，院落较宽敞可以停留车马。内外院之间设腰墙与二门分隔，内院作为家人的主要活动区域，正房七间，厢房内三外七。第三进院落仅设置后正房，并在其后部留出空地安置粮囤子。

"三进四合半后院式"住宅见图 2-22 吉林市通天区湖广会馆胡同牛宅。该布局类型是多数三进院落民居所采用的布局形式。如牛宅所示，沿着院落的中心轴线依次布置门房、二门、正房、后正房，前两进院落都很完整，第三进院落只建造正房，正房五间，后正房七间，厢房都不设檐廊，以拐墙、二门以及腰墙分隔外、内、后三进院落，这些都是东北汉族传统民居较为常见的院落布局形式。

"三进四合式"住宅如图 2-23、图 2-24 所示。图 2-24 沈阳张学良故居是东北汉族传统民居中形制较高的民居案例，院落整体呈南北向纵向延展，外院与内院沿袭传统的布局形式，即以二门及腰墙相联系，正房位于内院后部中心，内外院都建有东西厢房，门房左右设置配房，形制较高。而内院与后院之间却打破以往的用拐墙及配门相连通的方式，在正房北面开门通向后院，内院正房即成为连通内院与后院的过厅，这在东北地区传统民居中是较为少见的例子。

2. 双向复合式

院落构成要素不仅在纵向沿轴线布置呈现出串联式的组合形式，随着宅院规模的扩大，亦向东西方向发展，这样就产生了纵横双向复合式的住宅布局类型。双向复合式的住宅可分为两种形式：主次分明式、多院组合式。

（1）主次分明式　主次分明式住宅以一组纵向串联的院落作为整体，旁设次一级的分院或东（西）跨院。如图2-25吴宅所示，整个跨院呈南北狭长状。图2-26郭宅为清朝举人郭兴武兄弟三人的住宅，由玉成堂、玉满堂、玉真堂等三个院落组成。院落成曲尺形组合，外围高4m的砖墙，每个凸角处都有砖筑炮台。院落北部为小型的私家花园。现今保留有玉成堂的正房和两座厢房以及西侧的配房。

（2）多院组合式　多院组合式住宅是由多个院落合并而成，院落间无明显的联立关系。如图2-27呼兰市萧红故居所示，该宅为典型的北方

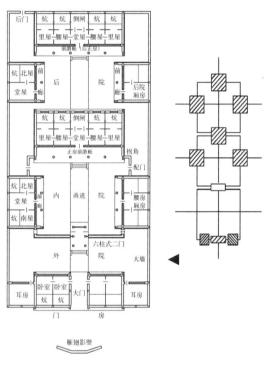

图 2-23 吉林市三道码头牛宅

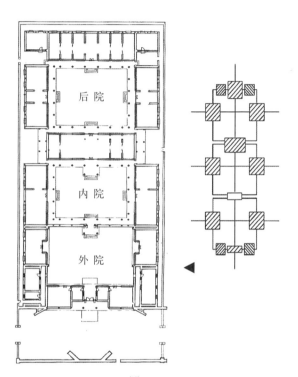

图 2-24 沈阳张学良故居[13]

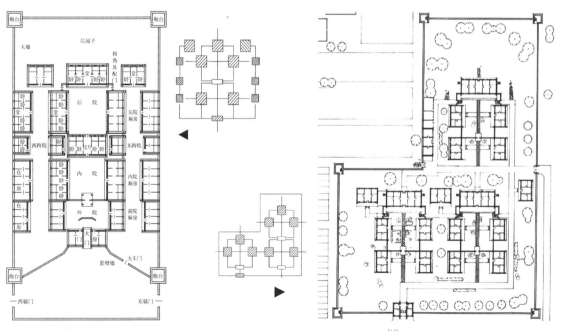

图 2-25 吉林双辽县吴宅　　　　　图 2-26 公主岭市郭宅[14]

中等绅士住宅，分东、西两个大院，东院是萧家人日常起居的宅院，西院是库房、磨坊和佃户居住的地方。东院主要为五间正房，并在北侧设后门通往后花园。整个院落布置没有明显的对称、围合及串并联的关系。

综上所述，按照院落空间构成要素之间呈现的围合与衔接的关系，东北汉族传统民居建筑平面类型主要划分为：标准形式、二进院式、三进院式及双向复合式，每一种类别又细化为几种子类别（表2-1）。

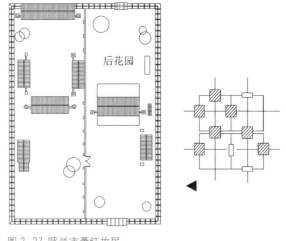

图2-27 呼兰市萧红故居

东北汉族传统合院式民居平面布局类型

表2-1

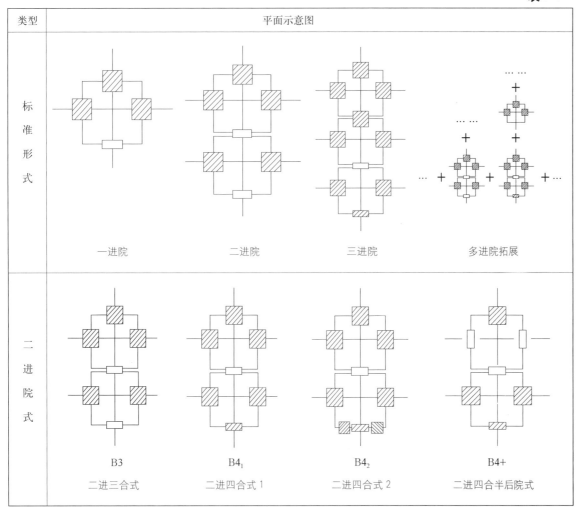

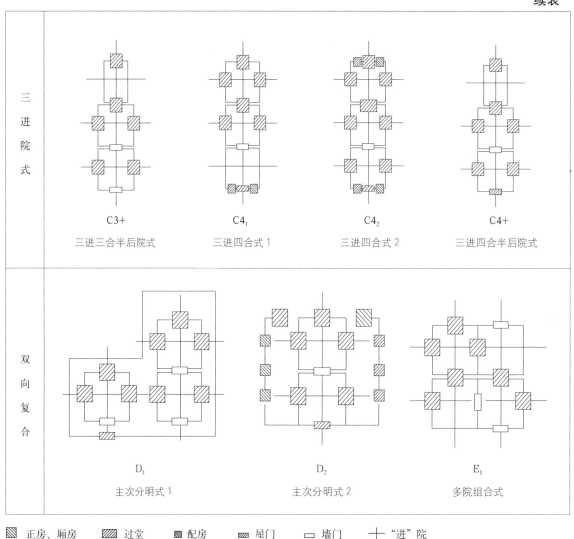

第三节 构筑与造型

一、构筑材料

东北汉族传统民居建筑材料的运用，都尽量就地取材，这种取材方式造价低廉，运输费用不高，在生产力低下的农业社会中，就地取材成为一个非常重要的营建措施。这同时也得益于东北地区自然资源的优势，东北地区幅员辽阔，地貌多样，拥有我国三大平原中最为辽阔的东北大平原，并以其为核心，自西北、东北及东南三面环绕分布着大兴安岭、小兴安岭以及长白山山地。因而，不乏山地林区与广大平原的东北地区，要木有木，要土有土，而这些材料用来建造房屋，都是较好的隔热保温之材，再加上当地石料、草料的点缀，自然成就了东北汉族传统民居丰富的、随地形地貌而变化的构筑形态特征。

（一）土

用土做建筑材料是传统民居中最常见的形式，它虽有强度不同、易吸水、软化的不足，但却具有良好的保温隔热性能。东北地区的土地资源丰厚，土壤品类复杂多样，东北汉族传统民居充分利用了这一优厚资源，在民居建造过程中对于土的应用极为广泛，大到房屋的基础、墙体、屋面的修砌，小到火炕、锅台、烟囱的砌筑都能用到土，不仅用得多而且还用得巧（图2-28）。仅以墙体的砌筑为例，由于土质结构、构筑技艺以及居民生活习惯的不同，土筑墙可以分出好几个类别。把土填入夯土模具中，用木棍或者木板将其逐层夯实，筑成夯土墙，东北西部碱土地带的碱土平房，外墙即是用碱土夯实的范例，坚固耐久；用碎草与黏土搅合在一起，装入模内经晾晒而制成的房屋构筑材料称土坯，将土坯分层垒砌并用同样土质的泥浆作为粘结材料，砌筑完工后再用细泥抹面就筑成土坯墙；用东北地区特有的黑黏土作为主要材料，与经水浸泡后的谷、稻草等胶合在一起拧成长约60～80cm的泥草辫子，用它垛砌而成的墙壁叫做拉核墙，又称草辫墙；此外还有垡子墙，是用自低洼地带或水甸子里挖出的垡土块，经晒干之后垒砌而成，因水甸子里草根滋生很长，深入土内盘结如丝并与土成为一体，用这样的垡土块砌墙非常坚固，又省去制造的时间，可以说是最为经济的地方材料之一，也是砌筑院落大墙常用的材料。

（二）木

木材可以说是人类最早使用的建筑材料之一，其很好的抗压抗拉性能，既适用于房屋木构架的建造，也适于各式各样的小木作，是传统民居中常用的构筑材料。东北地区森林资源丰富，木材品质较好，因而木构技术在东北汉族传统民

a. 夯土房

b. 土炕

c. 土打烟囱

d. 土坯垒大墙

图2-28 东北汉族传统民居对于土的应用

居的建造中极为常用，建筑中柱、梁、枋、檩、椽等结构构件，门、窗等维护构件，乃至围合院子用的木头幛子等，都要用到木材（图2-29）。木材的主要品种有红松、幛子松、白桦树、榆树、杨树、柳树等，其中松木的质地较坚硬，常用于建筑木构架的建造。

东北山地林区常见的井干式传统民居，即是以木材为主要材料而建造的民居类型（图2-29 d、e）。这类民居主要分布在大兴安岭、小兴安岭以及长白山地区林木茂密的地方，其从头至尾、从里至外几乎都是用木头做成，比如墙体用圆木垛成，门窗洞口处用"木蛤蟆"勒边固定，屋顶骨架用木制的叉手或用木立人与檩条搭建而成，就连铺设屋面用的瓦也用木板或者树皮做成，难怪当地居民常称其为"木楞子房"。井干式民居也是东北汉族传统民居类型中，因地制宜、就地取材的范例之一。

（三）草

草类作为民居建筑的构筑材料，由于其经济且可就地取材，因此使用范围较广。各地民居对于草类的应用多是就地取材，水泽地带可用苇子，靠山可用荒草，产麦区可用麦草，产稻区多用稻草等等。东北汉族传统民居建筑中所用的草大致有高粱秆（俗称秫秸）、谷草、羊草、乌拉草、芦苇、沼条等。草类常被用于屋面的铺设，例如将秫秸成捆可以代替屋面坐板直接搁置在檩条上，其亦有较好的防寒保温效果；羊草本身属于水甸子中的野生植物，每年秋季时成红色，故俗称"红草"，

a. 吉林某宅木构架

b. 萧红故居木构门、窗

c. 木制装饰性元素

d. 某木楞子房屋

e. 木楞子房转角搭接示意图

图2-29 东北汉族传统民居对于木材的应用

其纤细柔软，可用于铺设屋面且防水效果好；东北盛产的乌拉草也被广泛地用于民居中苫顶的材料（图2-30）。用草苫屋面，一般是从下（屋檐）往上一层层铺设，靠檐处薄些，而屋脊苫得较厚，为了便于排水，另外在屋脊的交缝处还需做盖帘以防雨水渗漏。

在建筑内部，草类也被广泛地应用于天棚、炕席、遮阳帘子等的制作。因草类有较好的柔韧性，故而常与土混合起来应用于民居的建造。例如前面所提到的土坯墙、垡子墙、拉核墙等，都是应用草类与土相混合而建造的，墙体抹面的材料为了取得更好的保温效果，也多是黏土加拌碎草而制成。由此可见，东北汉族民居中对于草类的应用是极为广泛的，虽未被应用于房屋构架等重要部位，但是从建筑屋面到墙体，从建筑室内延伸到院落中的棚架等处，都可见到草类的应用，其对于东北民居应对严寒冬日而起到的防寒保温作用非常显著。

（四）砖瓦

砖瓦材料是天然材料经过简单的加工后烧制而成，它在强度、耐磨、耐水性等方面都较土材大为提高，是我国传统民居中应用较多的建筑材料（图2-31）。砖的做法是用黏土加入砂土和好后，用模子做成坯子，日晒干燥后烧制成砖，有青砖、红砖之分。瓦是经人工烧制的材料，做法与砖相似，它有较好的防水性和耐久性，是一种理想的屋面材料。

在东北汉族传统民居中，用青砖砌墙、瓦铺

a. 长白山井干式民居的草顶

b. 草辫墙

c. 秫秸草顶

d. 吉林舒兰市郊某草房

图2-30 东北汉族传统民居对于草类的应用

屋面的，往往是较为富裕的人家，青砖瓦房的装饰构件相对于土坯草房、碱土平房和木楞子房都较为丰富。而屋面瓦的铺设则多用仰瓦而不用合瓦，其一是由于东北地区降雨量较少，更重要的是以防冬季屋顶积雪融化时侵蚀瓦垅沟的灰泥，易导致瓦、泥脱落的现象。故仅在接近两山处铺设三或五垅筒瓦压边，以减去屋面单薄的感觉，并可以防风和防雨水损坏山墙。

二、承重结构类型

（一）木构架承重结构

东北汉族传统民居的结构体系延续了中原传统民居，也是中国传统民居结构体系的普遍做法，即采用"墙倒屋不塌"的木构架承重结构。正如梁思成先生在《清式营造则例》中所描述的："其用法则在构屋程序中，先用木材构成架子作为骨干，然后加上墙壁，如皮肉之附在骨上，负重部分全赖木架，毫不借重墙壁。"东北汉族传统民居的木构架结构系统，即依靠柱子、柁（梁）、立人（瓜柱）、檩、枋、椽等，以此组成房屋的受力系统，承担自然荷载以及材料自重（图2-32、图2-33）。

柱子是构架中主要的承重、传力构件，多用圆木做成，其下部立在柱础石上，上部承载大柁，屋面的重量都是通过柱子传向地面。由于东北

a. 开原市清河区尚阳湖畔王宅青砖墙

b. 仰瓦屋面示意图

c. 郝浴故居东跨院待以修复的某房瓦

图2-31 东北汉族传统民居对于砖瓦的应用

地区冬季寒冷，建筑墙体都做的较厚。在处理墙柱关系时，满族民居多将柱子包在墙体中，并在外墙柱脚处设透风，以防墙内木柱受潮腐烂。而汉族民居则常将柱子直接暴露于墙外，采用这种墙柱关系，虽然房屋的保暖性颇差，但木柱通风效果更好，屋架结构坚固，使用年限也更长（图2-34）。

梁在东北又称"大梁砣"，简称"大砣"，是架在前后檐柱上沿进深方向设置的水平构件，主要承载其上部的荷重并向下传递给柱子。若房屋的进深较大，所设砣数较多，则砣的叫法自下往上分别称：大砣、二砣等，以此类推。由于东北汉族传统民居常设檐廊，则此时在檐廊处，大砣的做法主要有两种，一种为"蛇探头"式，是将整根大砣直接搭在檐柱上，并在老檐柱的上部设"矮人"（即金瓜柱），与二砣榫卯相连以稳固构

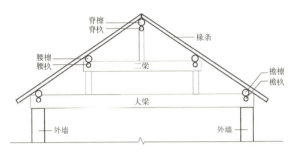

图 2-32 东北汉族传统民居五檩五杴式构架示意图

图 2-33 铁岭郝浴故居东跨院待以修复的正房之木构架构件

架，这种做法对制柁的木材要求较高，木料需粗壮且长；另一种为"加穿插梁"的做法，采用这种做法往往是因为柁材较短，故在檐廊处的老檐柱与檐柱间加设穿插梁相互联系。檐下大柁多挑出头，富户人家会在大柁头部雕刻纹饰或贴上吉祥文字，柁下若挑出随梁枋，也会用当地俗称"象鼻"的雕刻手法加以装饰，这是东北传统木构架民居中较为常见的柁头处理手法（图2-35）。

檩与枕是沿房屋面阔方向设置的架在柁上的横向构件，由于用途及所处位置的不同主要分为檐檩檐枕、金檩金枕、脊檩脊枕等。东北汉族传统民居檩枕构架的独特之处主要在于其中的"枕"，位于檩的下方，其长度与檩条相同，直径较之稍细，与檩条同样起到联系各榀架并承载和向柁传递其上屋面的重量（图2-36）。檩枕在木构架结构中的作用与中原民居中的檩条及其垫板的作用是极为类似的，主要的区别在于檩垫板的截面多是方形的，而枕是圆形或椭圆形截面。

考察现存的东北汉族传统民居的实例，木构架结构的类型主要包括：三檩三枕式、五檩五枕式（三柱香式）、六檩带前檐廊式、七檩蛇探头式，大宅中还有八檩前出廊式、九檩前出廊及九檩前后出廊等形式（图2-37）。三檩三枕式是小型住宅中常见的结构形式，木柱上架柁，于其上两侧置榫卯相交的檩枕，柁的中部以立人支撑脊檩、脊枕。三柱香式是大型住宅中最简单的结构形式，之所以称为"三柱香"，是因其大柁上置三根立人承托脊檩及前后腰檩，似三根香，故名。该构架房屋通常面阔较大、进深较小，并要求大柁粗壮，以防日久自柁的中部折裂。六檩构架是东北汉族传统民居中较为常见的构架形式，并多带有前檐廊，廊下檐部大柁出头，主要分蛇探头与穿插梁的做法。

（二）木构架变体及墙架混合承重结构

在东北的小型住宅以及乡村住宅中，房屋构架的建造往往受到经济因素、材料因素等多方面的影响，在能够满足居住环境适居、安全等条件的基础上，对于房屋构架的建造往往在某种程度

图2-34 槛墙与柱的关系示意图

图2-35 柁头及其雕刻装饰纹样

上进行可行性的简化处理，这样不仅节约筑房材料、节省劳力与时间，同时使得民居的建造更加具有地域特色。因为这是最为真实的，能够反映出普通劳动人民生活的一个缩影，也是从这种改变的模式中，可见人们对于某种住居环境的向往，以及为愿望所作出的努力尝试。

东北汉族传统民居木构架结构的变异体，考察至目前为止，主要存在四种情况，其一就是山墙"排山柱"的构造，排山柱是在山墙中心位置设的柱子，省去了大柁二柁的建造，仅留三根柱子作为两山处的受力骨架（图2-38）。采用这种构架方法的住屋，往往是因为其在山墙上砌筑烟囱，为了便于打通烟道，同时也能相应地减少屋顶的荷重才逐步发展出排山柱的做法。排山柱由于内置于山墙中容易腐烂，故在立柱前常用烤火法将木柱用火烘烤，使其表面碳化而不易受潮腐烂。

另外，还有一种较为独特的柱子做法，叫做"抱门柱"。抱门柱常设置在大柁下中间部分进深的三等分处，多为八角形或圆形，主要功能是承托大柁，同时也可以作为间隔墙的骨架，并与炕沿相连。如图2-39辽宁铁岭市郝浴故居的厢房就运用了这种抱门柱的做法，既起到传力的作用，同时也巧妙分隔了建筑内部空间。在辽西碱土平房中也有一种类似于抱门柱的结构构件，当地俗称"抱沿柱"，常设置于大柁下距檐墙1.8m左右并与炕沿相连，平面多呈"十"字形，又称线条柱做法（图2-40）。设置抱沿柱主要有以下三种功用：（1）承托大柁并向地面传力；（2）稳固炕上用以划分炕面的隔身板；（3）炕沿是人们常坐的地方，故炕沿木易向外倾斜并破损，抱沿柱可以起到稳固炕沿木的作用。

第三种木构架变异的形式是位于东北西部碱土平原上，碱土平房的房屋构架体系（图2-41～图2-43）。碱土平房的建造仍采用木构架结构，但是却一改抬梁式构架柱上架梁、梁上置短柱再架梁的做法，而是仅用一架梁，梁上再根据檩子的间距设瓜柱，或用"替子"代替瓜柱

支撑其上的檩条，同时山墙榀架中多设中柱，以取得构架的稳定性。屋顶多采用略呈弧形的囤顶形式，前后檐低，中间脊部高，屋架中的瓜柱高度也是自屋脊处向两檐递减。关于梁与屋顶坡度的构造关系，各地匠人各有拿捏分寸，比如在辽宁兴城地方匠人中就流传着这样一句口诀，"梁一丈返七寸"，即梁的跨度为一丈时，从梁上皮向上返七寸做屋顶；当梁跨度为两丈时，从梁上皮向上返一尺四寸做屋顶，以此类推。

碱土地带由于木材稀少，风沙较大，而随处

图2-36 檩枋构件示意图

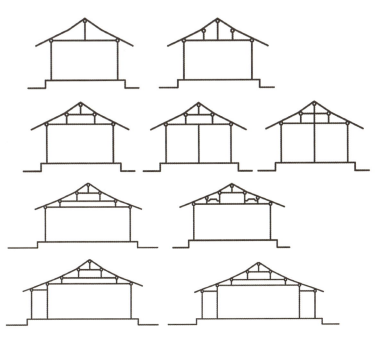

图2-37 东北汉族传统民居常见木构架结构示意图

可见的碱土用来做筑房材料,不仅防水性好且造价低廉,故当地居民适当简化了中原地带相对繁复的木构架结构,并结合当地碱土的应用,很智慧地解决了筑房木材短缺的问题。有的人家在建造房屋木构架时则更减少了木料的支出,干脆仅保留前后檐墙的结构柱,而将两山处的梁架和柱子一并省去,檩条两端直接搭在两山上。在这种情况下,木构架支撑体系被改造为前后檐柱与两面山墙共同承载并传力的构架体系,民间匠人俗称其为"硬搭山"构造,在这里我们将其归类为"墙架混合承重结构"(图2-44)。这种屋架结构主要见于东北碱土平房中,另外在非碱土地带的土坯房中也可见。采取这种做法时,山墙往往要建造得较厚,筑墙时多采用夯筑或是用羊草混合黏土成坯而砌筑的方法,土坯山墙的下部往往用石块砌筑并垒高至窗台下沿,砌好以后再用黄泥搅拌碎草涂抹墙面,以起到稳固墙体、防寒保温的作用。同时,由于采用单架梁的结构形式,坡屋顶的硬搭山房往往在顶棚与屋面间形成小阁楼,自然形成一个储物空间,也起到一定的保温作用。

(三) 墙体承重结构

墙体承重结构的特征主要表现为,屋架大柁直接搭在前后檐墙上,搁置在大柁上的檩条两端直接搭在两山上,整个房屋靠四面墙壁承重,"墙倒屋就塌"。这种承重结构类型,在北方传统民居中有较多的应用。

在长白山山地及大兴安岭、小兴安岭等林区周边、山谷平原地带常见的井干式房屋(图

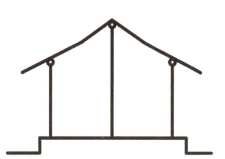

图2-38 排山柱示意图

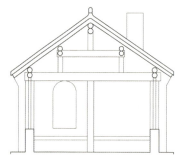

图2-39 郝浴故居厢房抱门柱示意图

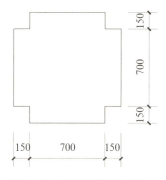

图2-40 抱沿柱横截面示意图

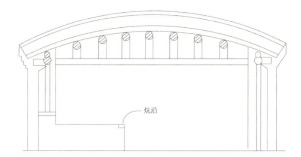

图2-41 吉林碱土平房剖面图

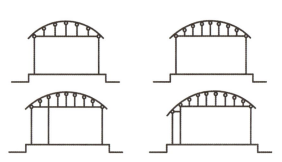

图2-42 东北汉族传统民居常见碱土平房房屋构架示意图

图2-43 兴城古城碱土房木构架示意图

2-45),就是东北地区典型的以四面墙体为承重结构的民居类型。其结构构架的搭建较为简单,主要的就是自地面挖深沟,将横木嵌入其中做基础,垒至地面以上的圆木继续向上搭接成木楞子墙,然后将大柁搁置在前后檐的木墙上,再在大柁上置立人(瓜柱),立人上架檩子,或直接用叉手置檩子建造屋架。这是东北地区汉族井干式民居构架较为普遍的做法,都是用木楞子墙身为承重部分,也有少数人家采用木构架承重结构中的"三柱香式",这种做法往往可以扩大井干式房屋内部的进深。

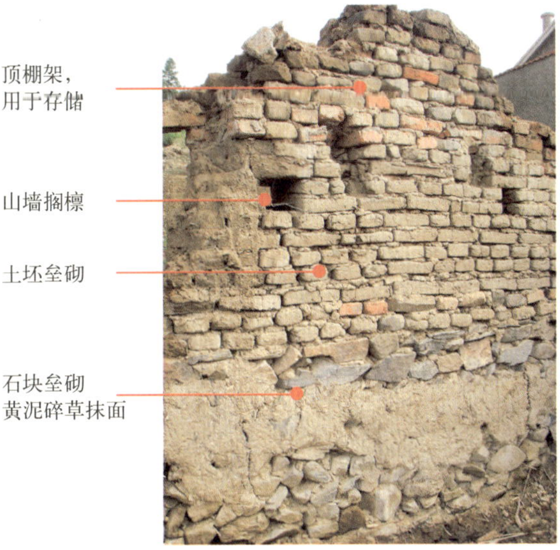

三、造型与细部

(一)屋顶形态

按照屋面材料的选用,可以将东北汉族传统民居的屋顶类型划分为瓦屋面、土屋面、草屋面等类型。瓦屋面主要包括小青瓦屋面、木板瓦屋面、树皮瓦屋面,它们多用于青砖瓦房以及井干式房屋等两坡顶的屋面。小青瓦屋面的构造是在屋面板上钉压条(小方木),其上抹泥挂瓦而成(图2-46)。屋面板多为宽10～15cm左右的长条板,铺设在椽子上用以承托屋面上泥灰和瓦的重量;压条则是横向钉在坐板上的小方木,相互间距40～50cm左右,为的是防止坐泥下滑;坐泥铺在屋面板和压条上面,用黄土加入羊剪草(音

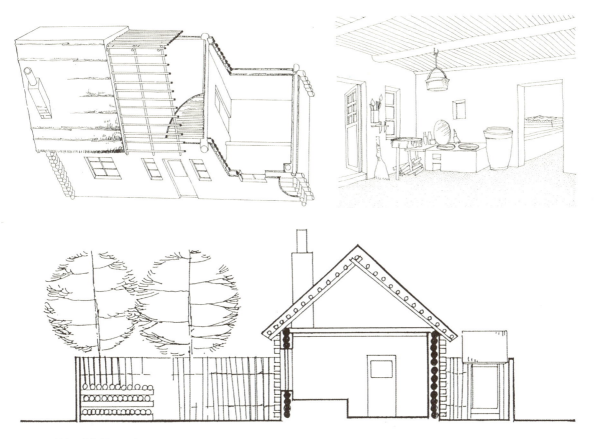

图2-44 开原清河某废弃宅"硬搭山墙"示意图

顶棚架,用于存储
山墙搁檩
土坯垒砌
石块垒砌黄泥碎草抹面

图2-45 "井干式"民居示意图

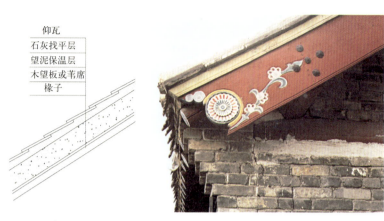

图 2-46 常见瓦顶侧立面及构造做法

图 2-47 东北某传统院落的仰瓦屋面

草）制成，厚约 5～7cm 左右，主要用来防寒和隔热；待坐泥铺好干燥后再抹瓦泥，实际上就是起到粘结作用的插灰泥（土 4 灰 1）再加上少许羊草制成。东北地区各民族民居在挂瓦时，一般都采用仰瓦铺设的形式，这主要是出于冬季寒冷气候因素的制约，以防止屋顶积雪融化侵蚀瓦垅沟，故而仅在屋面近两山处铺设两垅或三垅合瓦压边，以减少单薄的感觉（图 2-47）。屋面铺设完毕后，次年将瓦拆下再加抹一层插灰泥或是大泥，或者是蒙头灰 3～4cm，屋面可以沿用 40 年至 50 年而不必再串瓦[15]。

木板瓦、树皮瓦屋面是居住在长白山森林一带的汉族井干式民居中采用的屋顶形式，由于东北山区木材丰富，当地居民在建造房屋时，从基础、墙壁乃至屋面瓦都用木材制作。木板瓦在当地又称"木房瓦"，木瓦的用料应选用老材，因其变形较小。在制作过程中，以劈出木瓦板面光滑者为优等，若使用粗糙的木瓦，易滞留雨、雪水，较易腐烂，需时常更换。同时为了克服木板瓦较轻、易被风刮走的特点，使用这种瓦面的房屋多建造在背风向阳的地方，并用砖头石块压在瓦上。

民居的土屋面主要指的是位于东北碱土平原地带民居的屋顶类型，一般采用平顶或是略呈弧形拱起的囤顶式样。屋面的做法主要包括砸灰顶、碱土顶、秫秸巴顶及苇子巴顶等（图 2-48～图 2-50）。砸灰顶当地叫做海青房，具体做法如图所示。其特点主要在于顶层使用白灰与炉渣抹面，这二者要经水和好并焖上 3 个月的时间，待其表面浮出浆汁后才能铺设在屋面上，铺好后还要用棍棒反复打砸直至其中的浆汁被排干，这也是东北碱土房中较为普遍且最为坚固耐久的屋面做法。

碱土顶的做法与砸灰顶类似，只是去掉顶层的炉渣、白灰层，且每年都需再以碱土抹屋面。秫秸巴顶与苇子巴顶也较为类似，前者屋面既没用椽子，也没铺屋面板，而是直接将打捆的秫秸（高粱秆）两层铺在檩子上，而苇子巴顶则是将

a. 碱土屋顶鸟瞰示意图

b. 兴城古城某宅砖腿子大门土屋顶细部

图 2-48 辽宁兴城古城民居碱土屋顶

图 2-49 常见土屋面构造示意图

a. 毛苇巴层

b. 净苇巴层

图 2-50 砸灰土屋面的毛、净苇巴层示意图

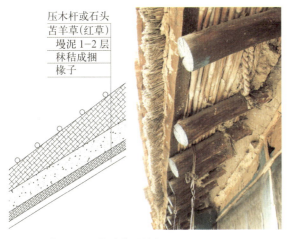

图 2-51 草屋顶屋面构造典型做法

图 2-52 开原市清河佟家屯某宅用秫秸铺设的草房屋面

打捆的苇子铺设在椽子上。以上几种土屋面的做法，厚度一般都在 20～35cm 左右，秫秸巴顶厚者甚至可以达到 50～60cm 左右，这主要是出于冬季防寒保暖、夏季防雨水渗漏的需要。屋面铺设材料中的各种草类，以及用碱土与碎草掺合而成的屋泥等都是较好的屋面保温材料，同时碱土、白灰也都是很好的防水材料，与炉渣结合运用则屋面更加坚固。

草顶也是在东北地区汉族传统民居中较为常见的屋面形式，其具体做法如图 2-51、图 2-52 所示。屋面底层椽子以上往往不铺望板，而是直接铺草，常用的草类主要有秫秸、柳条以及巴柴等。铺设时先用事先拧好的草绳将秫秸绑成捆铺在椽子上，并于其上铺望泥两层（俗称巴泥），厚约4～10cm左右，最薄者也要两个手指的厚度，望泥主要起到防水、保暖的作用。然后苫屋面，此时宜选用羊草铺苫，因其体轻柔细致耐久，故使用寿命较长。苫房时屋檐部分要薄，屋脊苫草要厚，以防雨水由屋顶渗漏，同时也利于屋面雨水的排放。屋面苫好后，为防止风大时将屋顶的草吹起，多用木杆横向压在草屋顶上，在山谷地带的井干式民居中，居民也常用石头直接压在草屋顶上。

（二）墙体类型

1．外围墙、腰墙与拐角墙

（1）外围墙　关于外围墙的防御性特征，在本章第一节中已有较为详细的叙述，这里不再赘述，在这里主要介绍其造型及构筑特点。依据筑墙材料的不同，可以将东北汉族传统民居的外围墙分为青砖墙、夯土墙、土坯墙、垡子墙、草辫墙、幛子等类型（图2-53）。

青砖墙多见于城市住宅，常为富裕人家所有，墙基一般采用石块垫底，以防止青砖受潮蚀损。夯土大墙，又称"土打墙"，做法是将土填入夯土木模板中，经反复拍打夯实而成，常常按照每两米长分段施工，这样一板板夯筑直到需要的高度。为了延长墙的使用年限，土打墙面表面要用细泥抹面，常用的材料是由细羊剪（音草）混合黏土构成，墙面需要一年抹一次。土坯大墙是用土坯块垒成的，土坯块的做法是用黏土或碱土、碎草搅和在一起，入模成型晒干后而成，并用黄泥浆砌筑成墙，这是东北民居使用最广泛的一种大墙材料（东北汉族传统民居墙体砌筑所用土坯的详细尺寸如表2-2所示）。

用东北地区特有的黑黏土作为主要材料，与

东北汉族传统民居土坯的详细尺寸

表2-2

地　点	土坯尺寸（cm）	加料筋
黑龙江	37×18×7	加羊角
吉　林	24×18×15	加羊角
辽　宁	26×18×15	加羊角

a．郝浴故居青砖围墙

b．开原市清河某宅土坯墙

c．开原市清河某宅木头幛子

d．齐齐哈尔市郊村屯某宅土打墙

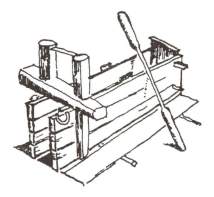
e．夯土打墙木模板示意图[16]

图2-53　外围墙（一）

f. 长白山地区某宅木板幛子

g. 长白山地区民居的秫秸幛子

h. 兴城古城某宅外墙枕头

i. 兴城古城郜宅外墙枕头

图2-53 外围墙（二）

经水浸泡后的谷、稻草等胶合在一起，拧成长约60～80cm的泥草辫子，用它垛砌而成的墙壁叫做拉核墙，又称草辫墙。另外还有幛子，一般是用取材方便的材料制成，主要有秫秸幛子、柳条墙等，也有用木条、木板、柴杆等制作而成。秫秸幛是指用高粱秆制成的幛子，先把底部埋在地下，再把中间部分和上部用草绳连接起来。柳条墙是指在地面上立木柱之后，横向连接细树枝做成的幛子，多分布在平原地带。

（2）腰墙 腰墙，顾名思义，"拦腰"而置，作为内、外院的分界线，其与二门相结合，成为一个独立的垂直面，划分了不同的院落使用空间（图2-54）。"腰墙的修建主要是因为院子大，人居其间不甚紧密，所以增设腰墙才有二门的建造。"[17]腰墙的造型和艺术处理精巧美丽，选用磨砖对缝的青砖砌筑。大户人家的腰墙多做成透雕砖刻，以取得明暗含蓄、玲珑有趣的效果。

（3）拐角墙 这种看起来较为单薄的"L"形维护形式，俗称"凤叉"，它是正房和厢房缺口

a. 沈阳张学良故居腰墙枕头

b. 兴城郜宅腰墙与二门局部

图2-54 腰墙（一）

c. 兴城郜宅腰墙细部

图 2-54 腰墙（二）

图 2-55 扶余县八家子张宅拐角墙与配门[18]

图 2-56 郝浴故居拐角墙与配门

处相连接的墙壁，主要起到遮挡与围护的作用。尤其是在东北的乡村大院中，常于正房（或后正房）后面加设后院，主要用来囤积粮草，拐角墙的设置则很有效地遮挡了后院较为凌乱的景象，同时也可以遮挡自后院吹来的风（图 2-55、图 2-56）。

2. 山墙、槛墙与看面墙

（1）山墙 山墙即房屋两侧的维护墙，主要包括下碱、上身和山尖三个部分（图 2-57、图 2-58）。山墙的上身是比较富于变化的部位，根据屋主的经济实力以及筑房材料的供应情况决定其式样，例如以"砖石混砌"方式砌筑成的"五花山墙"，石材多用于墙心，砖材多用来组成不同形式的图案，在增加墙体耐久度的同时，也打破大面积山墙的单调感，成为一种十分经济的装饰手段（图 2-59、图 2-60）。山墙左右两端自檐柱向外突出的墙垛为墀头，当地俗称"腿子墙"，东北汉族传统民居建筑无论带有前檐廊与否，都可以砌筑腿子墙，这也是当地民居的一个特点。

腿子墙上部出挑至连檐部分的盘头，是山墙

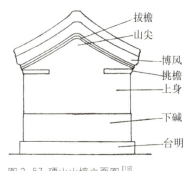

图 2-57 硬山山墙立面图[19]

图 2-58 悬山山墙立面图[20]

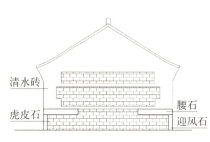

图 2-59 东北汉族民居五花山墙立面图

图 2-60 五花山墙民居实例

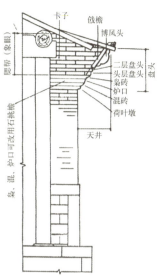
图 2-61 山墙墀头细部[21]

图 2-62 山墙盘头示意图

部位的装饰重点，主要由两部分构成：枕头花和挑脑砖。"枕头花"是雕有装饰花纹的方形砖，实际上就是地方俗语对于戗檐砖的叫法；位于枕头花下面的层层长条砖，在东北统称"挑脑砖"，主要起到承托的作用。腿子墙上端紧挨盘头处为垫花，俗称"手巾布子"，多用方砖凿成浮雕，浮雕部分多高出墙面。

在山墙腿子墙的下部，镶砌有迎风石、压梁石和砥垫石，它们主要起到保护墙体的作用，也具有一定的装饰性。迎风石设置在转角处，立砌于墙内砥垫石之上，正面露出的部分多雕有花饰，其上部横向砌置的长条石称压梁石，为的是能够拉住迎风石而不使其向外侧倾倒（图 2-61～图 2-64）。

在悬山式屋顶的的建筑中，山墙的山尖部分往往暴露出木构架的大柁、二柁、立人（瓜柱）和檩条，檩条两端部挑出山墙面于其上钉木博风，在博风近脊处吊有木制的山坠（悬鱼）。而在硬山式屋顶的建筑中，山墙的山尖处多雕饰腰花，也有在近脊处雕饰砖制山坠的，它们与檐口处的穿头砖共同形成了几处生动而别致的山墙雕饰（图 2-65～图 2-68）。

（2）槛墙 槛墙是前檐木装修风槛下面的墙体（图 2-69～图 2-71），槛墙厚一般不小于柱径，高随槛窗[22]。条件好的人家会在槛墙上槛窗下设木楣板。在处理柱与槛墙的交接关系

图 2-63 山墙盘头细部

图 2-64 墀头下部的压梁石、迎风石与砥垫石

图 2-65 山坠与腰花

图 2-66 乡间民房的通风孔　图 2-67 檩条出际与红博风

图 2-68 博风穿头花

上，东北汉族传统民居与满族传统民居有较为明显的差异，满族民居多将柱子包于槛墙之内，为了防止木柱因空气不流通而腐烂于墙体之内，多在外墙柱脚处设透风；而汉族传统民居则将柱子暴露于墙体之外，槛墙外皮做成八字柱门，与柱子相交并外翻八字成一定倾角，使得柱子与柱下的抱鼓石均露在墙外并获得良好的通风效果（图2-34）。

（3）看面墙　看面墙即廊心墙，是在廊的两端内侧砌筑的两垛砖墙。多数人家的看面墙做得较为简单，仅为与外墙形式与材质都相同的青砖墙，也有少数人家在墙的中部或四角做成砖刻甚至满做砖雕饰面，图案种类也较为丰富。带有后院或多进院落的住宅，为了方便行走，往往在正房看面墙处开设券式门，谓之廊洞。也有的人家正房与两厢均开设廊洞，并设拐角廊相互联系，在提供居住者以方便的同时，也成为一处颇具装饰性的休憩空间（图2-72）。

图 2-69 张学良故居正房槛墙砖雕

图 2-70 张学良故居正房槛墙砖雕细部

图 2-71 兴城古城郜宅正房

图 2-72 廊心墙及廊洞示意图

（三）门窗形式

1. 大门、二门

（1）大门　乐嘉藻在《中国建筑史》中曾谈到：大门分为两种，一为外垣之一部，谓之墙门，三间五间之建筑用其中一间为门上宇下基谓之屋门[23]。东北汉族传统民居的大门式样较为丰富，主要的也可以分为墙门与屋门两种形式，其中屋门主要指的是屋宇形砖大门；墙门主要包括砖腿子大门、木板大门、光棍大门等。

屋宇形大门，在东北俗称为砖门楼，两侧多设有配房，亦即中原民居所言的倒座房。大门面阔少则三间，特殊的大宅则可做到五至七间（图2-73～图2-79）。门扇置于金柱之间，与中原民居中的金柱大门较为类似。大门下部设有可以

图 2-73 沈阳张学良故居屋宇形大门与抱鼓石

活动的门槛，其内外侧均安装有铁环，当有车马进出时以便于摘下门槛。有的人家在门槛内侧钉有梯形方木，以防大门年久松懈，盗贼易将手顺门下空档伸入而拉动大门内侧的门栓。另外，屋宇形大门的装饰装修往往较其他大门类型考究，

图 2-74 活动式门槛

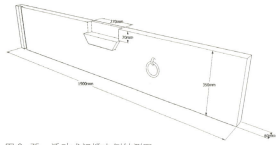

图 2-75 活动式门槛内侧轴测图

a."福禄双全"　　　　b."松鹤延年"

图 2-76 兴城古城周宅大门廊心墙砖雕

小到柁头、门簪，大到石狮抱鼓、廊心砖雕都更为精致。

砖腿子大门多为碱土地带民居的大门式样，门阔一间，结构骨架为柱上架梁、梁上架檩枋的抬梁式木构架做法（图 2-80～图 2-84）。规模小的大门多为三檩进深，檩上置椽子、屋面板，再逐一铺设砸灰顶样式的屋面层，外观呈弧形的囤顶样式。面阔与进深都较大者，则采用碱土房屋的构架做法，梁上按照檩子的数量安置替木，并于其上架檩枋，檩上则直接铺设一毛、一净两层苇子，再逐一铺设囤形屋面。砖腿子大门整体的装饰纹样较为简单，构筑形态也有穷户、富户的差别。富者常于大门两砖腿子下部砌筑迎风石，上部用砖垒出丰富的线条似盘头，其内侧露有雕刻精致的柁头，门廊深远并筑有花纹简单的廊心墙饰。穷户的大门则极为简易，结构骨架多有檩无枋，进深极窄，较少装饰且屋面构造极为简单。

木板大门，俗称板门楼，是因木板幛（木板墙）的产生而出现的。这种大门充分利用地方材料，制作简单，构造精巧，但不防火，且木质经年久易腐烂。木板大门实际上就是古代衡门式样的上部加建板顶，并在脊头、山坠等处雕有精美的木刻，涂饰五彩。

光棍大门即古之衡门，结构简单，立木柱二根，上架一檩一枋，均用圆木。源于满族氏族聚落时期的寨门，后广泛用作汉人普通人家的院落

图 2-77 兴城古城周宅上马石、拴马桩　　图 2-78 沈阳张学良故居大门柱础雕刻　　图 2-79 沈阳张学良故居大门走马板彩绘与门簪

图 2-80　辽宁兴城古城某宅砖腿子大门　　　　图 2-82　砖腿子大门

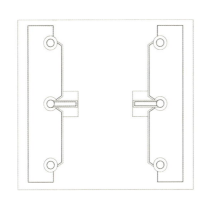

图 2-81　砖腿子大门平面及剖面图

图 2-83　某砖腿子大门抱鼓石　　图 2-84　砖腿子大门柁头雕饰

大门（图2-85）。[24]

中国传统民居历来重视门堂位置，院门的朝向一定要吉利，否则就容易引来灾祸。北京四合院大门开设的位置多在院子的东南角，很符合风水家所谓的"坎宅巽门"。因为八卦中的巽位乃"通天地之元气"，将大门设于此方位，可以助人家昌盛吉祥。而与此不同的是，东北汉族传统民居的大门多居中而置，恰好位于住宅南北向中轴线

图 2-85 光棍大门

的南端，这主要出于两个方面的原因：一是受到当地少数民族尤其是满族对于风水观念中"吉凶位"认知差异的影响；二是由于北迁流人在生活、生产方式上的转变，车马等成为生活中必不可少的生产工具，为了方便马匹车辆的进出，故而采用这种直来直去的院落开门方式。

(2) 二门　于腰墙中间部分开设出入口，称之为二门。东北大院中腰墙与二门所扮演的角色，类似北京四合院的垂花门，惟形制相对较低，造型颇为朴素，亦主要起到视线遮挡及划分功能空间的作用（图2-86～图2-88）。腰墙与二门面对着两个不同的空间领域，成为二者的边缘要素：面对内院，成为"二门不迈"的封建礼制枷锁；面对外院，则很好地实现了对空间的限定，使人进入大门后不致直接窥见正房，有含而不露的设计思想。

另外在风水学中，无论是河流还是道路，都忌讳直来直去，正如《水龙经》所云："直来直去损人丁"，故吉气走曲线，煞气走直线。因而，中国传统民居常在院落中尤其是院落大门这种易"漏气"之处，设置用以遮挡视线的隔离物，风水中谓之"冲煞"。中原地区的北京四合院设置了屏风和影壁来迎合冲煞之意，东北汉族传统民居则是在内外院交接处设置腰墙、二门及拐角墙，或在院落中心部位通过筑院心影壁的方式来解决风水冲煞的问题。以此方法疏导气流绕行，这一绕，气则不散，自然"曲则有情"。

图 2-86　兴城古城郜宅二门

图 2-87　兴城古城郜宅二门彩画

图 2-88　沈阳张学良故居二门

图 2-90 吉林舒兰市某宅门窗样式

2. 房屋门窗

东北汉族传统民居的房屋门窗形式并不像南方民居门窗那样富于变化，做工繁杂的格扇门窗只在富裕的大户人家才可见到，而多数民宅采用单双扇板门、支摘窗的门窗形式（图 2-89、图 2-90）。其做工简单不冗杂甚至颇显粗陋，但却是较好地适应了东北地区冬季寒冷的地域气候特点。

另外，屋门也受到一宅之内以及穷富户之间的"南门大于北门、东门大于西门、院门大于屋门"的尺度约束。这种门窗尺度的等级划分，也或多或少地会对平民百姓的日常生活产生一些利弊的影响。比如"过堂门"，简单说就是双门框的单扇门，外框是真正起固定作用的，而内框则可以摘下（图 2-91）。这主要是由于东北汉族人办丧事时，往往会在堂屋停棺三至七天才出灵入

图 2-89 铁岭郝浴故居正房格扇门

a. 过堂门

b. 过堂门的内框

c. 过堂门内外门框的拉接处

图 2-91 普通民宅的双扇过堂木板门

土，而棺材的宽度又恰好大于普通百姓家屋门的宽度。故设置过堂门，当棺材抬进抬出时，只需将过堂门的内门框摘下即可方便出入，平常则要安上门内框，屋门的尺度就刚好符合严格的等级规制，以防有越级之嫌。

房屋窗的特色之处即在于外糊窗纸、上可吊起下可摘下的支摘窗形式。支摘窗分上下两扇窗，上扇窗可用铁钩向内吊起或用短棍支起来，下扇窗平时不常开，但可以随时摘下，故而谓之"支摘"窗。糊窗常用棉纸或高丽纸，并将窗纸糊在窗户外面，这也是东北民间流传的"几大怪"之一。支摘窗的价值主要在于其对东北冬季寒冷气候的适应性上面，也凝聚着创造者的技艺与智慧（图2-92、图2-93）。

（四）其他要素

1. 廊

中原汉人的建造习俗被北迁移民带到东北后，有了较大的变化。中原民居中，正、厢房屋面向院子的一侧多设置前檐廊，在转角相邻处有窝角廊，再与垂花门及其两侧的连廊相连，共同构成了环绕院子的完整的游廊形式。而在东北汉族传统民居中，仅正房前檐廊的建造多被保留下来，东西两侧厢房的檐廊习惯被抹煞掉了很多，而位于转角处的窝角廊更是多被"拐角墙"（也有少数人家设拐角廊）这种新的围合形式所替代（图2-94），垂花门两侧的游廊也被改造为腰墙的形式。由此可见，东北汉族传统民居中，廊的围合意识明显淡化，其对于院落空间的限定感被

图2-92　萧红故居门窗式样

图2-94　铁岭郝浴故居拐角墙

图2-93　"窗户纸糊在外"[25]

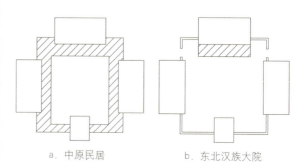

a. 中原民居　　　　b. 东北汉族大院

图2-95　廊对于民居空间限定感的对比分析

削弱，与周边建筑的关系由包容转变成为依赖、附属以及更为明晰的建筑轮廓的塑造（图2-95）。

2. 影壁

影壁对于空间形态的塑造，往往具有遮挡视线、对景、转折、界定空间等作用，并形成空间公共性与私密性的有效过渡。从中国古代的风水学来讲，影壁是为了塑造迂回曲折的空间布局，能够使气流萦绕影壁而行，故而避免由于空间的直来直去而造成气散而不聚。而从带有一些封建迷信味道的民俗心理来讲，人们认为影壁就是一堵遮挡用的墙壁，主要用来遮挡邻家的烟囱、脊头、坟地等，以避免出入大门时看见了心里不愉快，而无端增加精神上的烦恼，因此才建立影壁遮挡。[26]

影壁一般建在院落大门的对面或门内朝向门外的位置，也可以在院内单独建造。东北汉族传统民居的影壁，依据所处位置的不同，可以划分为以下几种式样：（1）设于院门外对面的影壁，又称照壁，平面呈"一"或"冂"形，照壁与宅门所构成的入口空间，是庭院内、外的过渡空间，主要起到空间衔接、引导转折的作用；（2）设于大门的东西两侧，与大门檐口呈一定的夹角，称作反八字影壁或撇山影壁，主要起到烘托陪衬的作用，使大门显得更加开阔、富丽；（3）设在民居内部，单独建造的叫做独立影壁，依靠厢房或厢耳房的山墙建造的，称为坐山影壁。[27]东北汉族传统民居中有人家将独立影壁置于院落中心，替代了二门与腰墙的建造，同样起到遮挡视线、分隔院落空间的作用（图2-96～图2-99）。

依据影壁构筑材料的特点，也可以将其划分为砖影壁、土影壁、木板影壁等类型。建造影壁的选材，主要根据住宅大门、外围墙的材料而定，多采用统一的建造材料。砖瓦式宅，则影壁也多用青砖砌成；乡村住宅或碱土地带的土筑房，多采用土影壁；位于山地林木茂密或获取木材较方便的地区，木板影壁则较为常见。

3. 粮仓、柴火垛子

东北汉族传统民居用来存放粮食的粮仓主

图2-96 铁岭市郝浴故居"一"形影壁

图2-97 兴城市郜宅"冂"形影壁

图2-98 沈阳市张学良故居"一"形影壁

图2-99 沈阳市张学良故居"冂"形影壁

a. 圆形囤子[28]

b. 玉米楼

c. 猪圈改造的仓子

d. 猪圈改造的柴火仓子

e. 柴火垛子

图2-100 粮仓与柴火垛子

要有三种形式：方仓子、囤子和玉米楼（图2-100）。方仓子是用木板做成的方型大箱子，一般都用5cm厚的松木板四角榫卯搭接而成，有方形、长方形两种。圆形囤子是用柳条编织的，内部抹黄土，上部用草顶，置于正房后部或两旁，多是一种临时性的建筑。[29] 苞米楼是主要用来存放苞米的一种粮仓形式（图2-16），其仓底由数根粗直的木柱支撑，四周仓壁以横木于四角搭接，且相互留有较大的缝隙以便通风。苞米楼上用来存放苞米，楼下可以放置车辆农具等物，一举两用。这种底座架空的形式，既可以防止家畜虫鼠啃咬粮食，也防止由于底部触地导致粮食受潮发霉。

柴火垛子在东北乡下乃至城镇住宅中都较为常见，是用高粱秆将玉米秆子捆绑起来垛成垛子（图2-100e）。人们日常烧火做饭、烧炕取暖都是用的这些玉米秆子，因其易燃耐燃、经济实用。高粱秆纤细体长、柔韧性好且易于弯折，故常作为捆绑的材料。柴火垛子除了用作燃料之外，还有一些其他用途，比如很多人家将其放在院落房屋的北侧，可以起到抵御北风、御寒的作用；柴火垛子垛垛较高时，也遮挡了一部分视线，给予后院一定的私密性。另外，它也时常成为家中小孩子们爬上爬下玩耍的地方，同时玉米秆上残存的虫子也为喜欢打鸟的孩子们提供了充足的捕鸟诱饵。

第四节 空间特征

一、空间的构成特征

（一）方形合院的院落形态

方形合院的院落形态是东北汉族传统民居对于中原民居院落形态的一种继承，其平面布置多是前后长、两端窄的矩形。院落整体由"前院"（包括左右厢房）、"内院"（包括正房和左右厢房）、"后院"（包括后正房和左右厢房）、"门房"（包括门房及其左右配房）组合而成。正房为内院的主体建筑，两侧厢房与正房呈"Π"形，其间距离以正房面阔为标准。前院的建筑，为左右厢房，即外厢房，是内院厢房的延伸，中间有的以小间阁相连接，其高度比内厢房略低，以示等级。内、外两院中间以腰墙隔开，腰墙正中修建二门，也有不设腰墙和二门而改用院心影壁分隔的。内院与后院之间，以拐角墙及配门或拐角廊相联系。

（二）有机生长的链接关系

在传统院落的形态构成中，这种基于厅堂、厢房与门房围合而成的院落基本单元形态，可以沿着纵轴或横轴无限发展、壮大，逐级扩展为一个院落组群、街坊乃至一个城市区域。这种单元式城市组构方式是中国木结构建筑体系所特有的，它反映了中国传统哲学思想中的整体观念，并与城市总体规划中的布局手法承袭同一脉络。这种整体式的民居扩展方法，就如同一个生命体所具有的不断生长的潜力。吴良镛先生在北京菊儿胡同改造工程中曾将此形象地比喻为"城市细胞"，认为院落间的链接关系具有有机性，这一点与西方20世纪60年代"十次小组"史密森夫妇的簇群理论具有相似性（图2-101）。

所不同的是，十次小组的"簇群"概念更多基于一种生物学模式，对城市形态追求一种自由的、便于适应的变化模式。实质上，中国传统民居院落呈单元式的有机生长脉络，是对传统东方哲学中天人合一思想的追求，同时又是基于最简单的一种对单体类型的划分和建构方式的统一，其单体房屋、庭院回廊等建筑要素，通过体现中国封建社会家庭生活中要尊卑、长幼、内外有序的礼法要求，形成了单元定型的模式结构。民居空间作为传统城市形态大系统下的层次系统，"几乎每个住宅单元的形态都不是偶然的和自发的，而是受到高一级形态的控制"[31]，进而形成一种有机生长的链接关系。

古代的农业社会十分重视宗族的兴旺与人口的繁衍，人丁兴旺是建立广泛社会关系网络的前

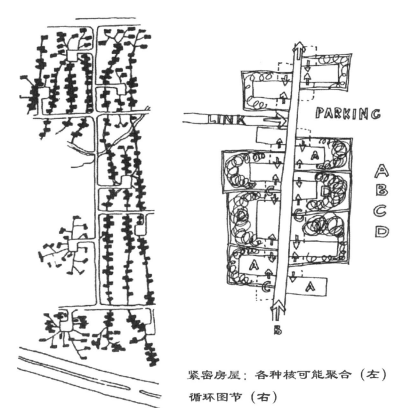

紧密房屋：各种核可能聚合（左）
循环图节（右）

图2-101 史密森夫妇山谷地区住宅群[30]

提。每个家庭的发展常常依附于姓氏宗族势力，一荣俱荣，一损俱损。所以，当一个庭院建筑不能满足人口增长与宗族扩大的需要时，往往是在这个庭院的基础上，沿轴线呈单向或者多向同时扩展，不过这种布局对土地要求比较高，需有一块地势平坦面积较大的土地，否则建不成。因此在依山傍水的山村小镇就很少有这种布局的建筑，这是由客观因素所决定的。

因此，像东北地区这样土地宽阔、人口稀少的地区，建造民居时多采用轴线布局形式，将院落空间构成要素有机联系起来。东北汉族传统民居院落式链接的组织方式是一种很容易扩张的形式，一进院落就像一个单元，四方形的单元体非常便于通过重复而得到扩展，不同单元体之间的衔接非常方便（图2-102）。其中最具代表性的有三合院和四合院两种类型。三合院是在纵轴线上安置主要建筑，再在院子的左右两侧，依照横轴线以两座形体较小的次要建筑相对峙。四合院是以二门、腰墙、拐角墙（或拐角廊）将四座建

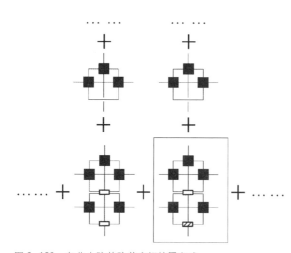

图 2-102　东北大院的院落空间扩展方式

筑连接起来而形成的一个封闭的整体。

由此，将东北汉族传统民居院落空间的生长模式主要概括为以下几个特点：

首先，在功能方面或象征方面具有重要性的实体的空间节点（正房、后正房等），主要分布在纵向序列中，并与院落空间相结合，形成虚实交错、收放有致的空间序列。空间构成要素所围合的院落空间，往往作为占主导地位的中心空间，将其四周的实体限定要素统一于较为稳定的、向心式的构图，使得整个院落呈现多个闭合式的空间组合的特征。

其次，当院落规模需要扩大时，往往在纵轴上以"进"院为单位加建院落，增加纵轴在南北向的延展度；在横轴上，往往亦采取加建并联式"进"院、跨院或无关联规律的院落进行组合。新建的建筑与主要的庭院形成依附关系，从而构成形式各异、规模更大的组群建筑。

再次，从空间流线的分析中可以看出，主要流线多分布在院落的纵向序列上，次要流线则沿横轴分布。在城镇住宅中，随着流线在院落中的延伸，空间的私密程度愈加提高；而在乡村住宅中，人们多将粮仓、囤子等置于院落的后部，由此空间的私密程度是由院落中心偏后部分向两端逐渐降低。

总体而言，空间的有机生长是以"一进"合院控制院落空间的生长方向，以院落空间构成要素有机的链接组合构建院落内部空间的生长骨架；以纵向序列为主，横向序列为辅，闭合式空间点缀其间。

（三）完全对称的中心轴线

对称是均衡的特殊形式，在轴线的两侧均衡地布置相同的形式与空间图案，沿着轴线的"路径"，引导人的运动及感观的追随。东北汉族传统民居空间布局的轴线意向是非常鲜明的，我们可以将其与北京四合院做比较来说明。

东北大院和北京四合院在轴线结构上最显著的区别是大门的位置，并由此导致轴线的延伸方向。北京四合院的院门多遵循风水理论中的"巽"位，在院落东南角上开设，而东北的院门则设于南向正中。北京的院子一进门就是一座贴着东厢房山墙的影壁，再向西拐才能到院子的中轴线上，院子的正南向是与正房相对的倒座，整体给人以封闭压抑之感。东北大院则不然，大门大大方方的居中而置，有的人家摘下大门坎就可以进出车（马），入门之后也没有视线上的阻挡，无论从院里看还是从院外看，都觉得心里"敞亮"得很，很符合这里朴实豪爽的民风。东北汉族传统民居院落是依照以下几个方面来塑造院落形态，并形成了鲜明的轴线意向（图 2-103）：

(1) 完全的对称性。空间实体要素自始至终呈对称分布，轴线没有出现任何转折；

(2) 结束端的明确。建筑立面上入口的位置，对于轴线意向及路径形状的塑造是有很大影响的，东北汉族大院中大门的位置普遍位于院落南墙的正中，很明确地塑造了轴线的一个结束端；

(3) 明确的轴线边缘线。建筑形态学中关于边缘线对空间轴线意向的加强主要有两种手法——地面上明晰的线条及垂直面的设置[32]。东北大院中贯穿院落沿纵轴铺设的甬路，作为沿着中心轴线的长度而设定的边缘，在空间的水平面上强调了轴线意向；内、外院厢房的对称布置，则同时是在空间的垂直面上强调了轴线意向（图 2-104）。

（四）开阔松散的院落布局

东北汉族传统民居开敞、松散的布局特点主

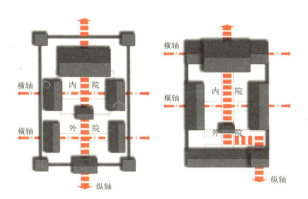

a. 东北汉族大院轴线分析　　b. 北京四合院轴线分析

图 2-103　轴线对比分析

图 2-104　甬路起到强调轴线意向的作用

要体现在以下几个方面：

首先，从院落的平面布局来看，东北汉族大院的房屋建筑都是较为独立的，建筑与外围墙之间多留有一定距离，与中原传统民居墙屋相结合建造的形式有较大区别（图 2-105）。这间隔出的道，可以用来跑车（马），往后院粮囤运送粮食，这种房墙相离的布置方式，也是东北汉族传统民居的特色之一。

其次，从院落的立面形态来看，如图 2-106 所示，将对东北汉族民居院落与陕西窄院及晋院的视域分析相比较，可以很明显地看出，在陕西窄院的视域范围内是看不到天空的，晋院可见天空范围的角度也相对偏小。东北汉族大院较之二者而言，可见天空的面积较大，院落空间的限定感较弱，没有晋院空间布局那样的严谨与紧凑，也更缺少陕西窄院的封闭与内向性。这主要是缘于对地域气候的适应性，由于东北地区冬季太阳高度角低，住宅建筑间如果拉开较大的间距形成宽敞的院落布局形式，就能够为院落及住宅内部空间争取更多的日照。故东北汉族传统民居中的正房与厢房之间都要留有一定间距，厢房的布置要尽量避开正房以不遮挡正房的光线。再加上东北汉人的住宅，多习惯于将正房间数建造到三开间以上，一般都做到五开间或七开间，厢房再避开正房布置，那么横向距离当然就拉开得更大，正房间数越多，院子也就越显得空旷（图 2-107）。

东北汉族大院各构成要素间采取这样松散的布局关系，大致可以归为以下几个原因：

（1）东北地区地广人稀，建造住宅时有足够的土地可以利用；

（2）冬季寒冷，厢房避开正房留有一定间距可以使正房多接纳阳光；

（3）东北人的一切生活与生产设施都包含在

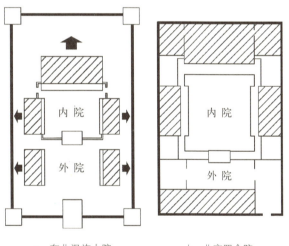

a. 东北汉族大院　　b. 北京四合院

图 2-105　外墙与房屋关系示意图

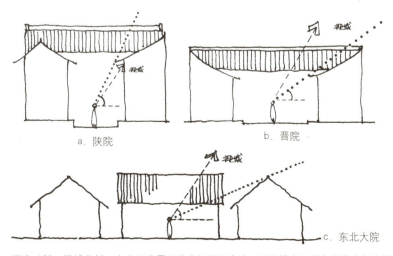

a. 陕院　　b. 晋院

c. 东北大院

图 2-106　视域分析：东北汉族民居院落与陕西窄院、晋院的空间限定程度分析比较

图 2-107　萧红故居内部开敞的院落布局

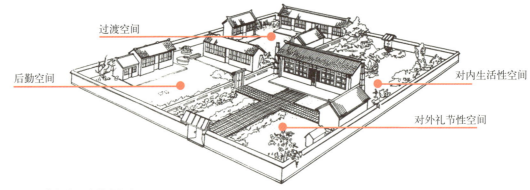

图 2-108　萧红故居院落功能分区图

大院之内，在院内储备粮食，饲养牲畜，种植蔬菜，设碾房、磨房以加工粮食；

（4）据《吉林通志》记载：光绪十六年"本年三月吉林省城牛马行不戒于火，延烧官民房屋2500余间……将军住宅拟另行择地重修……住宅近市湫溢嚣尘，以致被火延及……此地不利拟另相善地或于宅后及左右两房多购余地方免连累……"[33]。可见，住宅院落建得开敞而松散，也是为了避免由于房屋间距过小，一旦发生火灾易被牵连。

二、空间秩序

（一）实用功能的空间序列

东北汉族传统民居空间的功能分布，主要包括对内功能性空间及对外功能性空间。对内功能性空间主要包括日常起居的生活性空间、后勤空间，宅第形制较高者，往往还配有私家花园等休憩空间；对外功能性空间包括过渡性空间、礼节性空间，主要用来接见宾客、举行各类家族内部仪式等（图2-108）。

1. 日常生活与民居空间

在东北汉族传统民居中，用于日常生活的主要空间是内院的正房及厢房。正房当中的明间称堂屋，俗称外屋地。在大宅中堂屋常被用来摆饭桌吃饭或家人聚在一起商议家庭内部的事情。而在普通民宅中，堂屋一般都设有三座或四座锅台，用作厨房，灶坑连通东西两屋的火炕，可以同时为卧室供暖（图2-109）。堂屋后半部常设"暖阁"，是利用入口间的北部用格扇门隔出的小屋，内设小火炕，为给老人暖衣暖鞋用，以避免冬季出门穿衣的当时感觉寒冷，也可以用于储藏等多种用途。暖阁也进一步隔绝了北向檐墙的冷空气，它同灶间的暖流一起加热从正门进入的冷空气，以减少因开关门使空气对流而散失热量。

堂屋两侧的东西屋则是寝居空间（图

图 2-109　兴城古城某宅外屋地、小灶台以及照明用的煤油灯

图 2-110　吉林舒兰市白旗村杨公道屯民宅室内

2-110～图 2-112）。按汉族的传统习惯，东侧卧室供老人或辈分大的子女居住，西侧卧室则供小辈、女性及小孩使用。冬季采暖以火炕为主，充分利用炉灶热量，更冷的时候则要加设火盆、火炉。汉族民居炕的形态多是"一"字形，并一般只设南炕，这与满族民居中的万字炕、南北炕较为不同。炕上铺炕席，摆有长方形炕桌。炕头置炕琴，内装有衣物、备用的炕褥等。炕头温度高，其上不宜住人，而置炕琴则可以保持贮物干爽而不潮湿。屋内地上的摆设主要有大柜、躺柜、条案和八仙桌等物品。

按照传统的居住习惯，一个房间里往往住人较多甚或住着多个家庭，对于空间的私密性要求也必然降低了很多，民居中所应用的各种软、硬隔断也都设置得较为灵活，往往布置在南北炕间以及炕面上（图 2-113、图 2-114）。南北炕间的划分常用幔杆挂帘，幔杆悬挂在梁下炕沿上面，晚上睡觉时将布帘挂起，白天也可以用来暂时搭挂东西。炕面上的分隔则主要使用与檐柱相齐的隔身板（俗称"夹板"），隔身板多固定在炕沿边的抱沿柱上，有钱的人家都用四块隔身板，并在抱沿柱外侧还设有"隐身板"，普通老百姓则或用布帘代替隔身板来划分炕面空间（图 2-115）。若是家里人口较少，则东屋常用作卧室，西屋则多用来存放粮食、生活物品或用作书房（图 2-116）。有的人家则直接将地瓜苗置于无人居住

图 2-111　铁岭郝浴故居炕桌及上炕凳

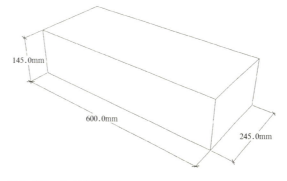

图 2-112　上炕凳轴测图

图 2-113　辽宁兴城古城张宅南炕幔杆　　图 2-114　东北民间剪纸"幔帐挂在炕沿外"[34]　　图 2-115　辽宁兴城古城张宅南炕隔身板与隐身板

图 2-116　吊棚（可用来挂玉米、辣椒以及放置纺车、大酱块等）　　图 2-117　南炕上培育的地瓜苗

图 2-118　辽宁开原某宅东厢房（仓房）

图 2-119　吉林舒兰市郊某宅厢房（贮藏用）　　图 2-120　仓房前后檐墙的窗形式

的炕上，清明时下种幼苗，两个月后再移植至地里，既保证了幼苗所需的温度，也较好地利用了闲置的炕面空间（图 2-117）。

厢房在城镇住宅中多用作厨房或用来待客，在乡村住宅中则较少住人，多作为仓房和生产性用房，如碾房、磨房、粮仓、牛马圈或者佣人住房等（图 2-118～图 2-120）。仓房主要用来存储家常日用品和农具，也有的住户用三间厢房来装设祖宗的遗物。仓房的前后檐窗常用结实的木棍做成极为简易的窗棂，木棍间距较大并在内侧罩以铁丝网，这种窗形式在防盗的同时，也利于仓房内部的通风。磨房与碾房分别为安放磨子、碾子的房屋，按照风水学说，磨子常被称为"青龙"，碾子为"白虎"，故常设磨子于东厢之内，碾子则设于西厢。也有些宅院将磨子与碾子单独设置在院子中，遵循磨于东、碾于西的布置。有些大户人家将厢房租赁外人居住，或开设油房、磨房等，但是绝大部分还是空闲，未能发挥有效的居住作用（图2-121、图2-122）。

2. 人生礼仪与民居空间

祖先崇拜与祭祀在东北汉族传统民居中，对于社会伦理观念与家族秩序的追求，是通过以正房的堂屋为核心，并以家庭成员的生活用房作为拥护体来实现的。具体到对家族宗祖的崇拜与祭祀，即表现为以代表至尊永恒的正房为中心供奉列祖列宗，其余的厢房等生活用房则表现出对祖上、神灵的臣服与敬畏。东北地区的汉族居民多自中原迁徙至东北，在移民的过程中，有条件的人家会带过来祖先牌位或神龛，没有条件的人家则要到东北后重新设立祖先牌位，或通过对家谱的祭拜表达对祖先的崇拜。祖先祭祀的供奉地点大多设在院落正房堂屋中靠北面的墙上，也有人家在堂屋暖阁的木隔墙上设老祖龛牌位。按照满族传统盘南北大炕的人家，南炕也可以设为安放祖先牌位的地方。每逢过年过节都要在祖宗牌位或家谱前上香、上贡祭拜，尤其是大年三十、正月初一、初五，更是"辞岁"、"拜年"的祭拜日子，家族中的长辈会组织孙男弟女们在祖宗龛位或家谱前上香磕头以悼念先祖。

东北汉人的祖先崇拜与祭祀和南方社会差别较大，后者在进行祭祀活动时，主要在祭祖祠堂里进行，即使在现代社会仍旧保留这种祭祀习惯。而东北社会对于汉族流民而言是移民社会，家族并不完整，祖先遗骸或坟茔多不在东北，再加上迁移过来的汉人，无论是经济条件或是社会地位普遍较低，故仅有个别大户人家才有修建祠堂祭祖的传统。

婚丧嫁娶 汉族的婚礼过程较为复杂，无论是在婚前礼、正婚礼还是婚礼后三个阶段的过程中，民居的内院及正房堂屋都是很重要的筹备、举行仪式的场所。正房门前要贴对联，堂屋内要挂彩灯、置红烛，这里是新人拜天地高堂的地方。新房的门框、窗边也要贴上对联，还要在门窗上贴大红双喜字，房内悬彩灯，墙壁四周贴挂喜庆的字画。

图2-121 辽宁兴城郜宅外院东侧的磨子

图2-122 辽宁兴城郜宅外院西侧的碾子

结婚当天，大多数东北人家都会在自家院中搭个简易的大棚，布置桌椅来宴请宾客。正式婚礼从"迎亲"开始，迎亲队伍进入女方家，花轿需穿过外院二门，停放在正房堂屋门前。新郎叩拜端坐于堂屋正中的岳父岳母，而后新郎新娘在媒人的引导下，叩拜位于堂屋北墙或木格窗上供奉的祖宗牌位并向长辈们行礼，然后伴娘就可以搀着新娘上花轿了。接亲的队伍到达新郎家后，将花轿同样停在内院堂屋门前。新人拜见天神地祇、男家祖宗、公婆亲戚并相互对拜，最后才引入洞房。

丧葬礼俗主要是在内院及正房堂屋内举行的。在老人临危之时，家人会将其从卧房移到堂屋临时铺设的板床上，因为民俗以为人若在床上死，灵魂就会被吊在床中，无法超度。

老人死后在院子里搭设棚子停置两天，一则因为请"先生"看过，要按特定的日子、时辰出殡；再则要通知家族中的其他成员及有人情往来的朋友前来参加葬礼。死者在灵棚放置的这两天里，家族成员会披麻戴孝，在棺材前烧香、上供，还会放一个烧纸盆，不停地为老人烧纸。朋友前来吊唁，会在灵棚前鞠躬，家族中直系成员就会叩头回礼。

居丧后，经过吊唁和接三仪式即可出殡。出殡又叫"出山"，要事先请阴阳先生选择吉日吉时，叫做"开殃榜"。出殡之前，先要辞灵。先把最后一次祭奠的饭食装在瓷罐里，出殡时由大儿媳抱着，最后埋在棺材前头。然后是"扫材"，即把棺材头抬起，孝子放些铜钱在棺下，然后用新笤帚、簸箕扫棺盖上的浮土，倒在炕席底下，取"挡财起官"的意思。出殡的程序为：先转棺，将棺材自堂屋移出门外，再抬起棺材头，备好祭祀用品，由礼生主持礼仪，丧主跪拜，礼生读完祭文后，由僧道引导孝男孝妇"旋棺"，在棺材周围绕行三圈之后，再用绳索捆好棺材，盖上棺盖。伴随抬棺起杠还有两项礼仪：一项是把死者生前所用的枕头拆开，把里边的荞麦皮等和枕头套一起烧掉；另一项礼仪是"摔盆"，即把灵前祭奠烧纸所用的瓦盆摔碎。出殡之后，运送死者的尸体到墓地，举行各种埋葬仪式后，结束葬礼。

3. 家神信仰与民居空间

背井离乡来到东北社会，人们所需要的不仅仅是物质生活上的安稳，更需要一种精神上的寄托与鼓励。当遇到未知的情况、解决不了的问题、精神无处依托时，人们原始的想像力开始发挥作用，愿意转向对未知力量的求助与寄托。在东北汉族人家中，除了存在祖先信仰之外，更有大量的偶像崇拜。

对佛的崇拜 佛教自汉朝正式传入中国，以中原地区的长安、洛阳为中心并逐渐广为传开，因此由中原迁徙至东北地区的汉人移民多以佛教作为首选的宗教信仰。一般是家族中的女性联合起来吃斋拜佛，其目的也并非对于佛家深奥教义的追求，而多是祈求全家平安，消灾解难。在条件允许的情况下，信佛的人家都会"请"佛回家，设立专门用以贡拜的佛龛，定时上香上贡、诵经祈福。东北汉人供佛的地点常设在正房堂屋的北墙或暖阁的间隔墙上，正房东屋的北墙上也可以供奉佛像龛位（图2-123），若是在东西下屋（厢房）供奉佛龛，则要置于下屋南边的后山墙上。

对萨满的崇拜 萨满教是东北本土的宗教，在清初已发展得比较完善。萨满，也就是人们常说的"大神"，原意是指激动不安和狂想的人，后来转为宗教名称（图2-124）。萨满祭祀一般都有基本程式：即请神，就是向神灵献祭；然后是降神，用敲鼓的方式呼唤神灵到来；接着就是领神，也就是神灵附体，萨满代神说话；最后是送神，也就是将神灵送走。在东北汉人中流行的

图2-123 正房东屋北墙上祭拜佛祖的龛位

a. 财神

b. 蘑菇神

c. 七乳妈妈

d. 七星神

e. 天花妈妈

图2-124 萨满教的面具[35]

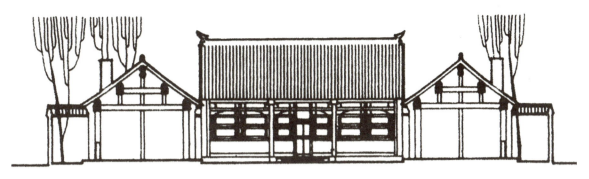

图2-125 铁岭市郝浴故居正房与厢房的高度关系[36]

已经"汉化"的跳大神仪式中,请神、降神、领神、送神这些基本过程还是存在的,一般由男女两巫师担当,这与东北地方戏即"二人转"的形式相当,都是载歌载舞,活泼欢快。这点与佛教、道教的庄重肃穆是不同的,也许是东北地域环境造成的文化生活的匮乏,使得这种"朝迎神,夜迎神,长歌短舞未元灵"的信仰模式亦成为了中原流人们的精神寄托。

(二) 礼仪规制的空间划分

传统的中国社会是一个讲究等级秩序的差序结构的社会,有一套相匹配的社会等级制度,就是"礼制",礼的本质是上下尊卑的等级伦理秩序。汉民族传统的建筑思想中,也讲求建筑伦理,它要求建筑物能充分表现尊卑、长幼、男女、内外的区别,不允许任何社会成员有任何超越自己地位的表现。西周时期,汉民族住宅就有"燕寝"、"路寝"、"庙"、"正寝"之分了。此后,虽然各种住宅名称有所变化,但等级划分一直保持下来。具体到民居形制,就单体而言,如建筑的形式、屋顶的式样、面阔开间、色彩装饰等;就群体组合而言,如整体院落的方位朝向、间距、前后的定位等,几乎所有细则都有明确的等级规定。

明、清以来,东北的汉族居民多为来自华北和山东的移民,不是得罪了朝廷的"流官",便是闯关东另谋生计的"徙民"。由于身份、地位的限制,虽然民居的院落形态及建筑的形制并没有中原地区民居那样有明显的"礼"的束缚及等级上的差距,却也是相应的出现了一整套可与之匹配的手法。

1. "数"的等级划分

侯幼彬先生在其著作《中国建筑美学》中提出,建筑作为触目的人造物质环境,从建筑组群、建筑庭院到建筑单体,都存在尺度上、数量上的差别。由此,"数"的限定很自然地成了建筑列等的重要方式[37]。

建筑尺度的"数"在建筑的尺度上,不同性质的房屋建筑,其建造的体量多有所差别。正房一般坐北朝南,位于民居北侧的中心位置,厢房建在左右对称位置上。正房和厢房并不相连,是各自独立的。正房比其他建筑高大,开间也大,厢房则次之,耳房、倒座房、后罩房等更次之(图2-125、图2-126)。再加上东北汉人的住宅建筑多造于台基之上,以台基的高度配合建筑的体量,不同等级的建筑高度就拉得更开了,这也是普通院落虽没有华丽的建筑形式,但也能形成高低错落、轮廓线生动的艺术效果的一个原因。通过各个细节的把握,在视觉形象上,非常直观地就把一个家族内部的等级秩序表现出来。

院落形制的"数"关于院落形制的"数",

图2-126 沈阳张学良故居内外院厢房及外院配房之间的高度关系

主要在下面的六个方面中体现出来：①"进"数；②"合"数；③"门"数；④"间"数；⑤"配房"数；⑥"檐廊"数。随着院落形制的提升，这六个方面的"数"都随之逐步增加（图2-127）。

"进"数、"合"数、"门"数："进"数自古以多为贵，重要的建筑组群常常达到九进。这种对"进"的热切追求，反映出对建筑空间纵深序列的极度重视。古人制定的"面朝后市"、"五门三朝"、"前朝后寝"、"前堂后市"制度等，都是在纵深空间序列上大做文章。院落的"合"数往往也是以多为贵，在前文关于院落围合布局关系的探讨中，就可以说明这一点，一合院、二合院在东北多为与生产相结合的乡村民舍，而三合、四合院多为富户大宅所采用的布局形式。"门"数主要指的是门房、二门及配门的设置，由于东北地区一般不设倒座房，故门房或称屋宇式大门，当然就应用于四合院等院落形制较高的民居中，随着住宅级别的降低，大门往往变成瓦门房、光棍大门等形式。而随着院落进数的增加，加建了内院、后院、后花园等院落，因此也就相应设置了二门、配门，用以连接前后院子。

"间"数：等级制对厅堂和门屋的间架控制很严格，间的多少制约着建筑的"通面阔"，这是对于单体建筑平面和体量的限定。历代规定不尽相同，但大体上的限定是：九间殿堂为帝王所有，公侯一级的厅堂只能用到七间，一、二品官员只能用到五间，六品以下只能用到三间[38]。早期的东北汉族传统民居的一般性住宅，正房多是三开间，这是受明代以来宅制的约束，"庶民所居房屋从屋、十所二十所，随所宜盖，但不得过三间。"[39]大住宅可建许多院落，很多房间，但每院的正房只能是三开间的。不过清代的限制较松，尤其是民国成立、帝制取消之后，民居中正房的间数有很多不再恪守三间制，如中原北京新盖的四合院，五开间的也有一些。而东北更是由于身处"天高皇帝远"的边疆地带，"礼制"的束缚更快地被人们抛弃。五开间甚至七开间形制的正房，无论是在城镇住宅或是乡村大院中，均较为常见，且各间尺寸不同，明间的开间尺寸最大，次间、梢间递减。相对于贫户而言，间数仍旧是等级的划分。而富户的府邸、宅第则不易看出礼制性的差别。

"配房"数、"廊"数：虽然历代对于院落"配房"数的建造没有明确的限制，但是我们仍旧可以在相关的实例中发现，对于配房的建造，也可以反映出宅主人的社会地位及富裕程度。在东北，配房的加建主要设在门房及后正房的左右两侧，一般为辅助性用房。往往没有正房配置耳房的习惯。"檐廊"作为一种中介的复合空间，在东北这片荒凉地带，其装饰性与等级性就更加突出。大户人家往往在内院正厢房、外院厢房都设置前檐廊，随着院落形制的降低，檐廊的数量呈图中所示而逐步递减。

随着院落形制的提升，院落的"进"、"合"、"门"、"间"、"配房"、"檐廊"的数量都随之有所增加。"进"、"合"数自古以多为贵；"门"数主要指的是二门及配门，它们往往随着内院、后

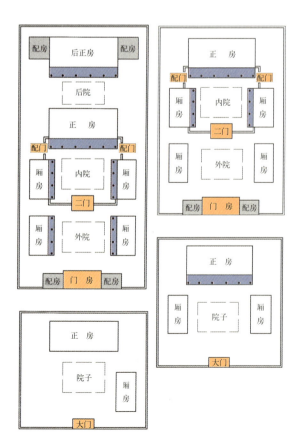

图2-127 院落形制的"数"

院、后花园等院落的加建而设置；"间"数则较少受到"庶民不得过三间"的礼制束缚，在东北大院中，七间、五间贵于三间；"配房"、"檐廊"也在一定程度上成为彰显主人身份、富贵的标志。

2. "质"的等级划分

"质"主要表现在材料质量的优劣贵贱和工艺做法的繁简粗精，质优工精者被列为高等级，质劣工粗者被列为低等级，这实际上也是以等级名分来垄断高品质的建筑工程技术[40]。

在单体建筑上的体现　东北汉族传统民居"质"的等级划分，很大程度上受到居住者的社会地位、经济状况的制约，具体表现在建筑要素的建造形制上，这里仅以能突出表现形制差异的房屋、大门来说明。建筑的"质"主要体现在屋顶、屋身、台基部分的建造形式以及材料选用等方面。如图2-128所示，比较黑龙江省呼兰市萧红故居东家与佃户的住房，东家住房是一色的青砖青瓦房，屋顶仰瓦铺设，下端滴水，近两山处以三垄合瓦压边，体现了等级也富有装饰性；两硬山山墙挑出前檐做墀头，上部雕简单的盘头装饰，连接于下碱的跨海烟囱也是青砖砌筑，分三段向上逐层收敛，是形制较高的式样。而同在一个院落中的佃户住房，则建造得相对简陋，就是纯粹的土坯草房，以草苫顶，以土夯墙，就连两侧的跨海烟囱也是土打的。

院落大门的式样也是房主人财富和社会地位的侧面反映（图2-129～图2-131）。历史上各朝代都对不同阶层的建筑大门有着严格的等级规定，例如，明朝规定王侯府邸朱漆正门三间，可饰金漆兽面锡环；三品五品官员正门也是三间，但只能用黑漆漆饰；六品至九品官员正门一间，黑漆漆饰；百姓的"蓬门荜户"则更有各种限制。位于天子脚下的北京四合院民居中，将大门分为

图2-128　萧红故居东家的住房与佃户的住房

图2-129　大门形制的等级划分

图 2-131 宅前上马石的等级划分

图 2-130 门当的等级划分

"广亮大门"、"金柱大门"、"如意门"、"蛮子门"等几类等级，以彰显宅主的身份。东北汉族民居也吸取了这样的门第等级观念，但出于生活和生产的需要，表现方式有所不同，其按照形制等级的高低可以划分为"砖门楼"、"瓦门楼"、"板门楼"、"衡门"等几种样式。通过大门的式样、用料与装潢，使得家宅之仪表彰显无疑。

在院落格局上的体现 东北汉族传统民居在院落形制上可以分为几个档次，王公贵戚、高官富商的住所最为气派（图 2-132）。这种规模较大的院落，基本上都是院落中间设三合或四合房，全院内以中轴线为主，形成对称的布局，大门设在中轴线的最南端，多为三间屋宇式大门，旁边两间常设配房，供守门人或佣人居住。正对大门外的是高大的影壁墙，门前有上马石和拴马桩。院子多为两进，中间或设二门，或建院心影壁分隔成内外院。主人所居内院正房三间或五间，也有少数七开间的实例。东西厢房各三间，正房之北，有的还建供存放物品或仆人居住的后罩房，一般也是五间。房屋样式基本都是青砖小瓦、硬

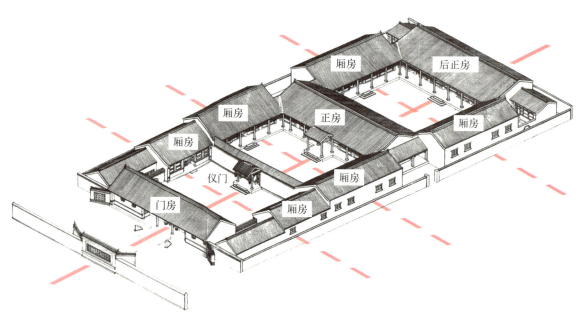

图 2-132 沈阳张学良故居

山顶,正脊、戗檐、腿子墙等部位装饰砖雕或石雕。正房较高,厢房较低,两端厢房前端都建有套房,形状较厢房低矮,充分显示出主从关系。特殊的较大住宅则有设多进及东西跨院的。因为东西厢布局很长,故大门距正房较远,因而院落颇为宏敞,比一般城市住宅的院落宽大深远得多。在乡村大宅中,院子的前半部常停放车马牲畜及佣人所用的生产工具,厢房作为仓库使用。正房后部为后院,面积大小不等,多半将粮仓、囤子等放置此处。

大部分平民、农户住宅的院落形制相对简陋得多（图2-133）。一般农村的住宅,大都采用二合或三合院式布局,宅内布置比较紧凑,占地面积相对较小。四周以院墙包围,院墙多以土坯、秫秸、乱石、杂木等围成简易的矮墙,设简陋的扇门,构成简易的宅院。各家各户宅院之间都不相连,中间留有很多空地,用来设置菜园子、猪圈、柴垛、粪堆等,每年秋季在门前作"场院"用来打庄稼。院落内部正房为主要建筑,一般三间,也有少数设置五间。东西厢房有的建正式房屋,有的建成简单的棚子,做马厩、车棚及存放柴草、农具之用。

3."位"的等级划分

"择中"观的体现　在中国古代城市、宫殿建筑及民居空间的布局方面,"以中为贵"一直是较为显著的特征之一,直到今天依然如此。它的形成不仅仅是美学上的几何中心所致,更是包含着深刻的哲学观点和人们对现实世界、政治秩序的观念。

据卜辞,殷代已有"择中"作邑（都城、国）的建筑空间意象。"作中"之说,也称"立中",即先测定一个明堂宗庙的位置,然后围绕这个中心筑城,并在周围圈定大片耕地、牧场、渔猎之地。《荀子》中说:"王者必居天下之中,礼也。"可见择中也是礼制规范所要求的;《吕氏春秋》更明确指出:"择天下之中而立国,择国之中而立宫。"择中观念在民间也是较为深入人心的,可是平民百姓不能以自我为中心,于是便形成了以

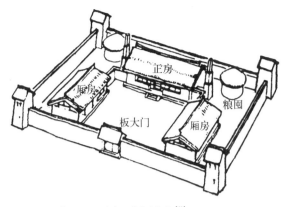

图2-133　舒兰县八旗屯八棵树谷宅[41]

某一具体物质形象为中心,这种中心不一定是地理的或几何的,而是建筑可以依附的始点、支配院落发展的一种因素、一个生长极核点等。

对于东北汉族传统民居所体现出的择中观念,我们可以结合院落构成要素"空间位序"与"空间等级"的布局特征来理解（图2-134）。在院落空间的纵向轴线或横向轴线上,级别高的房屋建筑,比如正房、后正房等于轴线上居中设置,而厢房、配房等次一级别的建筑都是靠近轴线的末端而置。院落构成要素中,内院相对于外院及后院、正房相对于厢房及配房、大门相对于二门及配门,都通过自身所处的位置体现出明显的尊卑主次关系。这种择中的等级观念使得纵、横轴线均呈现出明显的自中心向两端递减的趋势。

朝向的尊与卑　尊北与崇东在古代中国曾经是南北方民族相持不下的一个方位意识。东向之所以成为尊位,主要源于南方民族的崇东意识。愈往南,北极星的角度愈低,人们的尊北意识淡化,而东方日出的辉煌会令人翘首东望,故人们相信东方会有某种神灵的存在。而我们现在奉北面为尊位,则是北方民族尊北意识的结果。在北方,北极星仰望可见,"居其所,众星拱之",很容易产生神性[42]。以北为尊虽然逐渐成为古代中国的主导尊崇方位,但是崇东意识也仍然存在,"君高臣低,文东武西"就充分地体现了尊北与崇东相结合的方位尊卑意识。

在东北汉人传统的方位观念中,奉行的主要思想也是"尊北",并兼以"崇东"为辅助尊崇方位。

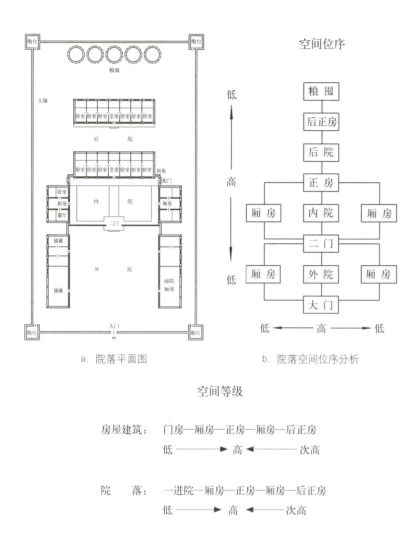

图 2-135 "东屋南炕火盆土炕烤爷太"[43]

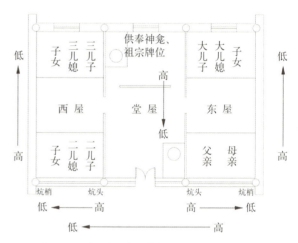

图 2-136 开原清河乡王宅正房炕面寝卧等级分布图示

图 2-134 吉林市扶余县八家子张宅"位"的等级序列

表现在民居建筑的布局中，往往于院落正中坐北朝南设置正房，正房是主房，当然要处于尊位上，正房堂屋的北半间则是至尊之位，汉族人多将神龛及祖宗牌位供奉于此。堂屋东西两侧的卧室，以东间为贵住长辈，西间为卑住晚辈，这里主要遵循"东为贵，西为卑"的崇东的分配原则。对于炕面的分配，也有详细的规定，按照一铺炕睡一家人的习惯，一般都是炕头住长辈、炕梢住晚辈，若是设有北炕的人家，则在东尊西卑的理念上还要加一条：南炕住长辈、北炕住晚辈，这主要是考虑到南炕采光好的原因，故形成了堂屋与卧室中，人、神相异的等级方位布置（图 2-135、图 2-136）。

厢房又称"下屋"，呈东西向布置于正房前两侧，从房屋的称谓上就能看出其与正房的等级关系。厢房也有其"位"的等级划分，一般遵循东尊西卑的方位等级观念。在乡村住宅中，厢房多不住人而是用来放置生活用品、务农工具或作为磨房、碾房之用。在人口多的乡村或城镇住宅中，则按照辈分大的住东厢、辈份小的住西厢来分配寝卧空间。东西厢房中的神龛供位及宗族牌位常设于南面山墙，这与正房的神祭方位有较大的区别。

（三）抑扬有致的空间变化

1. 规格与尺度的变化

东北汉族传统民居中，每一"进"院之间，

由于房屋的布置及功能要求等因素的制约，都呈现出不同的院落尺度形态。这种空间尺度的变化，从城镇式住宅与乡村住宅的相互比较中体现得尤为明显。东北汉族城镇式住宅院落空间呈现"抑—扬—收"的空间层次，乡村住宅则呈现"扬—抑—收"的院落空间层次（图2-137）。

入口的一进院（外院），由于城镇住宅与乡村住宅在该进院落中实用功能的不同，院落的尺度感大不相同。城镇式住宅，进入大门即形成相对狭小的空间，表明一种起始的过渡。对于城市空间而言，是空间界面变化的界定，同时也是家庭院落空间的起始。乡村式住宅，外院要停放车马牲畜和放置佣人使用的生产工具，并且用来存储及日常作业的厢房，其开间数及设置的数量都较城镇式住宅要多，因而外院布局相对更加宽敞。

二进院（内院）是家庭的核心区域，由正房、厢房围合而成。院落尺度在城镇住宅中较外院开阔，在乡村住宅中则相对较小。但比较中原民居而言，二进院由于正房、厢房布置前后错开，并且较少设廊环绕，加之正房开间数量没有受到严格礼制的束缚而多为三开间以上，东北的院子就更显开敞。二进院落空间的宽深比多在0.8～1.9之间不等，多数呈横长纵窄的长方形（图2-138）。

三进院（后院）往往是内部的闺房、家眷的住所，因而院落尺度较小，私密性更高，是整个院落空间"收"的层次。

2. 围合界面的变化

对于围合界面的关注，不仅因为它们所具有的别致的装饰效果、造型效果等非空间效果，更多的是因为这些形体限定要素围合、塑造和组织了整个民居建筑空间——这种不定形又实实在在存在于建筑中的精髓部分[44]。民居空间围合界面的变化，不外乎是存在于院落的四个方向中，存在于不同围合程度的界面之中。随着围合界面限定程度的逐渐减弱，界面的连续度随之降低，空间的塑造及其封闭性亦随之减弱。

东北汉族传统合院式民居的布局，以各进院落围合界面的富于变化为特征，在一个多进的民

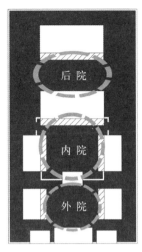
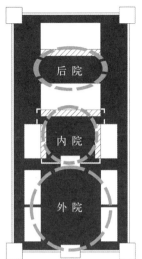

a. 城镇住宅　　　　b. 乡村住宅

图2-137　院落尺度变化比较

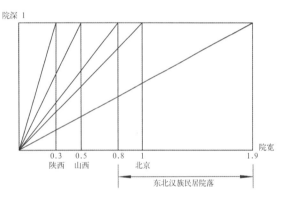

图2-138　二进院落宽深比的尺度

居院落中往往呈现出多种围合程度的子院落（图2-139）。这种布局特点主要是出于使用者对于院落具体的实用功能及精神功能的需求。

从使用功能角度来看，将典型的东北汉族传统合院式民居从外院到后院空间依次划分为入口待客区、家庭生活区、后勤服务区。外院多较为开敞，常用作待客的等待空间及停放车马、堆放柴草之用，除了设置屋门或是墙门之外，只有少数大户人家另设厢房，因而呈现出一合院子的形态；内院是家庭生活的核心区，因而院落形制较高，内院一般都设置带前檐廊式的正房及东西厢房，并用二门及腰墙与外院分隔，形成围合感最强的三合子院式形态，但后正房前的内院则从实际的功能需要出发，常只设置后正房的东西配房，因此该进院落不很开敞，呈现出围合感相对较弱

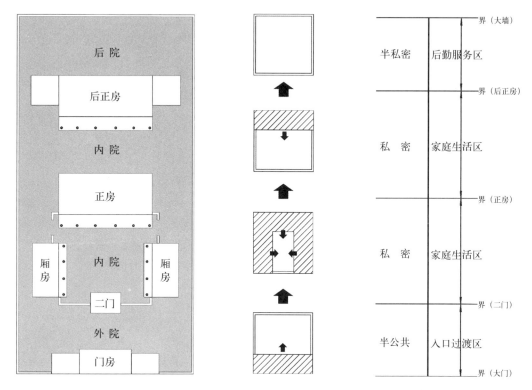

图 2-139　东北汉族传统院落围合界面变化的空间序列

的一合子院形态；后院是东北汉族传统民居中常见的院落形式，在该进院落中较少设置建筑物，因而形成围合程度最弱的子院形态，在大户人家中多将花园、仓储等附属空间设置于此，在乡村的生产型住宅中则往往都用作设置存粮用的粮囤等。

从精神功能的需求来看，围合程度越高的院落空间，其私密性亦随之得以提高。东北汉族传统民居院落空间的私密程度，总体呈现自内院逐渐向两端院落递减的形态特征。位于内院部分的家庭生活区严格遵守礼制"内外有别"的约束，四面围合的界面有利于塑造内院的私密空间性质，而这其中的正房又是家庭成员的睡房，是整个院落私密性最强的空间。入口过渡区与后勤服务区是家庭成员共享的院落空间，私密程度相对较弱，尤其是在市井街区与住宅深深庭院之间起过渡作用的外院，不仅在使用功能上围合程度较弱，在使用者的心理层次上也是最为开敞的半公共空间。

三、空间的结构系统

（一）空间结构的三个关系要素

自 20 世纪中叶始，西方建筑领域在空间理论方面的发展，逐步由对具象实用空间的研究向更深层次的"存在空间"领域发展，认为"关于建筑空间的更深入研究，关系到对存在空间的进一步理解"[45]。所谓"存在空间"（existence space），就是比较稳定的知觉图式体系，亦即环境的"意象"（image），是由挪威当代建筑师、建筑理论家诺伯格·舒尔茨所建立起来的关于建筑空间存在性研究的理论体系。该领域的研究较多地融合了社会科学、心理学、人类学等领域的研究成果，特别是瑞士心理学家 J. 皮亚杰（J.Piaget）针对幼儿发育进行的关于人对环境所拥有图像的基本结构问题的研究，为"存在空间"的发展起到了非常重要的奠基作用。

皮亚杰在对幼儿智慧心理学研究的过程中发现，人类头脑中有一种先天"结构"，他称这种结构为"图式"，就是人们头脑中用来感知这个世界、产生某种意识形态的部分，也可以称之为

"知觉图式"，而这里面当然也就包含着建筑学中常说的关于空间体验、空间秩序等的相关概念。皮亚杰认为，人处在空间之中，在对于空间的感知、体验过程中，最基本的一个需求就是要给自己在这个空间中定位。由于空间天生是一种不定形的东西，对于它的感知实际上来自我们对于形体限定要素的感知[46]，所以这种定位就要依靠某种参照物，我们往往要辨别自身与参照物之间的内外、远近、分离与结合、连续与非连续等关系，这也就是皮亚杰所谓"定位"的过程，而这种方法也是拓扑心理学所研究的一部分。概括而言，人在幼儿期就发展了以拓扑心理来给空间中的自己定位，并在头脑中形成对于空间秩序的感知，而这感知是来源于头脑中的"图式"（Scheme）。

继皮亚杰之后，D·富莱、鲁道夫·施瓦茨、凯文·林奇以及诺伯格·舒尔茨等都分别从不同角度，提出了在知觉图式影响下的相应的空间理论，尤其是后二者对于该领域的研究成果更加受到后人关注。美国规划师凯文·林奇是以现代城市规划中的具体问题作为研究的出发点，他将皮亚杰的知觉图式发展为他称之为的"意象"，认为城市对于居民而言都具有一种"可意向性"（image ability），城市"意象"空间是由道路、边界、区域、节点及标志物五种元素构成，并认为"这个世界往往是组织在一束焦点群的周围，分割成被命名的各个领域，由记忆的路线所结合"[47]。

挪威当代建筑师、建筑理论家诺伯格·舒尔茨（N.Schulz）在林奇理论基础上，进一步阐明了空间的知觉图式，提出了"存在空间"的概念。存在空间是依靠中心、方向、区域三个关系要素所构成，中心（Centre）亦即场所（Place）、方向（Direction）亦即路径（Path，连续关系）、区域（Area）亦即领域（Domain），这三对概念分别从拓扑图式的"接近"、"连续"和"闭合"的关系阐明存在空间的基本特性，并强调人在给自身定位的过程中，尤其需要掌握这些关系（图2-140）。[48]

近年来，学者们对于建筑"存在空间"理论的研究多是在林奇、舒尔茨研究理论的基础上，结合具体的城市空间、乡土聚落乃至地方性民居的实用空间实例，来充实并进一步深化"知觉图式"对于空间塑造的重要意义。研究的重点，多从不同地域、不同民族的具体的思维观念，如社会宗族的制度、特殊的文化形态等方面着手，这也逐渐成为该领域较为主流的研究趋势（图2-141）。

中国传统哲学中的空间图式框架，也形象地表达了一个具有中心、方向和领域三元素的空间模式。本章节在余下的内容中，借用西方学者较为完善的、自成体系的关于"存在空间"理论的相关研究成果，并结合前文中已经探讨的东北汉族传统民居空间的外在形式与秩序的相关内容，进一步挖掘民居空间的内在结构体系，希望能够为中国传统哲学图式观念的系统化梳理起到一定的启示作用。

（二）民居空间的"中心"性体现

1."中心"图式观念的减弱

在舒尔茨的存在空间理论中，人的空间是"以主体为核心"的，图式的发展也拟定了以中心观念（Center）作为空间组织化的手段之一。最初对于人来说，中心是表示已知的东西，"家"就是个人世界的中心，这是相对照周围广阔未知的、总觉得引起恐怖的世界而言的。中心也可以理解为场所，亦即"行为的场所"（Place of Action），也就是特别活动完成的场所。其对于场所的阐释，是基于格式塔心理学的近接性

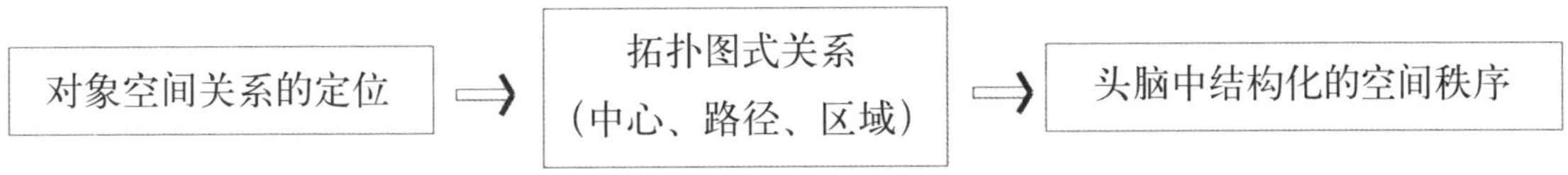

| 对象空间关系的定位 | → | 拓扑图式关系（中心、路径、区域） | → | 头脑中结构化的空间秩序 |

图2-140 "存在空间"的形成过程

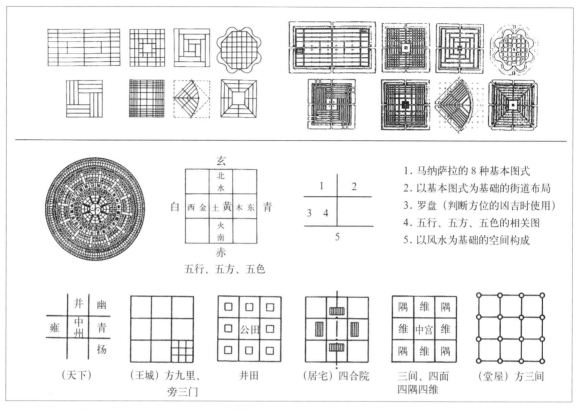

图 2-141 印度教马纳萨拉与中国风水图式的示意[49]

与闭合性原理。近接性是集中各要素统一成多簇状，继而起到'中心'的作用，可用集中性（Concentration）一词来说明；闭合性亦即围护，是作为某种特殊场所而从周边分离出来的一个空间，它也是人为获得环境而最初采用的方法[50]。

中国人一向也具有执著的"中心"观念。李允鉌在《华夏艺匠》一书中指出，早在商代与夏代，甚至更古远的年代里，中国建筑的"中心"观就已经形成（图 2-142、图 2-143）。这种"中心"与后来群体组合空间中的宫廷"庭院"、民居院落等，在文化模式与空间观念上是一样的，"中国传统建筑的每一单位，基本上是一组或者多组的围绕着一个中心空间（院子）而组织构成的建筑群。这个原则一直采用了几千年，成为一种主要的总平面构图方式"[53]。

同时，这种"中心"观念也是有强弱之分的（图 2-144、图 2-145）。如图 2-144a 所示，于院落空间中心设置自身具有向心性质、规整的几何形体时，该空间的中心性是最强的，院落整体呈较理想的集中式构图。北京四合院民居中，虽没有

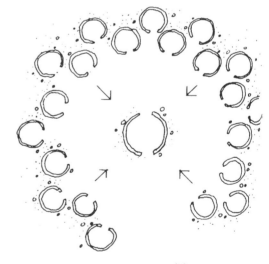

图 2-142 新石器时代住宅聚落布局[51]

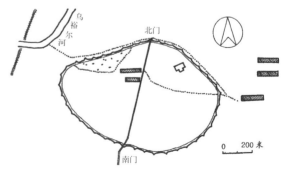

图 2-143 黑龙江省克东县金代古城遗址[52]

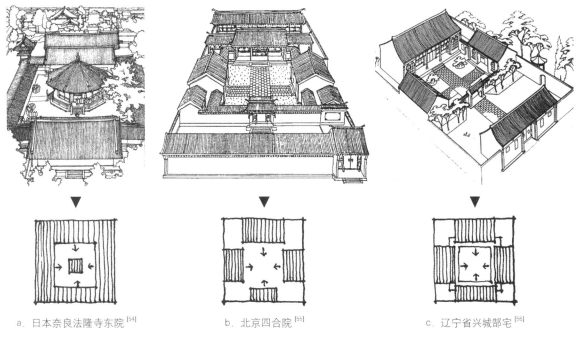

a. 日本奈良法隆寺东院[54]　　b. 北京四合院[55]　　c. 辽宁省兴城邰宅[56]

图 2-144 "中心"图式强弱的分析比较

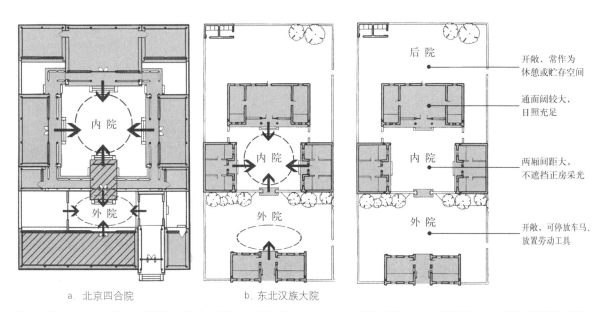

a. 北京四合院　　b. 东北汉族大院

图 2-145 北京四合院与东北汉族大院"中心"性对比分析

图 2-146 东北大院弱"中心"性的功能优势分析

院心独立的集中性空间，但具有较为严谨的平面构成尺度及构成方式，院落整体布局亦呈现较强的中心性（图 2-144b）。东北大院则呈现松散的布局，院落构成要素对于院落空间的限定感很弱，院落空间的中心性也相对较弱（图 2-144c），这主要是受到东北地域气候及居民的生活、生产方式的影响。东北大院的外院空间都较空旷，因为要停放车马及佣人的劳作工具；内院正房的朝向较好，日照较东、西厢房充足，因而全家老少常齐住于正房的东西屋，正房的开间数便多增为五或七开间，两侧厢房为不遮挡正房的光照，与正房错开一定间距，院落空间更显开敞（图 2-146）。虽然在院落空间的构图上较少受到礼制规制的束缚，缺乏一定的严谨性，但东北大院的院落空间布局确是居民生活实实在在的反映。

2. 空间的中心性与玄学"穴"论

从中国传统的堪舆术中，同样可以发现中心图式对民居的影响。风水论"穴"，是风水理论中认为最适合于建住宅和墓地之处。晋人陶侃在《寻找捉脉赋》中提出"穴占中央,山若作穴,水自回环"。古人认为人居天地中,"穴"为自然之气与人之气聚集交会,天人相交的结合点。因此,在传统聚落环境乃至民居院落的构建中,"中心点"常相应于风水在模式中"穴"的概念(图2-147)。

"穴"之说体现在民居中,多为房屋营建之选址,居住于由风水师着意选定的"正穴"周围,能给家宅带来"生气",赐予居住者及其子嗣殷厚的福荫。民居的正房多设在"龙穴"之上,也可称之为"正身"。所谓"正身",就是龙的本体,两侧的厢房是保护"正身"龙的,所以名为"护龙"。故而正房多为家族进行各种礼仪的地方,是存在某种神圣意味的核心空间,东北汉族人祭拜祖先的地点就在正房的当心间,居住者与其祖宗、神灵之间就是在这一空间中得以沟通的(图2-148)。

3. 空间"家"图式的世俗中心性

世俗中心,主要表明了传统民居作为"家"空间,给予居住者一种生活安居的遮蔽、保护与归属的中心感(图2-149)。法国当代哲学家巴序拉(Bachelard Gaslon)在对于"家"的意象的探讨中,曾提出要把家与儿时的记忆及潜意识连接起来思考,认为家的意象核心在于安居。巴序拉在《空间的诗意》一书中曾说,住家真正是吾人第一个名副其实的宇宙。就亲密的眼光看来,再寒酸的家不也是美丽的吗?[59]。对于巴序拉而言,住家是一个保护自我的园地,这与舒尔茨的"家"中心论也是极为相似的。

从这种角度来理解,中国传统民居,由于其内敛、封闭的院落布局形态,更加呈现出一个屏蔽、保护园地的意象。人们在这种空间之中,得以脱离凡尘,组构自己关于家的体验(图2-150)。在这种世俗化的向心图式下,人与外界的联系或封闭或沟通,均基于一种对立的概念而产生,这也契合了巴序拉用来分析住家典型意象时引入的

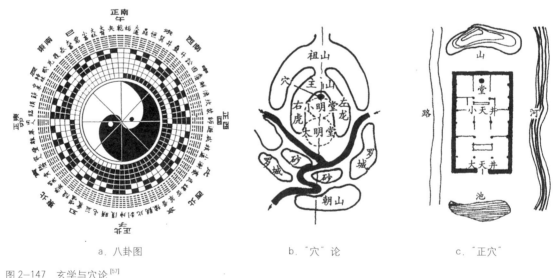

a. 八卦图　　　　b. "穴"论　　　　c. "正穴"

图2-147　玄学与穴论[57]

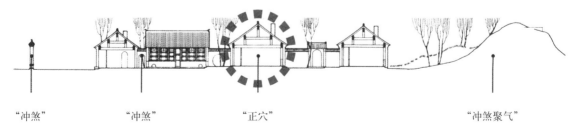

图2-148　辽宁省郝浴故居风水"点穴"示意图

图 2-149 "家"[58]

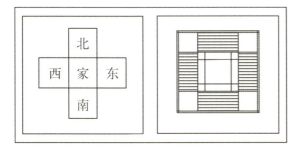

图 2-150 "家"的中心图式

"对立元"概念,而这种分析手法也很好地吻合了中国合院式住宅中世俗中心的内涵。

在东北汉族民居中,"家"作为一种世俗中心的核心领域,首先表现出一种内外空间所为何处的不同的空间情境,其不仅仅表现出对喧嚣的城市空间与安静的住家空间的划分,更主要的是从纷杂的政治纷争中,为流放至东北的"流官徙民"们开辟出一方净土。封闭的院墙和围合的建筑形态,为此提供了很好的组构方式。其次,围合的院落空间,也把一个个独立的子家庭联系在长辈的亲和力之下,一个大家族的家庭生活,得以有序地组织起来,体现出一种很强烈的凝聚性。再次,中国传统文化中关于人与自然界的相互关系的融合思想,在此也得以表现。院墙提供了一个封闭的实体,而院落却呈现了一种虚空的围合,二者的对比使得院落成为人与自然联系的巧妙途径。在这里,一片天空、一块石砾或一株草木,都成为自然界的象征,拉近了人与自然的距离。民居空间所体现的世俗中心性,也正是通过各种对比性的要素,体现出其所特有的为家居生活提供私密感、安全感的一种追求(图2-151)。

(三) 民居空间的"方向"性体现

方向性是界定空间形态的一个基本表征,是院落空间的灵魂。正如舒尔茨所概括的那样,"一切场所都具有方向(Direction)。如果没有方向的场所可以想像,那么这样的场所只能是欧几里德空间中无拘无束漂浮的球体。在考虑大地上人的存在时,这样的形是没多大意义的"(图2-152)。[61] 舒尔茨认为,方向在存在空间中主要表现出垂直方向与水平方向,垂直方向表示上升或下降,常被看成是加入空间的神圣次元,隐喻着人"征服自然"的能力。水平方向表示人的

a. 东北民间剪纸[60]

b. "流人"郝浴故居内庭院

图 2-151 "家"的归属中心性

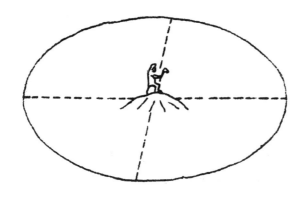

图 2-152 基本世界像[62]

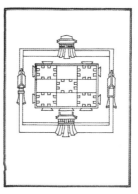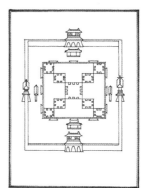

图 2-153 周代秦代的"明堂"[65]

具体行动世界，在水平面上人们或是选择或是创造赋予存在空间特别结构的路线。

中国人对于空间方向性图式的理解，启蒙于对太阳的崇拜，并从最早的线状二方位空间图式——东西方位，逐渐与南北二方位的空间图式叠加，才形成了四方位——东西南北的空间图式观念。再加上殷商时期，"中商"王之至上神地位的确立，"中"也由此得到建立。从《山海经》以神话的形式反映出四方五服的地理空间概念，到《周礼·考工记》以宫室为中心向四周延展的王城规划，都反映出古代中国人的对于空间方向性的认知观念。

据历史文献，中国古代也有关于空间方向性图式与建筑空间塑造相结合的记载。《文字·自然》篇记载："老子曰：往古来今谓之宙，四方上下谓之宇。"亦有所谓"四向"之制，即以"中庭"居中，南北东西四方以屋舍围合。《董生书》云："天子之宫在清庙，左凉室，右明堂，后路寝，四室者，足以避寒暑而不高大也。"《书经》亦云："辟四门，明四目，达四聪。"甲骨文中也出现了"东室"、"南室"、"东寝"、"西寝"等名词。这些都说明中国人很早就将方位与房屋建造相联系了[63]。

当这种空间的方向性特征被加以具象化时，则会在现实生活中表现为路线与轴线[64]。早期中国建筑组群的轴线布置，多是向东南西北四个方位同时铺开，不论一个组群的大小，一般都比较接近一个较为规则的方形平面（图2-153）。直至元、明、清以后的皇家宫廷才逐渐十分注重

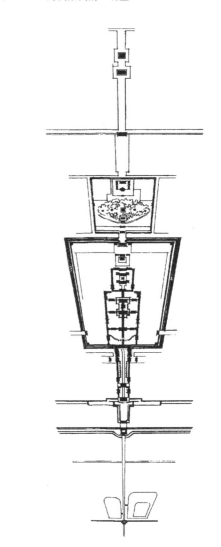

图 2-154 北京故宫与皇城[66]

对于建筑布局南北向轴线的强调，这主要是因为建筑布局的南北朝向和某种威仪相联系（图2-154）。所以，中国古代的建筑群体中，为了突出其规模与形制的高低，往往在纵轴上增加建筑单体的数量，建筑数量越多，院落的"进"数越多，

也就代表了它的规模越大、等级越高。由此可见，中国古代建筑空间方向性的图式，与上下分明的等级观念是相互紧密联系的，无论是由"中"至"四方"，还是由南至北、由东至西、由下至上，都存在着一种空间方向性上的对立感（图2-156a），而这种对立的方向图式，必然也会影响到民间住宅的建造。

在东北汉族传统民居中，纵向南北轴线由宅门开始，经过外院、内院直至后院等几进院落，最后终止于后正房或后院，形成南北向延伸的空间序列（图2-155）。这种序列关系，在纵向轴线上，由中心向两端呈现建筑等级递减的规律；在横向轴线的延展称为跨院，它往往不用以彰显等级，故其体现的方向意识也相对薄弱。纵向几路横向几层交织布局，越往纵深，空间越是紧凑、小巧，虽然等级形制相对减弱，但是私密性却逐渐增强，这一点也是中国传统院落式民居建筑较之其他的建筑类型所具有的更为鲜明的特点之

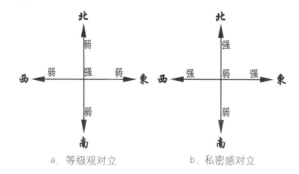

图2-156 图式方向性的方位对立

一。这种建筑空间方向性的图式，是在横轴上由中心向两端呈对比性的弱—强关系，在纵轴上由南向北呈对比性的弱—强关系，如图2-156b所示。这一特点既反映了东北汉族传统民居对于中原传统民居的含蓄内向、庭院深深等建筑文化品格和内涵气质的继承，也同时表现出一种民族的空间意象形态。

（四）民居空间的"领域"性体现

在早期的建筑空间图式结构的研究中，领域这一图式概念并未被引入，因为在某种程度上，领域就是"场所"，它也同样具有场所的闭合性、近接性与类同性等属性。诺伯格·舒尔茨对于引入领域研究的理由，认为是"我们的生存环境也明显地包含着不具有场所基本特征的，亦即我们不归属的、没有作为目标功能的区域"，并引入格式塔心理学的"图底"关系来阐释领域，认为领域的基本特性为闭合性与类同性，亦即边界的明确与质地的鲜明。边界明确，则地区形成即被强化；质地鲜明，则有助于创造强烈的意向。进而，"图底"关系更加明晰[67]。

凯文·林奇在对于城市意象的研究中，也曾提出"区域"的概念，认为"区域是观察者能够想像进入的相对大一些的城市范围，具有一些普遍的特征"[68]，区域的概念实际上同舒尔茨的领域概念是基本一致的，只是领域概念属于人头脑中的图式概念，区域则是更加具象化的领域。朱文一先生在其著作《空间·符号·城市》中，对于空间基本属性的研究，提出了较舒尔茨"存在空间"理论的中心、方向、领域三要素更易懂的"内"与"外"这对二元概念，并进一步阐明

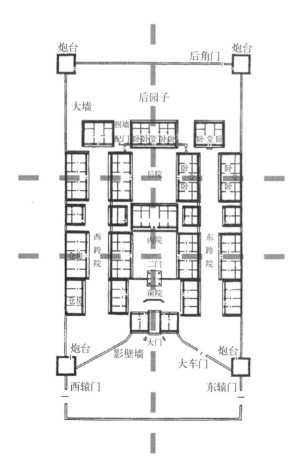

图2-155 吉林省双辽县吴宅轴线分析

空间所具有的"接近关系"、"连续关系"和"闭合关系"。在对于领域属性的论述中,着重强调领域所具有的边界实体性,认为其主要具有的两种性质:内外分隔性和内向性[69]。

对于东北汉族传统民居空间领域性的探讨,是在强调领域闭合性的基础上,结合每个具体的区域鲜明的质地特征及其给予人们的一种意象感知,来进一步理解和发现民居空间图式所具有的领域属性。通过这样的方式,使我们在能够更加深入了解民居空间形态特征的同时,也能更加明晰是怎样的结构、质地特点,塑造了鲜明的空间图式的领域性。

首先,东北汉族大院的外墙、炮台以最为直接的四个面围合的构成方式,围出了"家",我们的研究对象也就有了初步的呈现。建筑形态学认为,"由四个垂直面围绕的空间领域,是限定作用最强的空间类型,用于围合的面可以是堡垒、墙体或栅栏,它们分离出一个领域,并把周围要素排除在该区域之外。"[70]整个院落空间给人带来的是强烈的内向性、封闭性,加之外墙用材坚固及四角炮楼的设置,更是塑造了极强的防御性特点。限定要素通过这样的构成方式所形成的空间,自然具有很强的内向性与私密性。

其次,二门与腰墙(或影壁)、拐角墙与配门(或拐角廊)将院落空间大体分成外院、内院、后院等三个部分,这些要素都是由基本的独立垂直面构成,它们分隔并限定了院落空间,共同塑造了更为内向的、复合并松散的内院空间。说它"复合"、"模糊",是因为廊的存在;说它"松散",除去尺度上的原因,则是因为廊的形式不像北京四合院的连廊形式,而是正、厢房各自独立的檐廊,廊子之间互不相连,或者只设置正房前檐廊的缘故。

再次,甬路沟通了各个不同区域,它反映的是人的知觉图式中,借助于拓扑的"接近关系"来实现对于不同领域间的定位。通过前文所提到的舒尔茨以"图"与"地"的关系来阐释领域,说明作为"图"的一部分的路径,对于领域的塑造也是具有重要意义的。同时,甬路沿中心轴线铺设及其抬高的形式,与轴线上的节点即大门及二门的设置,更加强了院落轴线意向的塑造。

最后,单体房屋建筑同时限定了内外空间领域,形成相对于院落空间而言的"空间内的空间"。其外部造型特征较为鲜明,受到气候因素及人文因素的影响,颇具独特的地域特色。同时作为居住者生活起居的主要停留之所,迎合了人们日常的寝卧习惯,进而形成建筑内部较为灵活的空间分隔形式,这同时也是对于建筑空间领域的进一步细化(表2-3、表2-4)。

院落空间的领域划分 表2-3

空间要素	要素的构成方式	位置图示	空间特点的感知	切入角度
外墙,炮台	四个面围合	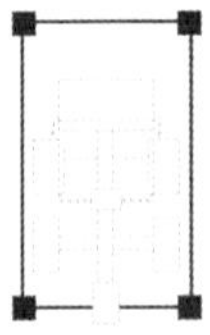	围合,内向,防御的,私密的	防御性较强
腰墙、二门;拐角墙、配门(或拐角廊)	独立垂直面;线要素限定的平面;L形垂直面	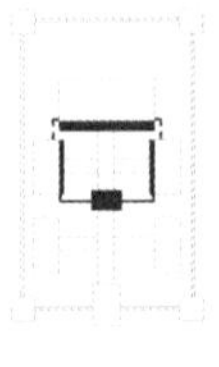	内向的,复合的,模糊的,或是松散的	分隔;遮挡、维护的新形式;松散的限定与包容

院落空间的领域划分

续表

大门、二门；甬路	入口、垂直界面开洞；水平基面抬起	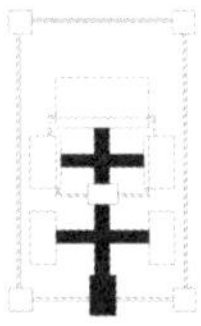	等级的，轴线意向加强，稳定的	轴线意向；与北京四合院的轴线分析比较
单体建筑	空间内的空间	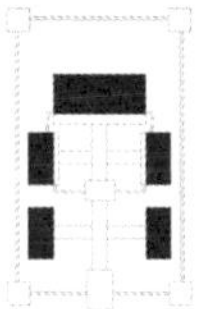	"高高的，矮矮的，宽宽的，窄窄的"，内部空间分隔巧妙、灵活	平面构成要素；空间的分隔与利用

院落空间特征的分析比较

表 2-4

类型	北京四合院	晋陕窄院	东北汉族大院	南方厅井式民居	客家民居
地理分布	北京地区	晋中、晋南、关中	黑、吉、辽三省	赣浙粤闽湘滇黔台等省	闽南、粤东、赣南等地区
气候特点	冬寒夏爽	多风、夏热冬寒	严寒、日照少	湿热多雨、日照长	寒暑温差大
院落形式	合院式 正方形院落	合院式 狭长院落	合院式 宽大院落	厅井式 横长院落	集居式 圆形、方形等围合院落
平面布局	东南开门，非完全中轴对称，四合，分内外院或多进院	正中或东南开门，四合，分内外院或多进院	正中开门，完全中轴对称，多为三合二进式，正房可五间或七间	侧面或正中开门，内天井，多置敞口厅、敞廊	中轴对称，平面多以三堂制为核心，围以多重从厝及围屋
结构	抬梁木构架	抬梁木构架	抬梁木构架、砖墙或土墙	抬梁或穿斗木构架	外厚土墙，内木构架
构筑材料	砖/木/瓦	砖/木/瓦/土	砖/木/瓦/土/碱土	砖/木/瓦	砖/石/木/瓦/土
屋面	双坡瓦顶 硬山	单坡瓦顶 硬山	双坡瓦顶（青瓦、木板瓦），草顶，碱土平顶	双坡瓦顶 悬山	环形双坡瓦顶
层数	1	1、2	1	1、2	1、4、5
采暖方式	火炕	火炕、火炉	火炕、火炉、火墙	无	无
植摘、特色庭院	略带	略带	偶带花园 常带后院	常带（花园、水园、竹园等）	略带

注释：

[1] 孙进己. 东北民族源流. 哈尔滨：黑龙江人民出版社，1989：262.

[2] 陆翔，王其明. 北京四合院. 北京：中国建筑工业出版社，2000.

[3] 汪之力，张祖刚. 中国传统民居建筑. 山东：山东科学技术出版社，1994：19.

[4] 汪之力，张祖刚. 中国传统民居建筑. 山东：山东科学技术出版社，1994：15.

[5] 荆竹. 民族性与文化超越. 朔方，1993（5）.

[6] 张驭寰. 吉林民居. 北京：中国建筑工业出版社，1985：95，96.

[7] 作新社. 白山黑水录. 上海：作新社，1902.

[8] 中国文化产业网. 东北十大怪 你说怪不怪. (2008-10-20)〔2009-10-1〕. http://www.cnci.gov.cn/content/20081020/news_25952_p4.shtml.

[9] 王绍周. 中国民族建筑（第三卷）. 南京：江苏科学技术出版社，1999.

[10] 张驭寰. 吉林民居. 北京：中国建筑工业出版社，1985：46.

[11] 李允鉌. 华夏意匠. 天津：天津人民出版社，2006

[12] 李允鉌. 华夏意匠. 天津：天津人民出版社，2006

[13] 汪之力，张祖刚. 中国传统民居建筑. 山东：山东科学技术出版社，1994：23.

[14] 汪之力，张祖刚. 中国传统民居建筑. 山东：山东科学技术出版社，1994：30.

[15] 张驭寰. 吉林民居. 北京：中国建筑工业出版社，1985.

[16] 中国科学院自然科学史研究所. 中国古代建筑技术史. 北京：科学出版社，1985.

[17] 张驭寰. 吉林民居. 北京：中国建筑工业出版社，1985.

[18] 张驭寰. 吉林民居. 北京：中国建筑工业出版社，1985：97.

[19] 刘大可. 中国古建筑瓦石营法. 北京：中国建筑工业出版社，2009.

[20] 刘大可. 中国古建筑瓦石营法. 北京：中国建筑工业出版社，2009.

[21] 刘大可. 中国古建筑瓦石营法. 北京：中国建筑工业出版社，2009.

[22] 刘大可. 中国古建筑瓦石营法. 北京：中国建筑工业出版社，2009.

[23] 张驭寰. 吉林民居. 北京：中国建筑工业出版社，1985.

[24] 张驭寰. 吉林民居. 北京：中国建筑工业出版社，1985：92.

[25] 中国文化产业网. 东北十大怪 你说怪不怪. (2008-10-20)〔2009-10-1〕. http://www.cnci.gov.cn/content/20081020/news_25952_p4.shtml.

[26] 张驭寰. 吉林民居. 北京：中国建筑工业出版社，1985.

[27] 孙大章. 中国民居研究. 北京：中国建筑工业出版社，2004.

[28] 张驭寰. 吉林民居. 北京：中国建筑工业出版社，1985：96.

[29] 张驭寰. 吉林民居. 北京：中国建筑工业出版社，1985：97.

[30] 赵和生. "十次小组"的城市理念与实践. 华中建筑，1999（1）.

[31] 传统住文化"原型结构"初探——传统"合院民居"对现实的启示. 建筑师，1995（65）.

[32] (美) Francis D.K.Ching. 建筑：形式、空间和秩序. 天津：天津大学出版社，2005：91.

[33] (清) 长顺修，李桂林. 吉林通志. 长春：吉林文史出版社，1986.

[34] 中国设计之窗. 民间剪纸—东北民俗20怪（图）. (2006-12-22)〔2009-10-1〕. http://news.xinhuanet.com/collection/2006-12/22/content_5520706_5.htm.

[35] 孟慧英. 中国北方民族萨满教. 北京：社会科学文献出版社，2000.

[36] 汪之力，张祖刚. 中国传统民居建筑. 山东：山东科学技术出版社，1994：21.

[37] 侯幼彬. 中国建筑美学. 哈尔滨：黑龙江科学

[38] 侯幼彬. 中国建筑美学. 哈尔滨：黑龙江科学技术出版社，2006.

[39] 李国豪. 建苑拾英. 上海：同济大学出版社，1990.

[40] 侯幼彬. 中国建筑美学. 哈尔滨：黑龙江科学技术出版社，2006.

[41] 孙大章. 中国民居研究. 北京：中国建筑工业出版社，2004.

[42] 张良皋. 匠学七说. 北京：中国建筑工业出版社，2002.

[43] 中国文化产业网. 东北十大怪 你说怪不怪. (2008-10-20) [2009-10-1]. http://www.cnci.gov.cn/content/20081020/news_25952_p4.shtml.

[44] (美) Francis D.K.Ching. 建筑：形式、空间和秩序. 天津：天津大学出版社，2005.

[45] (挪) 诺伯格·舒尔茨. 存在·空间·建筑. 尹培桐译. 建筑师，1986.

[46] (美) Francis D.K.Ching. 建筑：形式、空间和秩序. 天津：天津大学出版社，2005.

[47] (美) 凯文·林奇. 城市意向. 方益萍，何晓军译. 北京：华夏出版社，2001.

[48] (挪) 诺伯格·舒尔茨. 存在·空间·建筑. 尹培桐译. 建筑师，1986.

[49] (日) 藤井明. 聚落探访. 北京：中国建筑工业出版社，2003.

[50] (挪) 诺伯格·舒尔茨. 存在·空间·建筑. 尹培桐译. 建筑师，1986.

[51] 李允鉌. 华夏意匠. 天津：天津人民出版社，2006.

[52] 王绍周. 中国民族建筑（第三卷）. 南京：江苏科学技术出版社，1999.

[53] 李允鉌. 华夏意匠. 天津：天津人民出版社，2006.

[54] 李允鉌. 华夏意匠. 天津：天津人民出版社，2006.

[55] 李允鉌. 华夏意匠. 天津：天津人民出版社，2006.

[56] 汪之力，张祖刚. 中国传统民居建筑. 山东：山东科学技术出版社，1994：19.

[57] 王其亨. 风水理论研究. 天津：天津大学出版社，2005.

[58] 沈清松. 住家的意向——环绕巴序拉思想之诠释. 建筑师，1988（5）：35.

[59] 沈清松. 住家的意向——环绕巴序拉思想之诠释. 建筑师，1988（5）：37.

[60] 中国设计之窗. 民间剪纸—东北民俗20怪（图）. (2006-12-22) [2009-10-1]. http://news.xinhuanet.com/collection/2006-12/22/content_5520706_5.htm.

[61] (挪) 诺伯格·舒尔茨. 存在·空间·建筑. 尹培桐译. 建筑师，1986.

[62] (挪) 诺伯格·舒尔茨. 存在·空间·建筑. 尹培桐译. 建筑师，1986.

[63] 李允鉌. 华夏意匠. 天津：天津人民出版社，2006.

[64] (挪) 诺伯格·舒尔茨. 存在·空间·建筑. 尹培桐译. 建筑师，1986.

[65] 李允鉌. 华夏意匠. 天津：天津人民出版社，2006.

[66] 李允鉌. 华夏意匠. 天津：天津人民出版社，2006.

[67] (挪) 诺伯格·舒尔茨. 存在·空间·建筑. 尹培桐译. 建筑师，1986.

[68] (美) 凯文·林奇. 城市意向. 方益萍，何晓军译. 北京：华夏出版社，2001.

[69] 王其亨. 风水理论研究. 天津：天津大学出版社，2005.

[70] (美) Francis D.K.Ching. 建筑：形式、空间和秩序. 天津：天津大学出版社，2005.

第三章　东北满族传统民居

尽管满族民居与汉族民居在某些形态上有相似之处，其特点仍十分明显。这些特点既来源于其民族文化，也来源于他们长期以来所处的生活环境。我们不妨编撰一首《满族民居特色歌》，便于人们理解和记牢：

满族民居不寻常，听我顺口唱一唱。满人多住四合院，院大但无抄手廊。院落几进纵深展，横向不跨又不畅。院门设在中轴上，栅栏用来围院墙。入门常设影壁墙，打开影壁更敞亮。进院以后步步高，高台内院最排场。坐北朝南住正房，仓储牲口居两厢。院内东南设索罗，户户高架苞米仓。

建筑不分等和级，家家一律硬山房。无侧脚也不升起，跨海烟囱立一旁。屋面举折坡偏缓，木构屋架做抬梁。几檩几枋双檩式，局部通柱节省梁。室内吊顶梁外露，外墙立柱墙中藏。正面窗旁有凹龛，就地取材五花墙。

一字平面对面屋，一进屋内见灶堂。常在北侧辟倒闸，又保温来又添房。口袋房加万字炕，箅子幔帐房中房。家家设有祭祖位，渥撒库挂西山墙。门框龛架挂满彩，娃娃悠车悬房梁。直棂马三箭或斧头眼，上下两扇支摘窗。窗户白纸糊在外，狍腿作钩挂窗梁。若听我唱不过瘾，请到满家作客但无妨。

下面，就《满族民居特色歌》所述内容，对满族民居特色予以具体阐释。

第一节 概述

满族民居是从半地穴居发展起来，并受汉族民居的影响较大。满族民居的形态多种多样，其中起脊的房屋是它的主体，也是我们研究的重点。这种房屋主要从汉族建筑学习来，但由于满族及其祖先世世代代在文化和生活习俗方面与汉族存在许多方面的差异，而且所处的自然条件也不相同——满族人最初居住在山地地区，建筑表现出某些不同于其他民居的特色。

满族人建房不同于汉族的规矩，如在抬梁式木构架中融入穿斗式做法；内部为卷棚式屋顶外观却做成起脊；在硬山顶基础上加外廊，形成歇山顶形式诸如此类的现象在满族民居中十分常见。

第二节 群体组合布局特点

一、选址问题

满族民居选址也有一个演变的过程，即从山地→丘陵→平原。

明卢琼《东戍见闻录》记载，女真各部，多"依山作寨"，居住山城。

随着满族的统一，向中原不断逼近，建筑选址由山地转为台岗，又转向丘陵，再转向平原。

满族村屯的地势选址是很自然的，多半在河、江、湖、沟的沿岸，或山岗前面的向阳地带，也有的在主要道路近旁，这与生活方便有直接关系。建筑的总体布局式样自由发展，但是有一些固定的规律，就是采用向阳的方向。因此房屋都成横排，形成了明显的行列。

二、群体组合

早期的满族村庄常以家族聚居为主，多有氏族的标记——鸟柱或兽头，也有用五色旗帜作为族旗。出于防御的需要，在村庄周围常常"刳木为栅"，以防备猛兽对人畜的侵犯。村民们都从栅门出入。1780年，朝鲜学者朴趾源为恭贺乾隆皇帝七十寿辰，以"入燕使节团"随员身份来到中国，他在凤凰山下所见到的即是这样的满族村落。[1]

满族先民的氏族、部族中城堡东南面，日阳初开之地，多筑祀神敬祖的堂子，满语称为"堂涩"，成八角亭形。堂子前立神杆。这种建筑体现了满族先民的原始天穹观：宇宙间的光与火，乃至风、雷、闪、电、雪、冰、雹、日、月、星辰都来自九层天，八个方向。《奉天堂子图》中的上神殿，亦名"八方亭"。

村落中的宅院多将自家的院墙大门比邻家的

院墙大门向前凸出一些（约0.5m左右），所谓"压人一头"而能有阳气。因此，住宅前端的建筑线步步向前，形成相同的弯曲状态。住宅多是南北走向，与两侧住宅紧密连接，形成的步道皆东西走向。

三、院落布局

满族民居中除了正房及厢房之外，还布置有院门院墙、苞米楼、索罗杆及影壁等。

（1）院墙 《建州纪程图记》云："小酋农幕。山端陡起处，设木栅，上排弓家十余处。""胡人木栅，家家虽设木栅，坚固者，每部落不过三四处。"

穷点儿的人家，多用细柞木杆围成，称为"樟子"（图3-1）。"樟子"也有自己的特点，便于通风，适合院内种菜栽果。有钱的人家则用石头或砖砌筑院墙（图3-2）。

一般人家的院墙都比较矮，《龙沙纪略·屋宇》载："土垣高不逾五尺，仅可阑牛马，门亦如阑，穿横木以为启闭"，不像汉族人家中将院墙筑得很高，使内外有别。

满族院落一般院墙与房屋分开，而不利用房屋的墙兼作院墙。

（2）院门 院门有两种，"杆式"和"房式"。一般民宅多为杆式：以两根立杆支撑横木和横杆而成，即衡门俗称光棍大门（图3-3）。也有在杆式门上作起脊顶，有草顶，也有木板顶（图3-4）。

有钱人家宅院大门多采用"房式"（图3-5、图3-6）。该房为单数开间，中央开间不设前后檐墙，开双扇大门。门的外形与房屋的形制一样，由台基、柱框、屋顶三部分组成。作为临街门，门屋能表达出内部建筑的性质及房主人的官阶、地位。清代《大清会典事例》的用门制度规定："亲王府正门广五间，启门三……正门、殿、寝

图3-2 土围墙[2]

图3-3 衡门[3]

图3-1 木栅围墙

图3-4 带顶的门[4]

图 3-5 房式门（一）

图 3-6 房式门（二）[5]

均用绿色琉璃瓦，公侯以下官民瓦屋……门用黑饰。"充分证明了"门"的重要地位。

这种大门门扇的安装形式大体有三种。一种是广亮大门，即在门座的中柱上或檐柱上安装门框和门扇。这样的大门可以令运送物资的车直接达到庭院，所以称为"广亮大门"。另一种是余塞门，这种门有的装在门座的中柱上，也有的装在檐柱上，装在檐柱上的或称作"蛮子门"。在开间正中定门的宽度，门框与柱之间用木板填起来的空档部分称为"余塞"。再一种是如意门，它是在门座的外檐柱上于开间正中确定门的尺寸，做门框安装门，门框与檐柱间的空隙用砖砌筑。如意门的雕饰比较多，除两个戗檐外，门楣子上往往也做雕饰。尽管做工粗细程度不一，雕饰内容却非常丰富，常用人物故事、花鸟鱼虫、飞禽走兽等吉祥图案。

还有一种四脚落地大门。它在三合房的住宅内，因为宅前无房而需要宏伟庄严，所以建此大门，以重观瞻。但无论哪种大门，院门都宽而高，便于大车出入。

（3）索罗竿　在院落中间偏东南，竖一根长九尺至一丈的、碗口粗细的木竿子，为索罗竿（图 3-7）。用上好的松木制成，加工成上圆下方，顶部削成锐尖。也可用好秫秸三根，以绳九道系。其下有石制的基座。在距顶尖一尺左右的地方横贯一锡斗，或木头，或草把。竿上的斗或草把，放五谷杂粮和猪的杂碎，以供奉乌鸦、喜鹊。有些地方人们还在锡斗下边挂一根猪的颈骨。满族立竿是为了祭天，是古代祭神树的一种演化。逐渐地，索罗竿成为满族住宅的独特标记。索罗竿的地面四周不能堆放杂物和拴牲畜，必须保持洁净。

神竿的基部要堆置几块石头，这是他们祭神石的习俗，据说可以避邪除妖。程迅在《试论满族所祀神杆与神石的来历及其性质》文中认为：

图 3-7 索罗竿

"神石很可能是圣山的象征,神石就代表他们先祖世代赖以生存的民族发祥地,对某些满族来说,就代表长白山。"[6] 当人们认为神竿不再有庇护家人的能力的时候,就把旧竿焚烧掉,再做一个新的将之取代。

另外还有一种神竿,专用在堂子里,"树梢留枝九节,余俱削去"。[7] 这便与索罗竿顶的碗形锡斗所不同,可以看出是从树木转化来的。

(4) 影壁 一般满族人家,一进大门,便可见一段墙形建筑,或砖砌,或木栅(图3-8)。有的富贵人家,在影壁上塑有日出云海、龙凤呈祥等美丽图画。在较早的满族建筑中都有影壁。但由于满族人性格犷直,较少汉人所讲究的"内外有别"。在实用与装饰之间,更注重实用,开敞通透的大门有利于车马出入,也更显得直截了当。于是后期影壁的做法逐渐被省略,这也符合满族人的心理与文化背景。

(5) 苞米楼 院东西两侧,建有"哈什",即"仓房"。还建有阁楼式的"苞米仓子"(图3-9),楼中存放苞米棒子,楼下放车辆、农具等物,一举两用。这种苞米楼是从远古满族先民的"巢式"房屋演变而来。

四、群体组合的特点及成因

(一)以合院形式作为其群体组织的基本单元,体现了满族民居逐渐汉化的过程和结果。

满族民居中合院的历史不过几百年,根据对努尔哈赤最早修建的第一座古城——佛阿拉中关于他和胞弟舒尔哈齐的宅院布局的记载,那时并未形成合院规律,也缺乏空间的秩序性,围合感偏弱。

随着满民族不断接受汉文化,民居建筑也在不断模仿汉族民居的做法,其合院形式在学习外来文化和反映自身生活规律的同时,逐步走向完善与成熟,形成与汉族民居相似又有所区别的三合院和四合院。盛京皇宫由中宫清宁宫、东宫关雎宫、衍庆宫、西宫麟趾宫、永福宫、东西配宫和凤凰楼组成,是一个规整的四合院建筑。《盛京城阙图》中所示的城中各王府,也都为四合院式的建筑(图3-10)。

在一个四合院落中,一般有正房和东西厢房,东西两厢分列正房两山之外的前方,对正房不会形成遮挡。正房和两厢均可住人,若家庭人口少,则东西厢房可用作库房,存粮,或作为碾磨房,或为存放零杂物品的仓库,或为牲口房。

(二)以南北为主的单条纵向轴线控制院落的空间与序列。

满族民居多数合院为一进或二进,只有少数权贵的院落建成三进以上的套院。《抚顺满族民俗》一书提到:"满族官宦人家的住宅,一般要建三进。第一进为二堂(穿堂、客厅),三间、

图3-8 影壁

图3-9 苞米楼

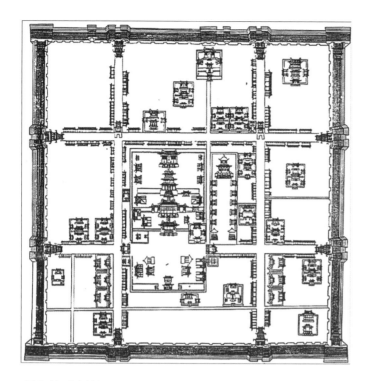

图 3-10 盛京城阙图

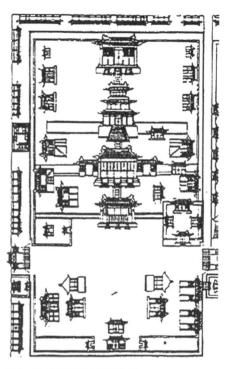

图 3-11 沈阳故宫中路平面图

七间不等,二堂中间有前后二门,直通大堂;第二进为大堂,五至七间不等。中间两间是办事厅,两侧是客人休息室;第三进为内室,正中是直系家属居所,东侧居一般的家属。"

每组院落仅由一条纵向轴线所控制,呈现为单向纵深发展的空间序列关系,而无横向跨院。相互毗邻套院的控制轴线往往呈现为一组平行线,院落之间亦无横向联系。这种院落格局的形成,来源于早期满人"占山为王"的习惯。他们将院落建造在狭窄的山脊上面,建筑随山脊的走向,由前向后延展排列,而向两侧发展的空间受到地势条件的限制。这种单向纵深发展的院落格局,甚至影响到后期迁都沈阳的皇宫建设。分期形成的沈阳故宫,即由三条相互平行的南—北向纵轴线分别控制着东路、中路(图3-11)和西路三组多进院落的"空间串",它们又相互并列,组成沈阳故宫庞大的建筑群。

(三) **院落纵轴的竖向设计呈由低到高的空间序列。**

满族人是以渔猎为生的山地民族,长白山、兴安岭曾是他们从事生产和生活的场所。这种久居山地所形成的生活习惯便一代一代地相传下来。他们以"近水为吉,近山为家",居所位于山地间,在山上的平整地带建房居住。若无合适的地形,便自己在山顶(坡)上筑台,再在台上建楼或房。"背山面水"作为他们理想的宅地选择条件。将院落建造在山上,面向河流或水面,院落地坪随山势由前向后逐渐升高,以后背的山作为防风避寒又保安全的天然屏障。至今在满族聚居地还有人特意把住所建在半山腰(图3-12)。当他们迁往平原之后,权贵们的宅院还要特地把用作主人起卧的第二进或第三进院落的地坪以人工填土夯造的方法抬高,形成特色极为鲜明的满族"高台院落"。不同高差的两进院落之间由一片挡土墙进行分隔,并设有二门和单跑室外大台阶,作为竖向间的相互联系。最早从明末努尔哈赤在建州起兵始,不论在建州老营、赫图阿拉、界藩山城、萨尔浒山城,或是在辽阳东京城,都是把生活区的"宫室"建在山顶、半山坡或高地之上。这一方面固然由于生活习惯,另一方面,在高处也便于瞭望敌情以保自身的安全。满族作为一个弱小民族,在其崛起的过程中一直处于连绵不断的征战之中,时时受到威胁,促使他们必须时刻警惕来犯之敌。因此不但早期就出现楼阁

图 3-12 山腰上的民居

建筑，而且地位高者，宅室更要择高而居。努尔哈赤率众迁都沈阳后，后金所处的形式仍然十分险恶。沈阳地处平原，他们则用人工堆砌高台，然后于高台上建盖宅邸。这种做法不仅是独具匠心的创造，也是符合满族先人女真人长期生活在山区的传统生活习惯的一种延续，更是他们赖以取得生存安全的有效办法，到后来也成为他们对崇高地位的一种标榜。从保留下来的《盛京城阙图》中所绘各个亲王、贝勒的王府，甚至当年皇太极为自己建造的沈阳故宫中路后宫部分，都是这种高台院落的模式，将居室建在高台之上。据《盛京城阙图》所绘示的十一座王府，每座王府都建有高台，可拾阶而上。再者档案上亦有记载，如睿亲王多尔衮的王府就有"台东正房五间……台下殿五间"；巴图鲁王（阿济格）府亦有高台建筑，其中"台东边有正房七间、东厢房五间、门三有楼五间"。以上足以说明，这种高台建筑在清入关前可谓满族建筑形式的一大特点。

随着满族的发展及其向中原的推进，满族的高台建筑也在不断的发展进步，其定制也不断在完善。根据《清实录》、《八旗通志》、《清会典》等史籍记载，从清初到清末都有较为详尽的规定。其中皇太极崇德年间规定：

"亲王府，台基高一丈。正房一座，厢房两座。内门盖于台基之外……两层楼一座，并其余房屋及门，俱在平地盖造……

郡王府，台基高八尺。正房一座，厢房两座。内门盖于台基上……余与亲王同。

贝勒府，台基高六尺。正房一座，厢房两座。内门盖于台基上……余与郡王同。

贝子府，正房、厢房，俱在平地盖造……"

在顺治年间规定：

"和硕亲王、多罗郡王、多罗贝勒，照例台基上造屋五间。固山贝子、镇国公、辅国公，屋台高二尺。和硕亲王府……殿楼门基址，高于室基……余如诸王制。"

在清代后期光绪朝《清会典》总结历朝定制的情况下，也有详尽的规定：

"亲王府制，正门五间，启门三，缭以崇垣，基高三尺。正殿七间，基高四尺五寸。翼楼各九间，前墀护以石阑，台基高七尺二寸。后殿五间，基高二尺。后寝七间，基高二尺五寸。后楼七间，基高尺有八寸。共屋五重。正殿设座，基高一尺五寸次，广度十一尺，后列屏三，高八尺……

亲王世子府制，正门五间，启门三，缭以崇垣，基高二尺五寸。正殿五间，基高三尺五寸。翼楼各五间，前墀护以石阑，台基高四尺五寸。后殿三间，基高二尺。后寝五间，基高二尺五寸。后楼五间，基高一尺四寸。共屋五重。殿不设屏座……余与亲王同。郡王府制亦如之。

贝勒府制，基高二尺，正门一重，启门一，堂屋五重，各广五间……余与郡王府同。

贝子府，基高二尺，正门一重，堂屋四重，各广五间……余与贝勒府同。镇国、辅国公府制亦如之。"

由以上的史料记载可以看出，高台作为满族建筑的重要部分得以保留，并且成为等级制度的象征，以定制规定下来。

史料中还反映出这样一个现象：在清朝入关前后，高台的发展趋势是由高到低，这也正是满族心理习惯适应过程的一种体现。满族在进入平原之前久居山地，定居平原后，由于心理习惯，仍以人工筑高台以登高瞭望；随着满族逐渐适应平原生活，高台的高度逐渐降低，以至最后彻底丧失登高瞭望的功能，而成为一种等级标志。

相对于汉族高台，满族高台有以下几个特点：

（1）高台的规模不大。满族建筑的高台一般都是随山就势而筑，因此高台的高度取决于地势。而满人在选择宅址时也要求地势较为平坦，利于建筑。这样，高台的高度便不十分高。关于这一点，从上面的文献记载中可以看出，王府的高台最高仅一丈，矮的只有二尺。

另外，山地之中平坦地势比较少，范围也很小，这也制约了高台及其承托院落的规模。而汉族的高台是建筑在平原之上，其三维空间均无具体限制，可以做相对充分的扩张。

（2）高台形式简洁，少装饰。高台的前身是山地，是住宅基地的一部分，当满族的居住地从山地移向平原时，他们就模仿山地的样子筑起高台。满族是一个非常重视实用功能的民族，对高台的塑造理念十分质朴，只是取其直上直下的一方土台，造型简洁明了。而不像汉族殿堂建筑中的高台，主要为追求其典仪效果，采取平面尺度上小下大、逐层叠加，装饰华丽、富于变化的外观。

（3）高台所占位置不明显，立足于"隐"。满族民居的高台作用并不在于对建筑的突出和显露，或用挡土墙，或以院墙来遮挡其形体，不为人见，不为人所注意。而汉族的高台注定要令建筑形成明显醒目、高高在上、居高临下之势。

之所以产生这种差距，由于汉族建筑中的高台，最终目的是承托建筑，衬托建筑。而满族建筑中的高台，最终目的是承托院落，衬托院落。

（四）各院落的尺寸较为宽大，整个宅院的规模却不大。

普遍说来，满族民居单个的院落占地大。房屋在院子中布置得很松散，正房与厢房之间有较宽的距离。一旦正房间数多，则院子就更空旷，因而普遍来看院子较为宽大。它采用这样的松散布局，一是因为东北地区地广人稀，建宅时可以多占土地；二是因为冬季寒冷，厢房避开正房可以使正房多纳阳光。另外满族人习惯车马进院，为了容纳车马的同时还要有空间储存杂物，"房后有敞园，绕以短垣，占地可数亩"，"院落宽敞，便于容受车马，储积薪粮"[8]，说的就是这种情况。可见，满族居民的单个院落普遍比较宽大。

另外满族人并不把土地视为财产，后世赫哲族的情况与满族早期很相似。"他们对土地毫无所有概念，即使对于狩猎的山林，亦不视为可以占有的财产。不过在每次出发打猎的时候，由一族或一屯的人公认某伙到某处打围……此并非分配土地，只能视为暂时分配猎区而已。"只有人、日用品和牲畜才是最重要的财产。因此，满族人并不追求整个宅院所圈土地的范围。

汉族人则不一样。他们一向重视血缘关系，长期占统治地位的儒家学说，更增强了宗族观念。这样，"五世同堂"、"九室同居"的大家庭制度成为崇尚。并且农业生产是以土地为基本生产资料，为维护基本的再生产条件，尽可能令合院纵横交错，占地广，总体布局较满族民居复杂。

（五）高台院落的空间形态呈内聚趋势。

满族民居的高台周边常被建筑及围墙封起。高台上的空间被限定，其空间张力则是向内聚拢，适合于生活的一般需求。这与汉族建筑中的高台截然相反。汉族高台在承托建筑时，是将建筑放置在高台的中心，四周开敞通透，因此高台的空间形态呈向外发散扩张趋势（图3-13，图3-14），主要为了达到彰显地位的目的，宁可牺牲生活中的安全与私密性需求。

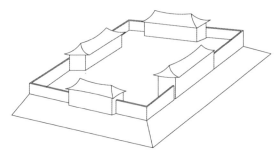

图3-13 满族高台示意

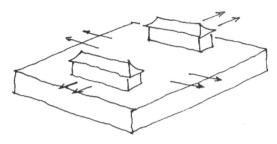

图 3-14 汉族高台示意

第三节 单体建筑特点

一、平面特点

"口袋房,万字炕,烟囱立在地面上",极其生动形象地概括了满族房屋的基本形象。

(1)口袋房。满族民居的建筑多为矩形,这种形状在寒冷的东北地区非常实用。建筑在面阔方向不一定要单数开间,也不强调对称。主房一般是三间到五间,坐北朝南。三间大多是在最东边一间的南侧开门或中间开门,五间在明间或东次间开门,使卧室空间占两到三个开间,均开口于一端,形如口袋一端开口,故称"口袋房"。三间和五间若居中开门,称"对面屋",这是受到汉族的影响。而且这种影响的范围不断地扩大,对面屋的做法逐渐普遍起来。开门一间称为"外屋"或"灶间",为厨房,置有锅台及饮食用具;东西两侧为"里屋",为卧室(图 3-15、图 3-16)。甚至今沈阳故宫的中宫清宁宫就是这种非对称式东南开一门的口袋房格局。

在辽金以前,满族先民崇尚太阳升起的东方,所以门偏东开。满族人讲究长幼尊严的等级差别,遵守着"以西为尊,以右为大",长者居西屋,与汉族"以东为尊,以左为大"的崇尚恰好相反。

(2)万字炕。满族卧室的布局,最大的特点是环室三面筑火炕,南北炕通过西炕相通,平面呈"凵"字形布局,俗称"万字炕"。西炕的宽度各地不尽相同,一般都很窄,500~600mm 左右宽。在一般的民俗资料中均记载,西炕是不能坐人及放杂物的,或者只许男人和贵宾坐,女人是不许碰的。

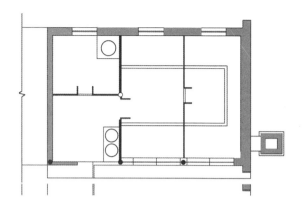

图 3-15 肇宅正房平面(新宾)

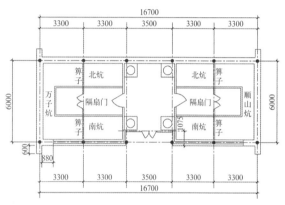

图 3-16 正房平面

南北炕宽度相同,为 1.8m 左右,高度约为 0.5m。民间传"七行锅台八行炕",即在盖房时,锅台为七行砖高,炕的高度为八行砖。炕沿为厚木板所制,

横截面尺寸为 150mm×80mm,其端头插入墙里。炕沿下有木支撑,上雕花饰纹样(图 3-17、图 3-18)。满族南北大炕长度几乎都达到两个开间,长度过长,中间需要加固,木支撑的作用就是加固炕沿。炕侧面全部镶木板,下面还有一条较厚的木板做踢脚,高 50~80mm。南北炕之间设置隔扇(图 3-19),炕上设有吊搭板,与炕同宽,俗称"笊子",木制(图 3-20)。其上装有类似窗棂的木作装饰,下部镶嵌木板。它白天可以平开或上旋挂定,使口袋房内空间开敞,仅到晚上将其关闭,炕上的空间被适当分隔。而南、北两炕之间的空间仍是通透的。为保证夫妻生活的私密要求,在炕沿的上方挂有通长木杆,称为"幔杆"(图 3-21),为晚上挂幔帐之用。同样,

图 3-17 万字炕侧面装饰

图 3-18 万字炕侧面装饰二

图 3-22 "窝萨库"

图 3-19 室内隔扇门

图 3-23 悠车

图 3-20 算子

图 3-21 幔帐

白天幔帐收起后，仍可恢复室内的开敞效果。南炕西首安放炕柜叠放被褥。满族风俗以西为贵，俗称"上屋"，一般由家中长辈居住。西屋西山墙上是供奉"窝萨库"（神龛）的地方（图3-22），即在西墙上设扬手架，搭板上放祖宗匣子，匣子中有祭祀用的族谱、索绳、神偶。在木架上贴挂着表示吉祥和家世的剪纸——"满彩"，剪纸的颜色与族旗的颜色相同。"室中以西为上……皮板为神位，悬黄云缎帘幔（或以各色绫条，长盈尺，藏木匣，内置神板），列香四或五，如木主座。其左为完立妈妈，有位无像，唯挂纸袋一，内贮五色线绳，长可六七丈，名曰'锁'。"[9]

白天炕中置炕桌（矮腿方桌），左右铺陈条褥，用以待客。东北的炕，不仅是晚上睡觉的地方，也是人们室内活动的主要场所。所谓请人们"炕里坐"或"炕头坐"，成为满人尊重老人和招待客人的淳朴礼节。炕的末端置箱柜，内装衣物，俗称"炕柜"，一般多是高三尺，长五尺，两开门式，上镶大铜折页。柜面涂深红色油漆，并绘有金黄色图案。被褥叠置于炕柜上，称为"被格"。

在南炕上方的天棚上绑一个横木杆，叫棚杆，专门做挂悠车用的。悠车是育儿的方便工具（图3-23）。古时先民在林中狩猎时，将孩子放在地上不安全，便挂在树上，以后就形成了睡悠车的习俗。也有挂在房梁或檩子上，摇起来十分轻便，母亲还可腾出手来做活。悠车古时用桦树皮制作，长至四尺，宽二尺余，两端呈半圆形，如同小船。后来多用椴木薄板制作，边沿漆成红色，绘制花纹，书写吉利话，十分美观。棚杆上系呈"V"形双股绳，下端安两个铜圈，上端系在杆上。悠车两头各系有双股绳，每股绳上拴有挂钩，挂在杆上的铜圈上。

（3）月台。月台（图3-24）是满族民居主房门前面的一个平台，成为满族民居的特色之一。月台是室内外空间的过渡部分。满族人在月台上休息、做家务，夏季还可在上面乘凉。月台尺寸约为4000mm×4000mm见方。但这种形式占地很大，月台两边的剩余空间不很完整，影响使用，满族人家逐渐地不用这种月台了。

（4）烟囱。满族民居的烟囱（满语称"呼兰"）不同于其他民居，多采用脱开房屋设置的独立形式，用一地上的水平烟道与建筑连通，称为"跨海烟囱"（图3-25）。

这种烟囱多置于山墙侧面，也有放在房后甚至屋前，基部距离山墙1～2m。因多风之故，烟囱皆高大。这种独立式烟囱来自早期山中自然形成的空心整木。当时满人生活在山地，这种空心树到处皆是，拾来即用，简单方便。《柳边纪略》载："烟囱多以完木之自然中虚者为之，久而碎裂，则护之。"日久开裂，则以泥护其外，并缚藤条加固。迁居平原后，空心树难以觅及，就用草泥巴模仿树的形状砌筑。后期又改用土坯或砖砌成，其平面形状也改为方形。烟囱自地面向上直立，高于屋檐数尺，下粗上细呈阶梯状，这是对早先烟囱形象的简单模仿。还有的在烟囱上做了一些造型（图3-26）。尽管这种烟囱不如附在外墙上或外墙内的烟囱那样可以使烟道内的余热进一步散发到室内，但其抽力和排烟效果非常好。另外，烟囱与房屋独立，也是出于防火的考虑。早期的满族民居皆为草房，其棚盖全是用草苫成的。若烟囱放在屋顶上，冒出的火星一旦落在草上，则会引起熊熊大火，所以放在三尺远的烟囱与房室不是一体就安全得多。

"外屋"四角分设四个锅台（图3-27），锅台后放餐具。锅台的烧火口不可两两相对（图3-28）。满族人的这种做法在东北地区对其他各民族均有较大的影响。

有的人家在室内局部加设一道与北墙平行的纵隔墙，将其隔成小屋，俗称"倒闸"（图3-29）。室内设有小炕，烧得比较暖。倒闸的目的主要在于将南间与北墙隔开，有利于室内冬季保温，同

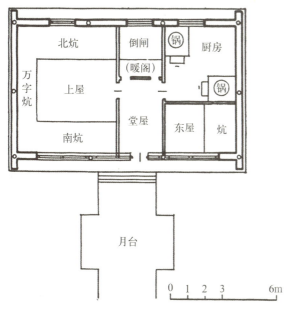

图3-24 民居平面及月台[10]

图3-25 跨海烟囱

图3-26 跨海烟囱顶饰[11]

图 3-27 灶台

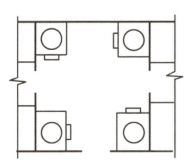
图 3-28 灶台烧火口不可两两相对

图 3-29 倒闸

时又赋予它一定的使用功能，使这一空间得到充分利用。有的人家或作贮藏，也有的人家用它为老人穿衣之前预暖衣物而用。倒闸的进深尺寸根据其使用目的而定。

二、立面特点

满族民居建筑的立面分为三段：台基、墙身及屋面。其中屋面与墙身所占比例大致相当，显得建筑很敦实厚重。建筑中没有纯装饰性的构件，风格简朴。大量采用青砖灰瓦，也有人铺以毛石，因此外观总体色调灰暗，只是在门窗部分用一些比较亮的红颜色点缀，建筑显得朴素优雅。

（一）屋顶

"硬山"是满族民居的典型特征（图3-30）。硬山建筑并非一定是满族建筑，但满族建筑绝大多数都采用硬山形式。

屋顶材料主要有两种：瓦顶和草顶。瓦屋面一般采用小青瓦仰面铺砌，两端做两垅或三垅合瓦压边，以免单薄的感觉。在房檐边处以双重滴水瓦（图3-31）结束，既有装饰作用，又能加速屋面排水速度。

草顶则是在椽上盖以苇芭或秫秸，上覆稗草，铺置平整，久经风雨，草作黑褐色，修洁朴素，名曰"海清房"。（图3-32）

屋脊的样式主要有两种：一种是屋脊全部为实体，造型简洁，如新宾县肇宅（图3-33）；一种是用瓦片或花砖装饰，叫花瓦脊，又叫"玲珑脊"，比较讲究，拼出的图案有银锭、鱼鳞、锁链和轱辘钱等几种，如岫岩的傅宅和吴宅（图

图 3-31 双重滴水

图 3-30 民居

图 3-32 草屋

第三章 东北满族传统民居　133

图 3-33 实心屋脊

图 3-34 花瓦屋脊

图 3-35 屋脊

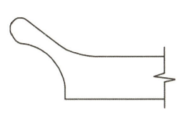

图 3-36 鳌尖

图 3-37 "龙头"

图 3-38 "凤尾"

图 3-39 吞廊

3-34、图 3-35）。岫岩吴宅的屋脊中央还有荷花造型，寓意吉祥如意。屋脊两端的造型也有很多，有一种为鳌尖（图 3-36）；还有一种造型较为复杂，称为"前出狼牙后出梢"，东为龙头，西为凤尾（图 3-37、图 3-38），意为灾难与祸事均能被龙头凤尾挡住。与这种造型相对应，平面上的入口处要凹进 500～1000mm 不等，称为"吞廊"（图 3-39）。它好像一张大口，能吞下任何祸事。这些都是求吉祥的做法。

（二）墙身

墙身为建筑的主要部分。前檐墙的面积主要被门窗占用，故仅窗下墙使用砖墙，其他则用木装修隔挡。窗与实墙（即虚实对比）、窗纸、木材与砖石（材质对比）对比非常强烈；后檐墙开窗较少甚至不开窗，大部分满砌砖墙；两山墙也均为实墙。前后檐墙及山墙由砖石砌筑的部位均将木柱包在厚厚的墙体之内，而不像关内做法，以"八"字形的平面企口将木柱暴露出来，以强调外墙保温的功能。

墙身的窗下勒脚部分各地有不同的做法：有的用青砖砌筑，有的用石材所砌（图 3-40）。

房屋前檐墙的东侧，有一凹龛，其用途因地方的习俗不同而不同：在抚顺新滨一带，凹龛是用来供奉佛陀妈妈的；岫岩县一带，凹龛是用来放五谷杂粮，喂养鸦鹊用的。有的人家甚至没有此凹龛。凹龛的位置也不是一定的，有的地区凹龛是在正房前檐墙的最东侧（图 3-41）；也有的地区将凹龛放在屋宇式大门的西墙上（图 3-42）。

五花山墙的做法是满族房屋的另一特点（图

图 3-40 窗下石墙

图 3-41 前檐墙最东侧的凹龛

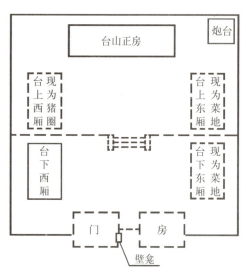

图 3-42 凹龛位置示意图

图 3-43 五花山墙

3-43)。五花山墙是指砖砌的房屋,山墙不全用砖砌,而是与石头混砌。这样做的好处是节省砖的用量。以前由于砖的价格比较高,而石头可以就地取材,这样做可以降低造价。有的甚至山墙全部用石头砌成(图 3-44)。

砖石作的装饰主要集中在山墙的迎风石、墀头以及靠近墀头的博风上(图 3-45～图 3-47),从中经常可以发现汉文化对满族的影响。这些装饰图案均表达求富贵盼吉祥的一种愿望。

满族民居的门窗都很有特点。房门常为双层:外门多做独扇的木板门,上部是类似窗棂似的小木格,外面糊纸,下部安装木板,俗称"风门"。枢在左侧,上下套在木结构的榫槽里。内门为对开门,门上有木插销。民居室内还有隔扇门,有板门,也有制作精美的雕花门(图 3-48)。

窗户均为双层窗,夏天取下外面的窗。外屋靠门侧有一小窗,俗称"马窗"(图 3-49)。其余各间的南面都开有大窗,为支摘窗,每窗之间都以宽木连接。支摘窗又分上、下两扇。上扇轴在上,向里开,往上张,用木棍支撑,或在棚上悬勾吊挂。上扇窗子由窗棂组成,装饰图案样式很多,早期有"马三箭",后来受到汉族影响,

图 3-44 五花山墙

图 3-45 博风端花饰[12]

图 3-46 迎风石装饰[13]

图 3-47 墀头装饰

图 3-48 室内隔扇门

图 3-49 马窗井字灯笼锦格心

图 3-50 支摘窗

样式越来越多，盘肠、万字、喜字、方胜等各种形式，做工精巧（图 3-50）。

满族居民的窗花装饰与汉族的很相似，基本元素雷同（图 3-51）。但将两者细细比较，则满族的窗户有两个独特之处：一是满族窗花选择的大多式样简练，线条粗犷，且各种基本式样组合也比较简单，不似汉族崇尚繁琐装饰，尤其是南方的园林建筑，更是花式繁多；二是满族窗花在

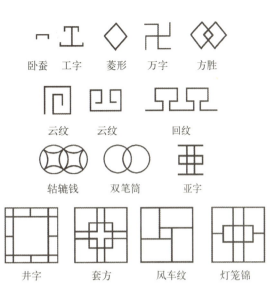

图 3-51 窗棂装饰基本元素

组合时，式样没有一定的规律，随意性很强，只求好看，寓意吉祥就可以，汉族则是讲究一定的规律性。例如窗棂中的辅助装饰应用了卧蚕、方胜及双笔管多种装饰图案。而汉族的做法则不同，如用卧蚕就统一用卧蚕装饰图案，很少多种混用。窗下扇为竖着的两格或三格，装在窗框的榫槽里，平时不开，但可以随时摘下来，通风更顺畅。满族的窗子比较大，主要是北方冬季寒冷，夏季酷热。大窗子冬季可以更多地采光，增加室内的温度和亮度，夏季可以更好地通风，使室内凉爽。还有少数人家开北窗，以便通风顺畅，秋季以后则封严。窗台板做法也有讲究，一个整块的窗台板至少要与一个窗户一样长，能达到一个开间则更好，而且厚度至少有 70～80mm，比一皮青

图 3-52 窗台板

图 3-53 民居背立面的乱石砌筑

图 3-54 建筑下土衬石

图 3-55 建筑下的台基（沈阳故宫）

砖还要厚（图 3-52）。因此用来做窗台板的木料很难找，由此体现出主人家的财富与地位。

满族人在建房时有个习惯，注重房屋前面的装饰、造型及材料等，重点加工，显示气派；而后面装饰则大为简化，甚至用极为简陋的材料和手法，俗曰"前浪后不浪"。有的房前用砖砌，两山墙及后墙仍用坯土；前檐墙用整齐的石材砌筑，后檐墙则用不规则的石块砌成（图 3-53）；前檐墙墀头上的雕饰在后檐墙上消失。

（三）台基

满族民居中多数没有台基，只是在墙壁的下面加一圈土衬石（图 3-54）。它是起保护墙体作用，所占比例很小，几乎看不到。有台基的，多用砖石混砌，四角放角柱石，样式也很简单，直上直下。即使皇宫的台基也很少做枭混，重实用而少装饰（图 3-55）。

三、剖面及空间特点

（一）空间特点

民居室内一般均作天棚，但不是平顶，而是一种船底棚（图 3-56）。做法是自檐檩内部开始，各自向上斜作 30 度斜坡，至第二道梁底面为止再作一段平顶，成船底形，并不在意大梁外露。

这样做不仅将屋架的黑暗空间与居住空间隔开，以阻隔寒气，还充分利用了屋架的下部空间，使得室内的空间最大化，空气畅通，没有低矮压抑的感觉。船底棚在满族民居中很普遍。这样做也许与满族人喜欢通透、开阔，甚至不在乎"一眼望穿"有关。

（二）木构架体系

满族人建筑的木结构，大体上是檩枋式的梁柱结构体系（图 3-57），官署和贵族建筑中常用，也是目前保留最多的。

所谓梁柱式结构，就是在地面上立柱，柱子上架梁，以此组成房舍骨架。它的全部重量，都通过椽、檩、梁压在立柱上。这种房屋，墙壁不用承受屋面的重量，门窗的安排比较灵活。特别是抬梁式结构，内部空间较大而立柱少，但耗用的木材料大，造价较高。因此满族人对这种木构架体系作了一点改造，结合穿斗式结构做法的特点，在有些建筑的灶间和卧房分间处设"通天柱"（图 3-58），以减小梁的跨度，可用小材。由于此处设有隔墙，因此该通天柱对室内空间并无甚影响。在室内其他处，皆不再有柱。

所谓檩枋式结构形式（图 3-59），就是在檩下面再备用一根横截面为圆形、直径尺寸接近檩木的"枋"。这种木构件代替了横截面是矩形的"枋"。之所以形成较有特色的檩枋式结构，大概是由于在较早时期山地木材较丰富，用木原材可以省掉加工的一些麻烦。檩枋式结构形式常见的有五檩五枋、七檩七枋和九檩九枋等三种，五檩五枋是满族民居中用得最多的结构形式。

建筑的外墙虽不承受屋面重量，但是出于防

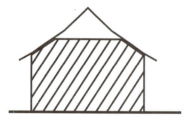
图 3-56 船底棚示意图　　图 3-57 木构架

积雪不易被风吹落，而起到一定的保温作用。

第四节 材料特点

建筑材料可分为矿物性、植物性两大类。矿物性材料包括土（泥）、砖、石材等；植物性材料包括木材和草类等。由于就地取材各有所便，因此不同地区满族民居建筑的用材也有所区别。

一、土

土分布广泛，取用方便，价格低廉，远胜其他材料。按质地划分为黄土、砂土、碱土等。土的应用在满族民居中十分广泛，垛泥、打坯、夯土、挖土窑；利用田泥、垡土块，以砂土石灰配置三合土、土石、土砖及土木混用，充分利用土质保温隔热等良好的物理特性。黄土土质细黏，可以用作土坯，又可以做抹墙面的材料。也有用它来做胶结材料——用作砌体的胶泥。砌土坯、砌垡土块时均可使用，由于它的粘着性能强，可使墙体坚牢。另外为抵抗雨水冲刷，房屋外墙墙面也常以黏土抹面。砂土土质含有大量的砂质，粗细不等。如果同黄泥混合在一起可以做土打墙，它有黏性土的胶结作用，又有砂性土易于渗水的优点，是比较好的材料。还可以利用碱土这种特殊土壤防渗，碱土本身的特性容易沥水，雨水侵蚀后，碱土的表面越来越光滑，若受到雨水的经常侵蚀，碱土更加光滑而坚固，因此碱土非常适合用作屋面和墙面的材料。有些地区取碱土很方便，随地可以获取，除必要的运输之外，无须做其他加工投入。

图 3-58 通天柱

图 3-59 新宾肇宅正房剖面图

图 3-60 秫秸泥墙

寒保温需要，仍做得很厚重。内隔墙则区别很大：穷者多以秫秸抹泥（图 3-60）；富者采用木板墙，以求得美观。内部间隔墙的材料很少用砖，目的是为了减少墙的厚度，增加室内空间。

屋顶与清官式做法相似，亦呈折线起坡，但略缓。这种情况与东北地区的气候有关，夏季降水比南方要少，坡度可以缓些；冬季略缓的屋面使屋面

二、土坯

适用范围很广。在农村的各类建筑中，经常使用土坯材料。土坯的做法简单，又很经济，是最容易获得的材料，它能就地制作，经过很短的时间就可应用，从时间来说也是最快的。土坯的做法是：先处理坯土，使土质细密，没有疙瘩和杂物，将稻草层层放置于土上，倒入冷水，经过

几小时之后，草土被水焖透，将二者充分混合，使水、草、土三者完全粘合，再用木制坯模子为轮廓，将泥填入抹平。把木模子拿掉后即成土坯。置于自然之中，三五天即可干燥并能使用。

土坯的尺寸各地有所不同，一般是400mm×170mm×70mm左右。用土坯砌筑墙壁，优点是隔寒、隔热、取材便当，价格经济。其弱点是不耐雨水冲刷，必须使用黄土抹面，每年至少要抹一次才可保证墙壁的寿命。

三、石材

石材耐压、耐磨、防渗、防潮，是民居中不可缺少的材料。应用石材可以解决土坯墙、砖墙因返潮而破坏的问题。

由于满族人多依山而居，许多地区石材唾手可得，因此在民居建筑中应用较多。惟一的缺点就是交通不便，采石机械不发达，只能用人工采凿，需要大量的人工。在建筑上使用石材的部位有：墙基垫石、墙基砌石、柱脚石（柱础）、墙身砌石、山墙转角处的房子砥垫、角石、挑檐石以及台阶、甬路等。有时炕也用石材搭砌。

四、砖

砖也是常用材料，一般都是青砖。青砖的生产采用过去的马蹄窑烧制，首先是用黏土或者河淤土做成砖坯子，经日晒干燥后入窑烧制即得。青砖的一般规格为8寸×4寸×2寸（242mm×121mm×61mm），和现在通用的红砖大小相仿。除此之外，还有大青砖（方砖），其尺寸350mm×350mm左右，主要用于雕刻，质地极细，没有杂质。青砖的颜色，稳重古朴，庄严大方。但从物理性能来分析，青砖抗压力比较小，易损，同时吸水率较大，砖墙容易粉蚀。

五、木材

木材是满族民居房屋的主要建筑材料。无论是大木作中的柱、梁、檩、椽、枋，还是小木作中的门窗以及室内的家具，都要用到木材。东北松木丰富且质地适于建房，因此在满族民居大木作中应用很广泛。

六、草

从墙壁到屋盖都有应用，它有较好的保温性能，并且可以就地取材，建造方便，所以素被满族人家所喜爱。草常常与土结合使用，在和好的粘泥中拌上草，用来抹墙面，更坚固持久。也有草拌泥制成土砖，不仅是垒炕的主要材料，也可以用来盖房子。房盖用草苫盖，每苫一次可二三十年之久，且暖而不漏。

七、树皮

满族先世辽、金、女真即有采剥桦皮而制器、做屋的习俗。东北地区盛产桦树。桦树状类白杨，树皮光滑、坚韧、花纹美丽。采剥桦皮，多是在五、六月间，这时桦皮水分大，容易剥取。剥取时，先用利器在桦树上下横着各划一道深痕，再竖着也划一道深痕。然后用利器之尖顺着竖痕一挑，再用手一掀，就可使整块的桦皮脱落下来。剥下的桦皮要放在污泥之中，俗谓"糟"。数日后取出曝晒，白地而花纹有一定形状者为佳品[14]。其花纹有紫、黑、黄等诸色。用桦皮做屋顶，至今仍很常用。

第五节 构造特点

一、基础

满族民居主要采用灰土基础。

灰土基础是用白灰与黄土拌合后铺在基础槽内，分层夯实做成的基础。一般灰土比例为3∶7或4∶6（以体积比计算）。有的在分层夯实时，"泼江米汁一层。水先七成为掺好江米汁，再洒水三成，为之催江米汁下行，再上虚，为之第二步土，其打法同前。"[15]回填土可用2∶8或1∶9的灰土。也有的做法并没有这么复杂，它不考虑冻土层深度，就是在地面下60cm处把原土夯实。在基础做好以后，立木构架以前，还要在砌墙的位置铺一圈土衬石。土衬石原是在汉族建筑台基下埋在庭院地面以下,用以承托陡版石的的石材。满族民居中引用土衬石是为了承托墙体以及柱础,并防止地下潮气腐蚀墙体。土衬石如有损坏,会直接影响墙体(图3-61)。土衬石的尺寸以墙宽确定。土衬石之宽以墙之宽,两边再各加10mm,厚度为宽的一半。在凹进"吞廊"处,则多用几块整条的土衬石,将凹进的土地面全部覆盖。

图 3-61 墙下土衬石

二、木构架

(一) 柱子

柱子通常选用松木,外刷红漆。尺寸规定:下粗上细,下截面直径8寸,上截面直径7寸,暗示为"通天柱"。

(1) 柱础。 满族民居中柱础的样子很相似,外形像一只鼓,上面雕的花纹有很多种,也有素面的(图3-62)。

柱础的安放方法:如有土衬石,则直接坐在上面。如没有土衬石,则在确定宅基地之后,在沿着柱子位置的连线上挖沟,标出柱子的位置。在安放柱子的位置挖"十"字沟(图3-63),然后,向沟内注水至满,再安放柱础。惟一要注意的是,柱础的上表面一定要与水面平齐。这样的施工方法就是要确保柱础的上表面同在一水平面上,房子能够稳固。在没有先进仪器的年代,这种民间方法是相当精确的。

图 3-62 柱础

只有在比较富裕的人家柱子下面才有柱础。一般人家的柱子"以松木为主,柱陷土中数尺,垫基者甚少",[16] 这种现象才是最普遍的。

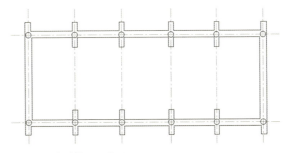

图 3-63 安放柱子示意图

(2) 柱子与墙的关系。柱子一般是埋在墙内,不暴露在外(图3-64)。这样,保暖性能好,柱子也可以免受外界侵害。但这样的做法有一个弊端,由于室内外温差,墙体内会形成结露现象,埋在墙体内的柱子因此而受潮,并且水汽不易向外蒸发,时间久了,木柱会腐烂损坏,造成房屋坍塌,严重影响房屋寿命。为防柱子受潮,在外墙上对着内包柱子的柱脚部位开洞(图3-65),或砌一块透空的花砖,以利墙内通

图 3-64 柱子埋在墙里

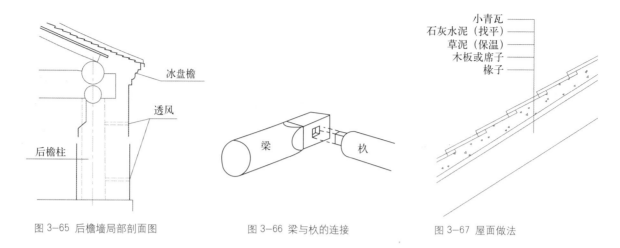

图 3-65 后檐墙局部剖面图　　图 3-66 梁与枋的连接　　图 3-67 屋面做法

风,这叫透风。砌筑墙体时,在柱子的周围用瓦卡起来,沿柱子周围形成一个空间,即空气层,透风与空气层相通,使潮气散出。但这种做法的通风效果不是很好,不能彻底解决柱子腐烂问题。汉族民居中的柱子则是暴露在外,柱子不会因墙内结露而受潮,但保暖性能相对差一些,柱子也易受到外界的侵害。

(二) 木构架体系中各构件相互间的连接及其施工工艺

木构架体系中榫卯衔接,梁柱檩椽组成框架,富有弹性抗震能力(图 3-66)。

木构架也有约定俗成的尺寸。如大梁好比一条龙,二梁为木檀香,三梁为香檀木,尺寸变化为 1 尺 2、1 尺 1 和 8 寸。檩直径尺寸为 1 尺 2,枋直径为 8 寸,椽子截面为正方形,规格有 4 寸×4 寸、5 寸×5 寸或 6 寸×6 寸。

在木构架的施工当中,先将柱、梁等组装好,成为一榀木构架。再将柱脚与所安放的位置对准平放好,用绳子将其拉起直立,用木棍支好。整个过程称为"拉排"(发音"拍")。再如此反复拉另一榀。待所有的木构架都立好后,再穿檩枋。这样房屋的木构架就建好了。

三、屋面

(一) 屋面做法

屋面有草屋面和瓦屋面之分。

草屋面的构造为,在木架上先铺一层木板或苇席,然后苫草。屋脊用草编成,其下依次铺苫房草,厚二尺许,草根当檐处齐平若斩。为防止大风将苫草吹落,要用绳索纵横交错地把草拦固,还要在屋脊上置一压草的木架,俗称"马鞍"。苫房要有较高的技术,苫得好,不仅样式美观、不透风、不漏雨,还要牢固耐用,有的苫一次可用 20 年,否则三五年就要重苫一次。这种用草苫盖的房,俗称"草房"。还有用厚泥来苫草顶的。《建州纪程图记》中记载:"胡家于房上及四面,并以粘泥厚涂,故虽有火灾,只烧盖草而已。"

瓦屋面的构造为先铺坐板,上部钉压条子,抹泥,坐泥顶上再抹瓦泥,瓦泥之上盖小青瓦(图 3-68)。坐板是宽度 100～150mm 左右的长条板,接缝处用错口相对,其作用是承托屋面上泥灰和瓦的重量,一般都用红松材。压条用小方木做成,以横方向钉在坐板上,距离 400～500mm 左右,用此压条挡住坐泥向下滑落。坐泥铺在坐板上防寒和隔热,厚度约为 50～70mm 左右,因在坐板之上故名"坐泥"。"瓦下藉以土,厚数寸,或以水灰嵌合之,否则大风揭去",[17] 说的就是这个意思。它的做法是用黄土加草或掺白灰麻刀,当其干燥后再抹瓦泥。瓦泥是抹在坐泥上层的插灰泥,用它粘附小青瓦。厚度一般在 100～130mm,插灰泥的比例是土 4 灰 1,再加上细稻草少许。抹插灰泥的瓦顶不生草,屋面可以更耐久。

满族民居中一般用青瓦,有筒瓦、板瓦、滴水和少数的勾头(图 3-68)。

图 3-68 瓦

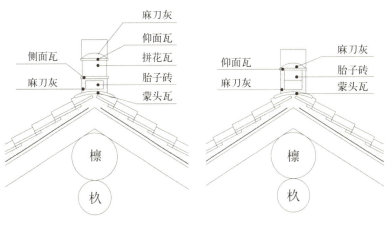

图 3-69 花瓦脊　　　　图 3-70 实心脊

（二）屋脊构造做法

满族民居中的屋脊主要有两种，一种是实心脊，一种是花瓦脊，又叫"玲珑脊"。一般都是现场制作，主要材料为青砖青瓦，并加麻刀青灰抹饰而成。

花瓦脊的具体做法是：在铺完瓦屋面后，在两排青瓦的接缝上方正扣青瓦一排，在空隙部分填充泥灰。这样的构造做法在泥灰渗水时依然可以防止雨（雪）水渗入屋内。之后在上面铺砌一皮或两皮的胎子砖，铺一层脊帽盖瓦，在上面用瓦片拼出图案。上面再设一层脊帽盖瓦，两端则用青砖砌实（图 3-69）。在做实心脊时，则将拼花瓦片部分以青砖代替（图 3-70）。表面均以麻刀青灰抹饰。没有通常汉族古建民居中的眉子。

脊的两端有两种做法，一种是砌放雕刻的平草砖，上部安装鳌尖；一种以青砖和平草砖砌成龙头凤尾的形象。

四、外墙

外墙是房屋四周的遮挡物，用它来防止气候的变化和保证居住人的安全，也是房屋建筑的主体。檐墙是按面阔的长度砌至檐下。在正面的为前檐墙，在背后的为后檐墙。为了防寒，墙壁很厚，一般 400～500mm。山墙是房屋的两侧房壁，自檐部至房脊成山形三角状，故称"山墙"。山墙因窄而高，一般是比檐墙加厚。左右两端向外凸出的墙垛为腿子墙。腿子墙接近地面处的石材称为迎风石。在腿子墙和檐部相接触镶砌方形戗檐砖，其上雕刻花纹，称为"枕头花"。

（一）墙体

根据材料的不同，分为草泥墙、石墙和砖墙。

以木柱为骨干、复以草和泥而筑成的墙，俗称"拉核墙"。《黑龙江述略》卷六载："江省木值极贱，而风力高劲，匠人制屋，先列柱木，入土三分之一，上复以草，加泥涂之，四壁皆筑以土。"

拉核墙的垒筑方法，清人方式济《龙沙纪略·屋宇》记载颇详："拉核墙，核犹言骨也。木为骨而拉泥以成，故名。立木为柱，五尺为间，层施横木，相去尺许，以砼草络泥，挂而排之，岁加涂焉。厚尺许者，坚甚于。"拉核墙以纵横交织的木架为核心，将络满稠泥的砼草辫子一层层地紧紧编在木架上。待其干透后，表里再涂以泥。拉核墙既坚固又防寒保暖，极适合于寒冷地区。还有的房墙是用草拌湿土打筑而成，方法是：房架柱木落成后，按照墙壁的方位、高度、长度、厚度，里外架设两层木板，用绳索和木柱加固。之后，将用草拌好的湿土填在两板的空间，用木槌边夯打边填土，待墙中的水分蒸发干涸后，撤掉木板，就形成了房室的墙壁。也有用"垡"垒砌房墙的，"垡墼"即切成砖形的草垡子，用它垒墙坚固持久。

迁居辽东半岛的满族，因为当地土质松散，筑墙不耐久，而石料资源比较丰富，所以他们的

图 3-71 全顺式砌筑

图 3-72 立砖砌法

图 3-73 砖的落樘砌法

住房绝大多数以毛石砌墙,以木柱支撑房梁。在砌筑时,根据石材的尺寸及需要的尺寸,经过打磨加工后再用于砌筑墙体。砌筑时要保证整体稳定,大面要平,石料之间的缝隙宽窄要均匀一致。

砖墙体一般是用青砖砌筑的清水墙。一般人家砖是不用加工的,砌时用月白灰(泼浆灰加水调匀)砌筑,灌桃花浆,随砌随用瓦刀耕缝。有一些人家对砖的要求比较高,须对砖的上下两面进行加工打磨,要求高的甚至打磨五面。

砖块的摆砌以卧砖使用最为常见,一般采用全顺式(图 3-71)。也有采用立砖形式的(图 3-72),一顺一丁,内填充草泥,这样做不影响保温效果,又省砖。但这种做法一般用在围墙当中,很少用于建筑上。

还有一种砖块的装饰砌法,是从汉族学来的,即落樘砌法(图 3-73)。砖经过打磨后砌成画框的样子,中间以方砖和普通砖立砌。这与汉族做法有些不同,汉族在框中间均以方砖立砌。

内墙和顶棚常是用纸裱糊上的。主要材料打底用纸有白棉榜纸、白棉纸、山西纸(毛头纸)、二白栾纸、麻呈文纸等。垫层纸和夹层纸主要有高丽纸、二白栾纸和山西纸等。面层纸有大白纸、银花纸等。

浆糊是以面粉为主料打成的,配料有白芨、明矾,在制作中还要加入白蜡末、川椒末等,以使浆糊既粘,裱糊后又不起皱纹。这种浆糊都是在裱糊时做现用的。

裱糊有官式做法和民间做法之分。官式做法用料除纸外,还有丝麻织物,多为三层或四层。民间做法则以纸为主,多为二层,极少有三层的。官式做法与民间做法的工序也有所不同。官式做法又经过梅花盘布、糊鱼鳞、通糊高丽纸、最后盖面四道工序。民间做法就简单了许多,一般是用纸包高粱秆捆扎成骨架吊顶,然后罩面就完成了。

(二) 五花山墙做法

五花山墙的石头是用不规则形状的山石,不采用规则形状的条石。界藩城的城墙就是以大块碴石添土垒筑,这种形体北方俗称"虎皮墙"。因其建筑材料在北方山地唾手可得,因此至今这种山墙建筑方式仍很流行。具体做法比例有一定的规则(图 3-74),在两块石砌墙之间必定隔以两皮砖。砌石块的水灰比,用砂子 2、黄泥 1、白灰 1 的配合比例(内用黄土是取其黏性)。

(三) 窗下槛墙做法

在岫岩地区,窗下槛墙的做法较为讲究,它不是用青砖砌筑的,而是用大块的条石。条石的选料砌筑则显示主人的地位与财富,条石的选择

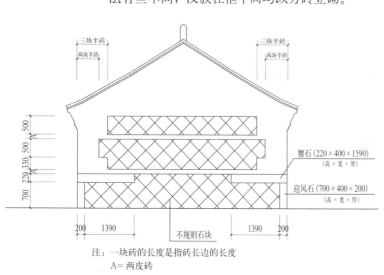
图 3-74 五花山墙砌法

有一定的规矩，条石的尺寸一般不小于1000mm×200mm，宽与山墙同宽，还有长1300mm和1200mm，厚度240mm、270mm的。颜色要浅白色。且全部石料都要色彩一致。条石的表面还要刻上精细的"人"字花纹，做工考究，体现了宅主的地位与实力。

条石在砌筑时只要错缝搭接即可，粘合剂为砂2、黄泥1、白灰1的比例。但很少用粘合剂，而是直接砌筑。砌好之后，再在上面垫两皮青砖，其上立窗。

（四） 月台做法

先用泥土堆成一个台子的形状，再在上面铺石材，其中周边的石材为450mm×1200mm的青石，底下用碎石铺垫，防止沉降，中间则用青砖铺砌，同地面砌法。

（五） 墙体与木构架的连接

墙体与门窗的连接 门窗的边框上没有门橛及羊角。门窗与墙相交时，先把门窗框用小木棍支好，再砌墙，属于"立口"做法。门窗框与砖墙接触面用草泥等物嵌塞以避免透风。

墙体顶部形式多用抹灰八字顶（图3-75、图3-76）。缝隙则用草泥等物嵌塞以避免透风。

（六） 檐口做法

几乎所有的满族民居都是挑檐做法。出挑方式为利用椽子出挑，檐口处椽子外露，也可以看到梁头。檐口出挑深度是以不挡光的同时，尽可能地保护墙体为准则，约为900～1000mm。

后期又有一种封檐式做法，称为防火檐。这种封檐式房屋在民国期间较多，主要是为了防火，原先是在商店和作坊等建筑中采用，后来影响到住宅建筑。（图3-77）

（七） 腿子墙做法

腿子墙底部是一块迎风石，尺寸为700mm（高）×400mm（宽）×200mm（厚）。上面横放一块220mm（高）×400mm（宽）×1590mm（厚）大的腰石。腰石与迎风石质地坚硬，起到保护墙体，避免碰撞对墙体造成伤害的作用。腰石的下面以石块砌筑（图3-78）。

图3-75 抹灰八字顶

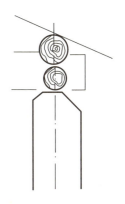
图3-76 抹灰八字顶

图3-77 封檐式做法

图3-78 腿子墙做法

五、炕及烟囱

炕一般宽六尺，高一尺五寸，长二丈五尺至二丈六尺。

（一） 炕及烟囱内部做法

火炕建造方法很多，有用土坯垒成烟道，也有用砖和石头的，其砌筑原则是"通而不畅"，使烟能够充分的散发热量。做法是：首先在抱门柱之间砌置炕沿墙，若用砖则立砖砌筑。上安炕沿，作为火炕的外墙。在墙的内面砌成长方形炕洞数条，中间以炕垅分隔。炕垅的材料与炕面相同，炕面为石板，炕垅也用较规则的条石做成，炕面用砖，炕垅的做法为：在炕垅的位置立放砖，再顺置一皮砖，这是炕垅；上面横搭一皮砖，这是炕面，砌时砖要紧密搭接，这样炕面才能平整结实。用黄土1、砂子2的胶泥为粘结材料。炕洞的最下部垫黑土或黄土夯打坚固，比地面高300mm左右，以缩小炕洞的面积，节约薪材，但是烟量仍可充满炕洞使火炕温热。炕洞数量根据材料不同、面积大小而定，一般从三洞至五洞不等。如使用青砖做四个洞比较合适，但无具体规定，由工匠视情况决定。在新宾地区一般为三个炕洞。各种形式的炕洞在炕头和炕梢的下部都有落灰堂，也就是两端顶头的横洞，洞底深于炕洞底部。这样做法的用意是当烟量过大时，烟可以存于落灰堂内，因此火炕可以保持易燃。

按照炕洞来区分，又可分为长洞式、横洞式、花洞式三种。长洞式，是顺炕沿的方向砌置炕洞，与炕沿平行。当入睡时，人体和炕洞成垂直交叉，自上至下热度很均匀，一般满族人家多采用，是最适于居住而又温度均匀的一种炕洞形式。

烟囱基部距山墙1～2m，有一个水平烟道将烟囱与炕相连。沿这种烟囱的内径向地下挖一个深坑——窝风槽，并在通向室内炕洞的水平烟道口下面，设一个斜立的砖或凹，称为"呛风石"。挡住烟囱内径的一部分，令从烟囱顶口扎下来的冷空气被石板挡住，不与炕洞内排出的烟气相互冲顶，而保证了烟囱内道的通畅和抽力（图3-79）。汉族民居中的烟囱是隐藏在山墙内的，从屋顶上突出来，做法与满族民

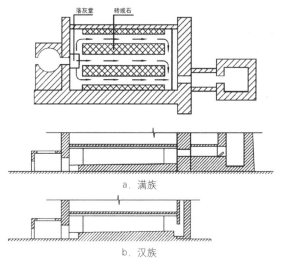

图3-79 满汉的炕与烟囱做法比较

满族、汉族及朝鲜族炕对比表　　　　　　　　　　　　　表3-1

炕的比较		满族	汉族	朝鲜族
炕的室内布局		沿墙呈"凵"形	单面或双面布置，为"一"字型	满铺
炕的用途		睡觉 生活 取暖 在祭祀时亲戚朋友聚于此	睡觉 生活 取暖	睡觉 生活 取暖 交通
炕在室内总面积所占比重		占室内50%	占室内30%～60%	占室内100%
炕的构造方式	材料	砖 石 土砖 土	砖 石 土砖 土	砖 石 土砖 土
	烧火口	灶台（不两两相对）	灶台	焚火坑（一个下凹的可容一人的坑）
	内部构造	炕垃 炕腔 落灰堂 窝风槽	炕垃 炕腔 落灰堂 窝风槽	炕垃 炕腔 落灰堂 窝风槽
	烟囱形式	独立式 通过水平烟囱脖与炕相连	附着在山墙上，与炕直接相连	独立式 通过水平烟囱脖与炕相连
炕的高度		与室内地面高差为500mm左右	与室内地面高差为500mm左右	与室外地面高差为200～300mm
炕下空间使用		交通 祭祀	交通	无炕下空间
烧炕燃料		煤，柴草，秫秸	煤，柴草，秫秸	煤，柴草，秫秸

居有些不一样，其下部也有一个窝风槽，但由于与炕腔相距太近，冷空气很容易与烟气相撞，拔烟效果不如跨海烟囱。

水平烟道又称烟囱脖，在冬天时内热外冷，容易反霜，这是它的弊病。

由于炕在东北比较普遍，不仅满族有，汉族、朝鲜族及蒙古族均有应用。在这里把满族、汉族及朝鲜族民居中的炕作一比较，区分它们之间的不同之处（表3-1）。

（二）炕面层做法及材料

炕面采用砖、土坯等材料铺盖，于表面涂抹插灰泥（插灰泥做法：白灰1、黄土1），抹1mm厚的黄泥（内加草），上部再抹以麻刀的插灰泥，或白灰压平，或裱糊厚纸，炕上铺以高粱秆皮编成的炕席，席上铺毛毡。有的地区出产石板，则用石板棚炕面，石板上也要抹一层厚厚的泥，既能弥合缝隙防止烟火，又能防止炕骤热骤凉，保持恒温，还有找平加固的作用。外沿贴砖或木板，也有用油纸糊炕面及墙围的。

（三）炕木构件选料、做法

炕沿一般采取木制，如水曲柳或柞木等的硬木，断面尺寸约为150mm×80mm左右，两端安装于抱门柱上。如没有抱门柱，则固定在墙里。炕沿下木支撑的上面刻有云子卷炕裙子装饰，炕的侧面多镶木板装饰。

火炕还有一个维护的问题。火炕使用至三年左右须掏炕一次（即清理炕洞），掏炕是将炕面拆除，将炕洞内的烟灰、烟油等物取出，使炕易燃而保温。烧煤和烧草的炕，因烟量大灰多，须一年掏一次，烧木材的炕则四年至五年掏一次即可。

六、地面做法

（一）材料

青砖，素土地面。

（二）做法

青砖地面是使用最广泛的，铺砌的方式有多种花样（图3-80）。如用砖脊斜铺时叫做人字地，

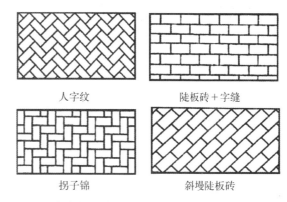

图3-80 青砖地面做法

纵横铺砖时叫做拐子地，还有陡板十字缝及斜墁陡板等铺砌方式。其铺法首先在地面上铺一层碎砖块，用木夯打三遍，上抹插灰泥25mm厚，如果防止室内潮湿，当铺砌前要垫大粒黄沙一层。采用坐浆铺砌法比较坚牢，坐浆铺砌法是在方砖下挖坑一处放置桃花浆，其稠度稍稀将方砖粘住。桃花浆用灰1、黄沙2、砂子1的比例，最为恰当。青砖地面是防火材料，同时可将地面铺得平整，其缺点是年久容易返潮。

素土地面则不用任何的材料铺地，素土朝天，只进行平整夯实，这样处理的地面很坚硬。其缺点是当地面干燥时灰土大，室内不能保持洁净。

七、门窗

（一）门窗样式及做法

窗户为支摘窗，分上下两扇，用软杂木制作的。上扇窗户用木条制成"云子卷"或"盘肠"式的窗花装饰，下扇窗户也是用木条制成均匀的小方格。

一年四季都用"毛头纸"（又称"高丽纸"）糊在窗棂的外边（图3-81）。"毛头纸"是用麻绳头作原料，人工抄漂而成。纸稍厚，迎着阳光看有网状及麻丝，所以此纸坚固耐用。但糊上窗户后，室内光线暗淡。为了使窗户明亮，要用豆油、芝麻油、麻籽油涂在窗户纸上，叫做"油窗花"。做法是用棉花蘸油涂在窗户纸上，待油干后，窗户增强了亮度，窗户纸既坚固耐用，蚊蝇又不往窗户上落。

图 3-81 "窗户纸糊在外"

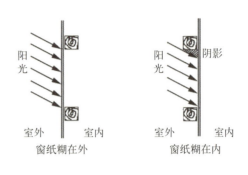

图 3-82 "窗户纸糊在外"原因

窗户纸糊在外面的主要原因是，冬天窗棂不存雪，不存"汽流水"，避免窗棂中积泥沙；保暖性强；也增大了窗户纸的受光面积——若窗户纸糊在内，则会有由于窗棂的遮挡而产生的阴影，而影响窗纸受光面积，更影响室内的光线效果（图3-82）。另外，从屋里伸手推窗户时，窗户纸糊在外，就不易损坏窗户纸。有一些富户的住房出檐很大或有檐廊，就把窗户纸糊在里面，窗户也向外开。

窗外面还挂一个吊搭窗。吊搭窗不是窗，它是用厚木板做成，和窗框一样大，有的还用铁皮包起来。白天摘下来，晚上挂上后，加栓锁起来。它主要起夜间的防护作用，也有遮盖屏障作用。在冬季晚上挂上吊搭可以防寒保暖，刮起大风时还可保护窗户和防进风沙。加了吊搭，像是双层窗，但不能简单地说成是双层窗，它和现时防寒保暖的双层窗概念是完全不一样的。外门的双层做法与之类似。

另外门分单扇门和双扇门，门上多有上亮子，一直顶到檩枋底部，门槛高60mm，宽160mm。窗上也有上亮子（图3-83、图3-84）。

（二） 窗与柱的连接

窗框与柱之间以榫卯连接（图3-85）。

（三） 窗的内部连接

主要是窗框与窗扇的连接（图3-86）。

（四） 算子与隔扇门的连接（图3-87）

八、油彩

油彩仅在王孙贵族府第中有，在民居中应用并不普遍，但它与关内明清时期做法相比有着明显的特点。

（一） 作用及分类

油彩分为地仗、彩绘两部分，起保护及装饰作用。

（二） 地仗

是用来保护地下地上木构件，使之防水、防潮、防虫和防腐的措施。

做地仗的主要工具有：普通的大锅、木棒、砂纸、青砖、抹布。材料包括油满、血料、青砖面、麻以及其他配料。

图 3-83 窗上亮子

图 3-84 门上亮子

图 3-85 窗框与柱子的连接

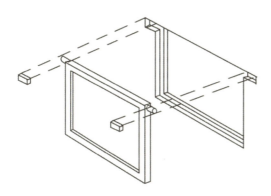

图 3-86 支窗与窗框的连接

图 3-87 箅子与隔扇门的连接

油满用标准面粉加普通石灰水调成糊状，再加入熬好的桐油（一种从桐树中提取的油，需高温熬制），三者混合后再高温熬制而成。其中，面粉起粘结作用，桐油有防腐功能。

血料的做法：取来猪血（或牛血）用木棒将其搅拌，以防凝固。加入切碎的稻草，用手或脚来搅拌使二者充分混合。混合物用筛子过滤，将其中较大颗粒筛出。最后加入少量生石灰水，搅拌，直至液体凝结。其做法和做豆腐很相似。血料的作用是防潮干燥。

青砖面粉是将普通青砖磨成面粉。根据面粉颗粒大小，可分为细粒面、中粒面、大粒面。

血料腻子是将血料、桐油及生石膏在高温处理后得到的材料。

红油：红砾粉与桐油按比例混合，需用细铜网筛一遍，以免产生锈渣而出现杂质。

光油：用桐油和苏子油混合熬制而成。

以上材料准备好后，开始制作主料。向熬制好的油满中按比例加入血料，加热搅拌均匀，这时料呈红色。再加入青砖面，搅拌后色如水泥。根据加入的青砖面粉颗粒大小，主料分为细料、中料、大料。

地仗的做法：

（1）对柱子木料的处理在做地仗之前要针对木料的具体情况进行一些前处理。如木料上有裂缝，则要用竹钉堵住裂缝，并用大料涂平。有的木料上有节，凸凹不平，就要用大料和中料找平，再打磨平滑。

（2）地仗的做法有以下几步：

上通灰：起初步找平的作用。首先要满柱子用中料或细料涂一遍，用黑胶皮抹一遍，初步平滑表面。待干后，再用砂纸或青砖进一步打磨。之后掸去浮灰，再用过水抹布（过水后拧干的抹布）抹一遍，彻底除去浮灰。

披麻：将麻片放在报纸或牛皮纸上，用油满涂满后，横向贴在柱子上。所谓"横披麻，竖搂灰"，就是这个道理。贴好后，用麻压子将其敲实，再擀，等待晾干，这需要将近一个半月的时间，如果加入加速干燥的催化剂，所需时间会短一些。待彻底干燥，用碗磕子刮，将其面层破坏，把麻片刮得起毛，以便能挂住灰。刮起的毛不能太长也不能太短。

上压麻灰：找平层。用中料或细料涂一遍柱子。用刮板从上到下刮一遍，找柱子上下的直线。待干后，用砂纸或青砖进一步打磨。之后掸去浮灰，再用过水抹布抹一遍，彻底除去浮灰。

上中灰：用中料涂一遍柱子，用半圆工具竖刮，找柱子的圆。待干后，用砂纸或青砖进一步打磨。之后掸去浮灰，再用过水抹布抹一遍，彻底除去浮灰。

上细灰：用细料重复上面步骤的做法。细灰不宜过厚，防止龟裂，这道灰必须平、圆、直，而且要细腻。

堵中眼：用血料腻子涂一遍，待干后用细砂纸打平打光。这样堵住柱身的细小眼洞，使表面光滑细腻。

上地仗油：之后上红油2~3遍，再上光油。

在关内（以北京地区为例）地仗做法中的上

"细灰"之后,还有一道"钻生"的程序。用砂布、砂轮片等将细灰磨平,然后刷一道生桐油,干后,再磨掉"钻生"表面的油皮。这在关外是没有的,因为关外的材料中血满少一些,油多一些,再上"钻生"一道工序,会产生返油现象。关内则由于气候原因配料相反,须加这道工序。

(三) 彩绘

一方面可以起保护木构件的作用,也有装饰的作用。

彩绘的做法:起谱子,用纸将图案画好,再用复写纸将图案绘到木件上,刷上罩密,保护草稿;铺大色,标上颜色的代号后,由小工上颜色;沥粉作棱;漆黑,由大工上黑色;扎晕儿,上退晕的颜色;行粉,加白粉,俗称"加眼睛";在粉棱内加金胶地(贴金箔);上两遍桐光油;扣金,用白粉压金箔边,显得干净利落;装池子,由大工匠上具体的彩画内容,如异兽、山水、花鸟鱼虫等;最后收工、验收。

其中,沈阳彩画的贴金做法与北京有所不同。贴金时有一道"过金"的过程,即先将纸在头发上摩擦,产生静电,再将纸盖在金箔上,金箔就与纸紧贴。再根据贴金部位尺寸、大小将金箔剪开。其特点是既节省金箔,风天也可施工,且徒工也易掌握贴金技术。北京地区则没有"过金"的过程,用金夹子操作,不易掌握。

第六节 采暖特点

满族及其祖先世世代代都生活在东北的寒冷地区,使他们在房屋建筑中创造出独具特色的取暖方式。

一、建筑布局上的采暖措施

由于地处中国东北,属严寒气候,满族民居在防寒保温和取暖方面有自己的特色。有些做法在上面已经提及,这里仅作简单的归纳:

(1) 为充分吸收太阳辐射热,多建坐北朝南的正房;平面形状为"一"字形,墙面无凸凹,且房间进深较大,外围护结构面积相对较小;

(2) 在三合院或四合院中,尽量扩大庭院横向间距,使厢房不遮挡正房;

(3) 适当扩大南面门窗面积,缩短室内进深。

(4) 为了抵御偏北的冬季风,民居选址在山的南坡,组成合院。

(5) 北墙开小窗、少开窗,甚至不开窗,即使开窗也加以密闭。

(6) 为保温,民居外墙及屋面要求厚实封紧,墙体虽无承重功能,但为保温防寒需要而采用厚墙、夹心墙、内生外熟墙等做法,尽力加大墙体的热阻和热惰性。将柱子包在墙内,而不是清式做法令外墙在邻柱的两侧砌成"八"字形,使柱身外露以防木柱受潮腐烂。满族建筑更注重保温效果,避免任何可能出现热桥的不利因素。

(7) 室内分里、外间,设间隔墙及内门,平时外间做饭、挑水、取柴,人们出入频繁,室温比内间低,成为保护内间的冷间。如外屋住人,则用内墙隔出半间"暖间"。

(8) 在卧室内吊纸糊天棚或做抹灰天棚。

二、采暖工具

(一) 火炕

火炕的使用一年四季不断,冬季御寒,夏季祛湿。

(二) 火墙

火墙是用砖做成的长方形墙壁,墙内留有许多空洞使烟火在内串通,也是室内采暖的一种设施。一般在大型住宅中为减少室内灰尘,都做火墙。火墙自两面散热,故热量较大。火墙是东北早期满族沿用的采暖设施,后来渐渐地传播至东北各地。火墙常设在炕面上,与炕同宽,高1.5~2m,兼作炕上的空间隔断(对室内空间并不起隔断的作用),相当于一个"采暖箅子"。引火处在端部或背面。

火墙的类型可分为吊洞火墙、横洞火墙和花洞火墙三类。吊洞火墙本身又分为三洞、五洞两种，这是最普遍的一种形式。火墙一般是用砖立砌成空洞形式，宽度约300mm左右。内部空洞抹平，甚为光滑。做法是用砂子加泥，以抹布沾水抹光，火烧之后越烧越结实，烟道流通毫无阻碍，因而升温较快。火墙外部涂以白灰或石膏。对于火墙的保护是至关重要的，不能使之受潮，经常取出洞内烟灰。如果不常掏烟灰，不仅会缩短火墙的寿命，而且积聚年久，烟灰结块容易烧成火焰，造成火墙爆炸。

火墙是很便当的采暖设施，构造亦不复杂，又省材料，同时和室内隔墙有同样的使用效果。火墙的特点是散热量大，散热面积在室内占较大部分，因而温度比较均匀，保温时间较长，灰土较少，并且火墙建筑物位置大小可以随意，有一定的灵活性。它的缺点是温度过高，燃料消耗大。同时使用燃料的种类很少，只能用木块和煤，其他燃料不能使用。

（三）火盆

满族人取暖采用特有的小设备（图3-88）。火盆是将灶内燃烧完毕的火柴余烬——"火炭"取出，装入其中，放在屋内炕上或是火盆架上，所散热量可使室内稍暖。根据材料的不同，分为铁、泥、铜火盆等数种，以泥火盆为最多。

人类自穴居时代，已用弧形浅坑做火塘，设于屋子的中央或门口，由此看来，火盆似应起源于这种火塘文化。

图3-88 火盆

注释：

[1] 张其卓. 丹东地区满族村落的形成和命名. 满族研究，1987（1）.

[2] 汪之力，张祖刚. 中国传统民居建筑. 山东：山东科学技术出版社，1994：49.

[3] 张驭寰. 吉林民居. 北京：中国建筑工业出版社，1985：39.

[4] 张驭寰. 吉林民居. 北京：中国建筑工业出版社，1985：39.

[5] 张驭寰. 吉林民居. 北京：中国建筑工业出版社，1985：35.

[6] 丁世良，赵放. 中国地方志·民俗资料汇编·东北卷. 北京：北京图书馆出版社，1989.

[7] 丁世良，赵放. 中国地方志·民俗资料汇编·东北卷. 北京：北京图书馆出版社，1989.

[8] 丁世良，赵放. 中国地方志·民俗资料汇编·东北卷. 北京：北京图书馆出版社，1989.

[9] 丁世良，赵放. 中国地方志·民俗资料汇编·东北卷. 北京：北京图书馆出版社，1989.

[10] 张驭寰. 吉林民居. 北京：中国建筑工业出版社，1985：45.

[11] 汪之力，张祖刚. 中国传统民居建筑. 山东：山东科学技术出版社，1994：37.

[12] 张驭寰. 吉林民居. 北京：中国建筑工业出版社，1985：53.

[13] 张驭寰. 吉林民居. 北京：中国建筑工业出版社，1985：55.

[14] [清]杨宾. 柳边记略（卷三）. 沈阳：辽沈书社，1985.

[15] 王其亨. 清代陵寝建筑工程小夯土做法. 故宫博物院院刊，1993(3).

[16] 丁世良，赵放. 中国地方志·民俗资料汇编·东北卷. 北京：北京图书馆出版社，1989.

[17] 丁世良，赵放. 中国地方志·民俗资料汇编·东北卷. 北京：北京图书馆出版社，1989.

第四章　东北朝鲜族传统民居

第一节 概述

一、朝鲜族的迁徙历史

我国的朝鲜族有192万余人，主要分布在吉林、黑龙江、辽宁三省和长白山一带，其余散居在内地的一些大中城市。其中最大、最集中的聚居地区是吉林省延边朝鲜族自治州，居住在这里的朝鲜族人口达84万多，约占该民族总人口的1/2。此外，长白山脚下的长白朝鲜族自治县，也是朝鲜族的主要聚居区。

我国的朝鲜族已有数百年的历史。他们的先民是从朝鲜半岛迁入中国东北三省的朝鲜人。早在17世纪末，就有部分朝鲜族居民零星地从朝鲜迁来，如辽宁省盖县朴家沟朴氏朝鲜族已有300多年的历史。从19世纪中叶开始，陆续有较多的朝鲜人从朝鲜半岛迁入，这是中国朝鲜族的主要来源。主要是指因为朝鲜境内的经济状况恶劣，饥饿的老百姓非法越境到中国东北地区进行耕作的历史。随着清政府从17世纪初期开始实行的封禁政策的松弛，到1840年以后，朝鲜半岛的穷苦百姓因为不堪忍受朝鲜国内恶劣的经济状况和朝鲜封建统治阶级的残酷剥削压迫，特别是1869年朝鲜北部遭受大饥荒，朝鲜灾民陆续渡过鸭绿江、图们江来到中国，非法越境到中国东北地区进行农业生产，在两江沿岸一带开垦，同汉、满等民族杂居共处。但此时迁入人数还不很多，居住尚不稳定。这是朝鲜人向东北地区移民的开始。1876年，清政府承认数十万汉族开拓民到东北地区定居的事实，同时开始默认早已移住这里的朝鲜人的居住生活。清光绪七年（1881年），吉林将军奏准废除禁山围场，设"南岗招垦分局"，公开招募内地及朝鲜移民。当年，延边地区的朝鲜族已达1万多人。1883年朝鲜政府与清廷签订《奉天与朝鲜边民交易章程》和《吉林朝鲜商民贸易地方章程》，并于1885年划定图们江以北的部分地区为"朝鲜人专门开垦地区"，从此更多的朝鲜垦民迁移到鸭绿江以北定居。为了加强对这些垦民的管理，朝鲜政府于1897年委任徐相为西边界管理使，把当时居住在通化县（12个面）、桓仁县（4个面）、兴京府（2个面）一带的3.7万余人纳入他的管辖，这就是鸭绿江以北地区最早开发的朝鲜垦民聚居区。据有关史料记载，光绪十六年（1890年），在图们江以北越垦的朝鲜垦民"尚不过数千人"；到光绪二十年（1894年），"增至四千三百余户，男女丁口二万零八百余人"；到1910年，达十六万三千余人。朝鲜垦民居住的区域，在光绪二十年（1894年）以前，仅限于图们江北岸之地，到1911年，延吉厅西至六道沟等处，东至珲春河流域，北至铜佛寺、蛤蟆塘、绥芬甸子等处，皆有朝鲜移民的足迹。除延吉厅之外，西至长白山北麓（进林府头道江、柳河，敦化县娘娘库、小沙河、乳头山等处），东至蜂蜜山、三岔口等处，北至宁古塔等处，越垦者也与日俱增。随着日本帝国主义在朝鲜的侵略加剧，大批居民为寻找生路，不顾清政府的禁令纷纷迁入我国东北边疆地区定居下来，到19世纪80年代已达几万人。1910年日本强迫朝鲜签订《韩日合并条约》，吞并了朝鲜半岛，在此后的二三十年间，不堪忍受日本帝国主义残酷压迫和剥削的朝鲜人民更是大批移入中国东北地区，以鸭绿江沿岸的长白、临江、辑安等地为例，1905年，这一地区有朝鲜垦民约3.94万人，而到1911年，增至约5.01万人。到1919年迁入中国东北的朝鲜人民已达36万人。在日本吞并朝鲜半岛之前，朝鲜垦民迁入中国，基本上是由于生计艰难而迁入的，而在日本吞并朝鲜半岛之后的迁入，政治成为主导因素。所以这个时期迁入的朝鲜移民，不仅限于农民，而且有工人、知识分子、军人等各阶层民众，他们当中的许多人是为了寻求民族解放而到中国来找出路的。1931年日本发动"九一八"事变，从伪满洲国建立到1936年期间准备进行集团移民，禁止对东北地区自由移民，以便控制朝鲜人和抗日团体的联系。到1936年，日本认为对东北地区的殖民统治已比较完备，为使其变成他们侵略大陆的军事基地，开始进行强制移民。于是设立了"鲜满拓殖株式会社"和"满鲜拓殖有限株式会社",从1937年开始对当时的间岛省和奉天省实施强制移民,计划一年移民一万户,以100户为一个单位,组织集团部落,开始实施"自作农创定"。到1939年为止,形成了147个集团部落,9600户,4.9万余人。现在东北地区的庆尚道村、全罗道村、忠清道村等,主要是在这个时期形成的。从1941年开始,日本为了满足日益膨胀的侵略战争所需军事物资,制定了新的农地开发计划,把朝鲜移民组成"开拓团移民",强迫他们到松花江下游和东辽河一带进行水稻开垦。从1944年到1945年期间,被强制移民的朝鲜农民达6.49万人。日本帝国主义的强制移民政策,使我国朝鲜族人口总数超过100万。1945年"八一五"光复后,朝鲜脱离了日本的殖民统治,获得了独立,被强制移民和由于政治原因而迁居中国的朝鲜人一部分返回朝鲜,也有一部分因为种种原因仍留在中国生活。两个世纪以来,经过数次迁移、定居、繁衍,已有三至四代的朝鲜族居住在中国东北地区,成为中国56个民族之一(图4-1)。

二、朝鲜族民居的分布特点

我国的朝鲜族中咸镜道、平安道、庆尚道人占绝大多数,主要分布在东北三省,东北地域广阔,气候类型多样。冬季长达半年以上,雨量集中于夏季。森林的覆盖率大,可拉长冰雪消融时间。水绕山环、沃野千里,是东北区地面结构的基本特征,土质以黑土为主。南面是黄海、渤海,东面和北面有鸭绿江、图们江、乌苏里江和黑龙江环绕,仅西面为陆界。内侧是大兴安岭、小兴安岭和长白山系的高山、中山、低山和丘陵,中心部分是辽阔的松辽大平原和渤海凹陷。受纬度、海陆位置、地势等因素的影响,东北区属大陆性季风型气候。自南而北跨暖温带、中温带与寒温带,气候与朝鲜半岛北部非常相似。我国的朝鲜族在东北地区的分布呈现一定的规律性:延边朝鲜族自治州和相邻的黑龙江边境地区的朝鲜族来自于朝鲜咸镜道;延边地区与朝鲜半岛隔江相望,气候也与朝鲜半岛北部的咸镜道非常相似,而且由于居住在延边的朝鲜族原来多为咸镜道人,他们的生活方式和风俗习惯与朝鲜北部居民差别不大,且延边地区在移民初期还是渺无人烟的原始森林,交通条件不发达,无法与其他民族进行文化交流,因此延边地区的朝鲜族民居完全是在朝鲜咸镜道式建筑基础上演变发展的,仍采用了朝鲜北部地区的咸镜道式建筑。在辽宁和通化、长白朝鲜族自治县内居住的朝鲜族大部分是朝鲜平安道出身及他们的后人;黑龙江省和吉林省舒兰、蛟河、吉林、磐石等内陆地区的朝鲜族,则来自朝鲜庆尚道及全罗道等朝鲜南道。朝鲜北部地区邻接大陆,寒冷干燥,而南部地区接近亚热带气候,温暖潮湿,所以北部地区的建筑主要考虑防寒,为半地下或地上火炕建筑;南部地区的建筑则主要考虑隔热和防潮,为地上木地板建筑。经过长时间的文化交流,二者相互取长补短,融合南北建筑形式,演变成既有封闭式火炕居室,又有开放式木地板居室(北部地区无此间,变为室外檐廊)的独具特色的朝鲜式建筑。多数从朝鲜

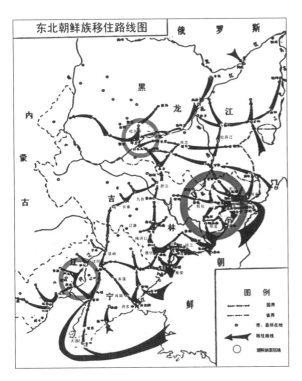

图4-1 东北地区朝鲜族聚居地及移住路线图

南部迁入的居民，考虑到朝鲜南部的建筑形式根本不能适应中国严寒的气候，则接受了当地满族和汉族的住宅形态和住居习惯，分为两种类型，一种是完全汉族式，另一种是半汉半朝鲜式建筑。

朝鲜族民居的基本形态分为两种类型，延边地区的朝鲜族民居是以朝鲜咸镜道式民居为原形演变的形式，延边之外其他地区的朝鲜族民居是以汉族民居为原型，结合朝鲜式变化发展的形式。所以，几乎所有中国境内的朝鲜族传统民居都集中在延边地区。延边朝鲜族自治州辖汪清、安图2县，代管延吉、图们、敦化、珲春、龙井、和龙6市，共有67个乡镇。朝鲜族大都聚居在东部各市（县），其中，龙井市是最主要的聚居区，也是朝鲜族民俗文化保存最完整的地方，现存的朝鲜族传统民居主要分布在龙井市的智新镇、三合镇和白金乡等地。除此之外，图们市的月晴镇和凉水镇，珲春市的英安镇、板石镇、敬信镇，安图县的明月镇，也是朝鲜族传统民居相对集中的地区。朝鲜族秉承各道之风俗，在生活、言语、居住方式上具有一定的地域性差别，同时保留着共同的朝鲜族风情习俗。

第二节　聚落形态

一、聚落的演变和类型

东北三省地区的朝鲜族聚落的演变大致分为三个阶段：

首先，19世纪80年代后期至20世纪30年代初期，为个别移住时期。从朝鲜咸镜道迁入的朝鲜人，开始在我国东北图们江沿岸和长白山脚下建设村落。因此，这个时期形成和发展的传统聚落延续了朝鲜咸镜道的形态特点，无论是村落选址，还是院落模式，均十分融洽地与自然结合，体现了朝鲜族人风水吉地、崇尚自然的营建理念。这种聚落特点以延边朝鲜族自治州的传统聚落最为突出，主要体现为背山面水的村落选址、崇尚自然的空间布局与院落模式。

其次，20世纪30年代后半期到新中国成立前，主要是由日本帝国主义集团移民政策迁入的朝鲜人形成村落，其中大部分人都出身于朝鲜南

半岛,并以出身地为类别组成朝鲜族村落。例如平安道村落、全罗道村落、庆尚道村落等,将他们在朝鲜半岛居住时的村落名称惯用到新组成的村落。由于当时他们的政治、经济地位低下,大部分人居住在地窖里,少数人盖了极其简陋的草房,以防雨、防寒为主要功能,内部空间简单地延续了朝鲜南半岛的布局特点。

新中国成立后,已迁入的朝鲜人口,其村落在原有基础上,数量、规模逐渐扩大。而且在当时计划经济政策的指导下,村落的构成比较简单,大部分采用机械得近乎正方形的形式。朝鲜族与满、汉、蒙等多民族杂居的现象比较突出,从建筑形式与空间的变化中反映出相互间的影响。

经过迁移、再迁移、再再迁移等复杂的历史过程,朝鲜族逐渐开辟自己的"田园城市"。大部分朝鲜族聚居在一起,形成有规模的朝鲜族村落(或村庄),保持着民族的传统性和整体性;其余的一部分朝鲜族则与满族、汉族、蒙古族散居在东北各地区,建筑形式及生活习惯在一定程度上受到满、汉等民族的影响。

在村落的选址与建设上,朝鲜族保留着从朝鲜半岛迁入时固有的传统性,多数在平缓的山脚或溪谷、江边选择村落,体现着建立自然山水城市的理念。作为一个自然发生的村落,大多数建立之初以自给自足为出发点,农业生活为基础,比较封闭、领域化,与外界的联系不发达。在立地选址上,考虑地形、水利等自然条件的优越性,同时根据地区的不同,结合当地固有的经济文化及环境条件带有一定的变通性。村落在构成要素上包括住宅用地、道路、水路(或水系)、公共服务设施、农耕地、自然环境等。这些要素相结合,形成地方固有的村落特点,反映当地村落的景观特色及地域性质。

随着生产力的发展,人口不断增长聚集,很多传统村落的规模也逐渐扩大。由原始的农耕村落发展到林木、医药、食品、能源工业和对外贸易、旅游业等产业为骨干的综合性城市,形成具有地域、民族特色的山水城市形态及经济发展结构(图4-2)。

图4-2 长白朝鲜族自治县马鹿沟镇果园村

二、延边地区朝鲜族传统聚落

(一) 聚落形态

延边朝鲜族自治州位于吉林省东部,地处中国、俄罗斯、朝鲜三国交界地带。东与俄罗斯滨海边疆哈桑区接壤;南隔图们江与朝鲜的咸镜北道和两江道相望;西与吉林省白山市和吉林市相邻;北与黑龙江牡丹江市相接。

延边朝鲜族自治州是我国最大的朝鲜族聚居地,此地区朝鲜族大部分于19世纪80年代后期至20世纪30年代初期的个别移住时期从朝鲜咸镜道迁入,因此很多生活习俗继承了朝鲜咸镜道的特点,包括村落的选址、居住形态与院落模式、建筑与自然环境的结合等。延边朝鲜族自治州的传统聚落,大部分都是在这个时期形成和发展起来的,其特点为背面靠山,面朝在广阔农田,周围环绕河水,是典型的背山临水、负阴抱阳的格局,从选址与建设方面遵循着风水地理学的理论,而且村落空间布局十分自然(图4-3)。以龙井市长财村为例(图4-4),长财村位于延边地区西南部,距离龙井市区约16公里。属于近海型和山地型的中温带湿润季风气候,四季分明。夏季温热多雨,冬季寒冷时间长,年平均降雨量为400~650mm。主要河流在智新镇和三合镇的山岭之间发源,经长财村在龙井市区西侧与海兰江汇合的六道河。自19世纪末的移民初期,朝鲜咸镜北道的居民沿会宁群(朝鲜)——三合镇——智新镇——龙井市这条主要移民路线移民到此,并在这里开垦、定居至今。村落四面环山,中间为盆地,

图4-3 传统村落全景图

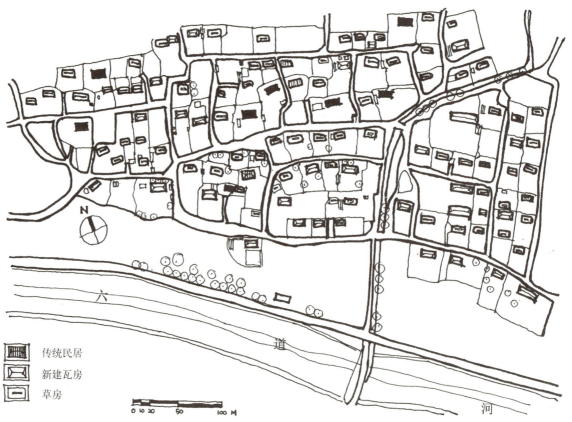

图4-4 长财村村落总平面图[1]

村落与山脉之间起伏着大大小小的丘陵，该村落背靠后山，前临河川——六道河，建筑物自由地布置在缓慢的山坡上，是一个典型的背山临水的朝鲜族传统村落。又以延边安图县龙兴村为例，该村坐落在延吉到安图的公路上，过石文镇桥往仲坪北侧走约2.5公里，距安图县明月区约10公里处。村落北靠长白山支脉，附近有自然水源，选址上确保了耕种、交通等自然要素和条件，以进入道路为轴，居民的居住用地分为南北两部分，上半部分为后村，下半部分为前村，前村所有地都种有水田。小村居住用地的后侧有大片稻谷，前侧有大面积的农耕地，过水田便是山坡。这种布局形式也体现了风水吉地的观念。所有住宅全部朝南，接近平行布置，间距较大，既能抵御寒风，又能享受到充足的阳光。小村始建于民国年间，因为希望它兴隆，所以顾名思义取名"龙兴村"。

（二）道路体系

道路体系方面，朝鲜族村落秉承朝鲜半岛传统的道路布置方法，以不规则性与整体性的有机结合为特点，使村落的布局更加自由化，贴近自然。以延边安图县龙兴村的道路组织为例，小村的道路体系成网状，后村的主要道路形成"T"形，前村则形成"十"字形。大部分道路可以通行牛车或农机车辆。以道路的重要程度，可分为主街、次路、支路、宅前路，主街通过村落的中心横向连接村落西南与东北。主街为进入小村的主道路，是车和人通行的主要通道，小村的出入主要利用这个通道。与主街成直角线连接的道路为小村的次路，支路是连接主街和次路的道路，宅前路是通向院落的尽端道路。

（三）住宅的布局

延边传统朝鲜族聚落中住宅的布局形态延续了朝鲜族从朝鲜半岛迁入时的固有形式。以龙兴村的住宅布局为例，街坊由街巷和小路之间的空地形成，一般东西方向较长。房屋的朝向几乎都是朝南，因此气候为决定朝向的重要因素。房屋以单体为主，成行列式顺着山坡的形势布置。因为冬天较长，住户的开口部分主要朝南开设，卧室大部分也位于朝南方向。每个院落大部分与尽端路或者一个以上的道路连接。院落大体为正方形，可分为院落入口、宅前用地、宅后用地三个部分。住宅坐落于院落的中央偏后的位置。院落大门一般布置在南向或者东向，如果可以从道路直接进入院子，就设正面进入；直接进入困难时，则从其他方向进入。宅前地大部分种烟草或蔬菜等农作物，住宅后一般种有果树。院落的主出入口不设置在院子的正中央，是因为要确保院内宅前地的使用。院落的围墙大部分用木桩和柳条编成，材料是木板和小树枝，高度大约为150cm，也有的用黏土或砖砌成围墙。

三、内陆庆尚道聚落

（一）聚落形态

主要是由日本帝国主义集团移民政策迁入的朝鲜人形成村落，其中大部分人都出身于朝鲜南半岛，并以出身地为类别组成朝鲜族村落。例如平安道村落、全罗道村落、庆尚道村落等。河东朝鲜族乡位于黑龙江省尚志市，东经128°，北纬45°左右，距离哈尔滨100多公里左右，面积约124.5平方公里。这里地势较为平坦，位于尚志市和延寿市中间的广阔平原上，除了北侧有约为50米高的矮山，周围都是平原地段。地处寒温带，1月的平均气温是-19.7℃，7月的平均气温是22.7℃，7月的平均降雨量是176.5mm左右。村落布置的原则是建筑物和农田均朝南向。院落的入口开设在道路两旁，且建筑物的入口都有附属设施。河东乡有专用的储水库，有利于耕地。聚落的住宅布局以尚志市和延寿市之间的道路为轴被主路和次路以及水路分割成方格状。对应网格状的道路体系，聚落形成规则的布局形态。这种布局形态并非自然形成，而是通过人为改造形成的。

（二）道路体系

村落与村落或村落与城市之间的交通工具主要是出租车、公交车、自行车等。道路为裸土路面，但是因为是四车道,所以有足够的宽度。不同于延边地区的自然的道路体系,内陆庆尚道式的朝鲜族聚落的道路网格化特征非常明显,这是日伪时期集团部落政策决定的。形成村落的背景大约是在"九一八事变"后东北陷入日伪统治的时期。当时,日本帝国主义在中国东北实行"拓殖政策",对东北地区的朝鲜族村落进行重新编组,并将大批朝鲜人强制迁移东北各地。北大村就是在这样的背景下形成,聚落最初就已经具有比较规格的形态,后来在1980年进行村落改造,以致村落形态完全形成网格化。

(三) 住宅的布局

庆尚道式聚落主要沿着网格型的道路体系布置住户,所有住户的朝向都是向南的。所有住户的大门都采取正面进入形式,即从南向进入。

(四) 其他公共空间的布局

传统朝鲜族聚落的公共服务设施大多位于主要街道的一侧,而且是道路的交叉口位置,人流较多处,并充分考虑它的服务半径。以河东乡为例,河东乡的全部公共设施设置在太阳村,太阳村位于河东乡的中心地区,交通方便,行政活动全部在这里举行。太阳村的公共设施有乡公司、电话局、邮电局、派出所等,另有酒吧等18个娱乐场所,还有幼儿园、小学、中学等教育设施。

第三节 住宅形态

朝鲜族民居在一个多世纪的发展与演变过程中,建筑形式基本保留着固有的传统性。

朝鲜半岛民居形态分类及特点

表4-1

住宅类型	分布地区	住宅特点
咸镜道型	咸镜北道;咸镜南道;江原道	1."田"字形平面,房间通过门相连,适应冬季寒冷气候;2.厨房与黑厨间之间没有隔墙;3.主间为平面的中心,就餐、接待、家务等活动都在主间进行;4.房间对外设有直接的出入口;5.厕所在室外
平安道型	平安北道;平安南道;黄海道北	1.平面为"一"字形;2.厨房直接与房间相连接;3.房间相互独立,对外设有出入口;4.厕所设在室外
中部地方型	开城为中心的黄海道;京畿道和忠清道的中部地区	1.平面为"L"形,转角处设置大厅;2.厨房与内房(‥)为南向;3.起居、锻炼、家事、接待、就餐等活动夏天在大厅进行,冬天在里间进行;4.房间相互独立,对外设有出入口;5.厕所设在室外
首尔地方型	首尔地区	1.平面与中部地方型相似,但大厅、厨房为南向;2.厨房与内房相连,东西向
南部地方型	庆尚南、北道;全罗南、北道	1.平安道型平面基础上多出大厅;2.各房间对外设有直接的出入口;3.厕所设在室外
济州岛型	济州岛	1.围合型平面,中间为大厅-上房,左右分布小炕(子女)和大炕(父母),大炕北部为库房,储存物品;2.厨房与炕不相连,大小炕各设焚火口3.厕所设在室外

平面形态上最大的特点是"火炕",平面主要构成要素是卧室、厨房和储藏间。室内外的主要出入口通常设在厨房方向,而且各个房间根据不同需要也会直接对外开门;卧室满铺火炕,炕下设回环盘绕的烟道,炊烟的烟道通过火炕流至排烟口,将炊事余热作为采暖热源二次利用;储藏间一般布置在厨房的一侧或卧室的北面,根据地区的不同,也有设在西面卧室一侧的例子,形式各异(图 4-5)。

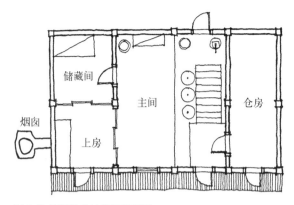

图 4-5 朝鲜族传统民居平面图

我国的朝鲜族分布在东北各地区,由于他们继承、发扬的民族文化分别来自朝鲜半岛的不同地区,同时受到不同的地理环境、气候、地域文化及他民族的影响,建筑形式各具不同的特点。延边朝鲜族地区的民居形式基本保留着朝鲜咸镜道的风格;辽宁省及吉林省部分地区的朝鲜族民居保留着平安道和庆尚道的风格;黑龙江省的朝鲜族民居保留着庆尚道和咸镜道的风格。(表4-1、图 4-6)

一、平面类型

(一) 咸镜道型

朝鲜咸镜道型的朝鲜族民居主要分布在我国延边地区和黑龙江地区,住宅平面多形成"田"字形的统间型平面,一般以双通间为基本类型,有六间房和八间房不等,农家时有一通间,但这是极少数,而城镇居民则多数采用一通间式。房间通过门相连,适应冬季寒冷气候;内部空间上最大的特点是厨房和炕空间连为一体,形成开放空间——"主间",并把"主间"作为平面的中心,构成独立的最基本的空间形态。家庭生活、作业、用餐、娱乐活动都在"主间"进行。"主间"大部分中间没有隔断。而有些民居则根据自己需求,中间设带拉门式的隔断,贴在隔断上的糊纸具有柔和的透光性能,拉门日常敞开,室内空间具有通透性和流通性。

进入"主间",入口处设有一小块下沉地面,和炕有 40cm 左右的高差,充当玄关作用。入口正面是厨房,其高度和炕铺平齐。

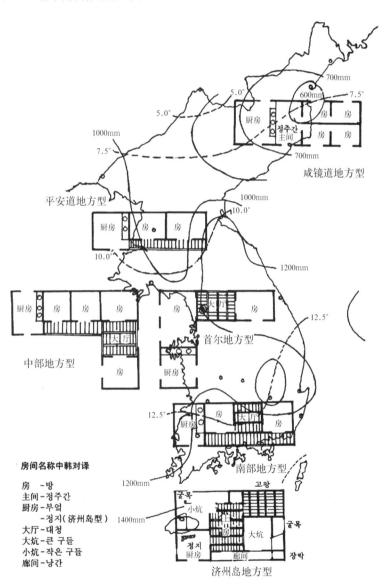

图 4-6 朝鲜半岛各地区民居平面图[2]

咸镜道型平面不仅在热效应方面起着独特的作用,也体现着朝鲜族传统的坐式生活文化。这种多功能单一空间除了炕导热之外,厨房(灶口)

里散出的余热也可以补充室内热量,有效地解决了东北寒冷地带的保温要求,具有一定的节能效应。朝鲜族传统的炕上坐式起居,一直影响到现代的居住、生活方式,也影响到其民族的文化。例如,朝鲜族舞蹈中优美的上肢,就是常年坐式唱、饮、舞等活动的结果。

图 4-7 为延边龙井市长财村某住宅,是典型的咸镜道平面。房间的构成形式为"田"字形,平面中心有"鼎厨间"和下沉式厨房,是一个对内开放、对外相对封闭的空间,家庭内部的起居、就餐、家务等活动都在这里进行。房间的布局也是遵从封建礼制,住宅空间可以分为上房、上上房等对外的开放空间和高房、库房等对内的家庭空间,体现了传统住宅"男外女内"空间分化思想。厨房的另一侧是牛舍、磨房、仓库等空间,具有生产性质。这些空间既与厨房隔门相联,又与室外直接联系。建筑前后有院落,后院通常设围墙,与内部女性空间相联系,相对封闭。住宅设室外地坑式厕所,避免气味对室内卫生的影响,保持屋内的清洁。

图 4-8 延边汪清县某村落民居,宅院入口设在南侧。整个宅院布局以建筑为中心,前面留有足够的作业空间,建筑物后面是菜地。建筑内部布局以厨房和炕形成主间空间为中心,布置其它的房间。上房位于建筑物的西侧,有单独的对外出入口。为了保证室内空间的开敞性,住户把上房和中央空间之间的墙体改为推拉门的形式,后来又把门卸下,完全享受空间的通透性。建筑的右侧布置厨房,它的上方与畜牲间相连接,畜牲间有直接的对外出入口。

图 4-9 为延吉市太岩村某民居,住宅用地为长方形,南北方向长,入口在西侧。住宅建筑为南向,前面有菜地、温室和菜窖等空间。建筑物的入口设在厨房,住宅内部仍旧是开敞的中央空间,而上房位于建筑物的东侧,畜牲间则位于西侧。在它的平面里还有一个特殊的空间,就是主体后面附加的仓库空间。其材料为木板或玉米秆,可称之为"双墙式空间",主要作用是防寒,

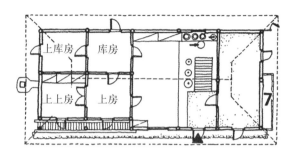

图 4-7 长财村林氏住宅平面

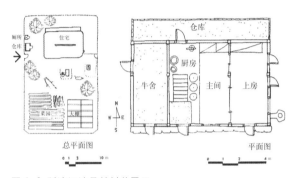

图 4-8 延边汪清县某村落民居

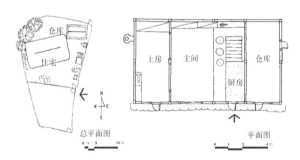

图 4-9 延吉市太岩村某民居

此外也利用中间空间作为储藏之用。

综合上述分析,咸镜道型的朝鲜族民居在厨房开设建筑物的主入口的同时,几乎每个房间都对外开口,避免相互干扰。并且,过去由于受到严格的男尊女卑制度,平面内各空间的组成受到一定的世俗观念的约束。后来,随着观念的解放,内部空间也得到解放,房间之间的墙体被拉门隔断所代替或取消,大大提高室内空间的开敞性与多功能用途。在内部空间扩大的过程中,"田"字形或"日"字形的平面类型出现得较多,同时平面的横向扩张,使建筑物的间数有所增多。

(二) 平安道型

平安道型平面多数分布在黑龙江省和吉林省、辽宁省的部分地区。其主要原因是由于这

些地区的朝鲜族大多数是从朝鲜半岛南部迁移过来，很多方面继承了朝鲜的居住模式。其中典型平面类型为"一"字形的分间型平面。相对于统间型平面，分间型平面的厨房和下房在功能上具有明确的分化，中间设有墙体或隔断，各自形成独立的空间。在住宅规模相对比较大的情况下，适合采用分间型平面，将开放的大空间分为若干封闭性的小空间，既能保证室内温度的均匀，通过起平面分隔作用的墙体，也可以达到双重保温的效果（图4-10、图4-11）。

图4-12为辽宁省沈阳市万龙村的某民居。平面由上房、下房、厨房和仓库构成，上房和下房内设火炕，和厨房之间设一堵墙体，防止厨房的油烟及各种气味进入卧室，炕高于厨房地坪40cm左右，与灶台顶面相平齐，储藏间设在建筑的一侧，加强山墙的保温效果。吉林省除了延边朝鲜族自治州，在蛟河、集安、通化、白山等地带也有平安道风格的朝鲜族民居群体。其中，集安市与朝鲜仅隔一道鸭绿江相望，拥有高句丽王城、王陵与贵族墓地等珍贵的世界文化遗产，历史上与朝鲜半岛有着密切的文化交流与影响。

图4-13为吉林省集安市的一所民居。1950年代左右，从朝鲜迁移来的部分移民生活在这里，当时他们盖的住宅完全体现着平安道的风格。平面是分间型，前面有凹廊和基座。后来，在长期的居住过程中受到气候环境和满、汉等其他民族建筑的影响，建筑形式逐渐发生了变化，取消了前面的凹廊，转换为内部的走道（也称为地室或地面）或炕空间。

（三）混合型

在朝鲜族居住形态的发展过程中，住宅的平面布局受到汉族、满族等其他民族的影响，为了隔绝厨房的炊烟、气味以及提高室内的热效应，局部内部空间发生了分化。寝房采用半炕式，炕的面积较小，仅占寝房面积的1/3，其余空间都是地面。但生活习俗依旧保留传统的朝鲜族特色，内部空间通过满炕、朝鲜族灶台、橱柜等处理手法突出民族特色。

以阿拉底朝鲜族村民居为例，中间设有玄关厅和厨房，两侧布置火炕，与汉族的三间房格局比较相似，但在炕的形式上有所区别，朝鲜族住

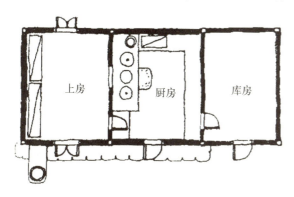

图4-10 分间型平面

图4-11 分间型内部空间

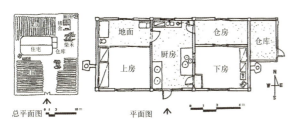

图4-12 沈阳市万龙村某民居[3]

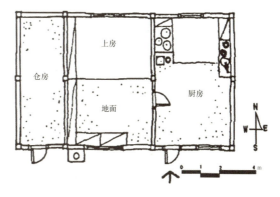

图4-13 吉林省集安市某民居[4]

宅满铺火炕，而汉族住宅采用半炕式。

图4-14为黑龙江省哈尔滨市星光村的一所民居。与其他地区的朝鲜族民居相区别，这里的朝鲜族民居室内外出入口一般设在厨房，并不是每个房间对外都有直接的出入口，这样可以减少室内热量的损失。房间是由地面和火炕构成，房间的进入从厨房开始，进入地室及下房，然后通过地室的门再次进入上房，房间之间通过墙体和门相隔，保证每个小空间的取暖及保温效应。仓库位于厨房一侧，对外有直接的出入口。

图4-15为尚志市河东乡南兴村某住宅，平面是3开间2进深制，入口设在南侧，通过玄关与厨房相联系，厨房的西侧与北端的储藏间隔门相连。主要房间在平面的东、西两侧。受满、汉等民族的影响，平面内出现走廊（地室）、客厅等空间。气候的寒冷，使平面的变化趋向于进深方向房间数量的增加，通过小空间的排列，可以有效御寒。

我国的朝鲜族民居在历史发展中保留了固有的民族性、传统性，同时不同的地域环境也使它拥有特殊的地域特性。综合分析以上东北各地区朝鲜族民居的平面形态，从差异中会看到一些共同性，有助于进一步了解朝鲜族的民居形态。

二、外形分类

（一）屋顶分类

1. 传统合阁屋顶

合阁屋顶正面形态与"八"字比较相似，因此又称八作屋顶。形似汉族歇山顶，其材料通常是砖或木板（图4-16）。屋顶挑檐，瓦屋面坡度缓和，中间平行如舟，四角向上昂翘，形似一只展翅的飞鹤。组成屋顶所有的线和面，均为缓和的曲线和曲面；屋脊部分同样中间平缓，两端耸起，与屋面整体形态相协调。屋顶构造采用木结构榫卯方式，由大梁、檩、枋、椽等受力构件组成。檐柱东西方向支撑檐枋、檐檩，南北向支撑大梁；大梁上面再加一个方木，形成叠梁，中间立童子柱支撑中檩，叠梁两端直接支撑中檩。图片中的中柱穿过大梁至顶，其实大梁并没有断开，柱子从梁底面起中间挖空，保证叠梁正常穿过，这样的构造做法防止叠梁左右错位，增强其稳定性。檩条上面架椽子，其上铺盖板，然后覆土找坡，

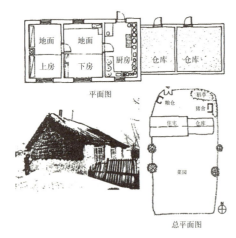

图4-14 哈尔滨市星光村某民居[5]

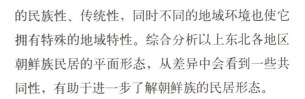

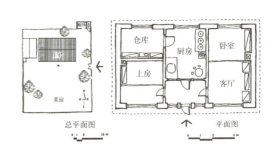

图4-15 尚志市河东乡南兴村[6]

图4-16 瓦屋面檐口构造[7]

最后铺瓦（图4-17）。

2. 四坡草屋顶

四坡草屋顶形似倒舟，屋面与外刷白灰的草筋泥墙体相结合，体现着朴素、简洁、勤劳的民族精神。屋顶的骨架为木构架体系，骨架的主梁和斜梁搭在墙体上端，檩条根据屋顶形态均匀地搭设在梁上，纵横于檩条上的椽子形成了深远的挑檐，之上铺望板、抹黄泥、铺油毡纸，最后上面铺盖厚厚的干稻草面层。屋面倒角处衔接圆滑、坡度平缓，形体完美。草顶选用稻草，厚0.3～0.5m之间，均匀铺在屋面，用稻草编成带分水岭的草帘，罩在屋面正脊上。用草绳以网状罩在草顶，系紧在屋面四周屋檐处已固定的木杆上，以防起风时将稻草吹散（图4-18）。

3. 前后双坡型

这种屋顶是朝鲜族移居我国后，在东北地区受满族、汉族等住宅形态影响而出现的屋顶形态，立面左右对称。结构采用砖混式，东西两侧山墙却用毛石砌筑，最后将表面削平，并用水泥勾缝。这种结构能够大大增强住宅的稳定性。正脊、戗脊和斜脊均叠板瓦而成，端部有起翘，并立有形同火苗状的望瓦，象征住家日子如同火焰般红火。

4. 现代合阁式瓦屋顶

到了20世纪90年代末，朝鲜族农民的生活逐渐富裕起来，为了体现朝鲜族村落的民族特色，住宅形态趋于传统性。建筑形式采用朝鲜族传统的合阁式屋顶，四角昂翘，表面采用灰色彩钢板，主体采用砖混结构，表面用水泥找平，粉刷白灰。墙面做出横竖线脚，模仿朝鲜族传统民居中柱、枋等构件外露而形成的立面线脚（图4-19）。

（二）立面分类

廊是朝鲜族民居建筑立面构图的重要组成要素之一，根据凹廊的形式，朝鲜族民居的立面主要可分为全凹廊式、半凹廊式、平立面式三种形式。无论是哪种形式，都因其造型突出、独特而极具视觉魅力，体现了朝鲜族民居强烈的视觉造型美。

1. 全凹廊式

全凹廊式民居沿南侧外墙通长设廊，凹廊进深约90cm，木板沿纵向短边铺设；屋顶均为瓦面，屋顶约占屋身的一半高度；出檐很长，可以遮蔽日晒，防止雨水的浸淋，檐下会产生纵深的阴影。全凹廊式住宅中，凹廊底部设台基，柱础设在台基上面，棕色的柱子及门框与白色的墙面形成强烈的对比，显得自然朴素，浑然天成，使墙面产生一种和谐的韵律美和变幻的空间美。再加上宽大的横枋与凹廊上的木柱，使建筑产生纵

图4-17 传统合阁屋顶

图4-18 干稻草屋面传统民居

图4-19 果园村60m²米住宅正面

深感和丰富的层次感，阳光下这些元素的阴影使整个建筑充满活力，鲜明的虚实对比丰富了整个房屋的立面形态（图4-20）。

2. 半凹廊式

半凹廊式民居在南侧外墙的局部凹进（或左，或右，或中间）形成退间，在半凹廊式咸镜道住宅中，凹廊底部一般不设置台基。凹廊与旁边的白色墙面产生明显的虚实对比，立面形态格外丰富，在光影的照射下，增加了立面的立体感。墙面的竖向细长门窗加强了竖向划分，并与屋顶形成优美的建筑形态。半凹廊式住宅的屋顶通常为灰瓦屋面，屋檐与木柱的阴影打在白色的墙面上，使整个建筑稳重中不失灵动美（图4-21）。

3. 平立面式（图4-22）

平立面式民居屋顶有干草屋面和瓦屋面两种，无论哪种屋顶形式，外墙面均不设凹廊。干草屋面建筑的苫顶覆以黄色稻草，墙面粉刷白灰，加之门窗的原木色，黄白交错，给人温馨、朴素的美感；白色墙面上的直棂门窗高宽比例大，给人以挺拔秀丽感，在一定程度上弥补了低矮屋身的不足。这些元素的组合似乎完全是自然的造化，谐调而美丽。瓦屋顶平立面式住宅则以青（黑）瓦或青灰色陶瓦为顶，由于没有凹廊和立柱，整体建筑形成鲜明的上下黑白对比，墙体内的木柱与外墙的厚度相同，且木柱上不刷白灰，棕色的木柱在门窗之间和白色的墙面形成了明显的韵律感，弥补了平立面式外墙呆板、单调的不足，并

图4-21 半凹廊式民居

图4-20 下石建村金氏住宅

图4-22 平立面式民居

且使低矮的房屋具有向上的观感。由于立面上没有凹廊，建筑的整体性得到增强，整个建筑稳稳地坐落于平实的石台基之上，使原本平矮的屋身顿有高起之势，加上黑、白、灰、稻草和木材等原色调，平立面式住宅更显得优雅端庄、质朴浑厚，与自然融为一体。

三、生活空间

（一）庭院的布局特点

朝鲜半岛传统士大夫（两班或宗家）院落由男性空间、女性空间、行廊空间（门房）、祠堂空间等构成。分外院和内院，是递进式的院落空间模式。贫穷的庶民阶层则将朝鲜传统士大夫院落的发散型多功能空间形式聚合成一体，即组合为一栋房屋内，变成复合型的收敛型生活空间形式（图4-23）。朝鲜族移民初期，院落空间是以朝鲜半岛传统的庶民阶层院落形式为基型的。随着时间的推移，逐渐与东北满族、汉族的三合院式布局形式融合，形成以长方形简单围合的半封闭院落为基本空间单位。院内由大门、导入空间、前院、后院、单层"一"字形正房、厢房（库房）或偏厦、柴垛、菜窖等基本元素构成，正房朝向多为坐北朝南。集体移民村落院落形态呈块状布局居多，较规整。自由移民村落则呈多边形，依地形变化自然形成而拓展的居多。住户主要根据地形的变化设置院落空间，通过家庭居住要求，将标准单元进行多种形式的灵活组合，形成可有限增殖的有机平面体系，显示出极大的灵活性和广阔的应用性。朝鲜族院落中前院比较发达，夏季用为菜地，冬季用为打场地。晒干辣椒、茄子等都在该院子里进行。前院是巷道（公共领域）和住宅（个体领域）之间的前导空间，使居家与街巷形成一定的缓冲隔离，以保持院内的相对安静和私密性。用树板皮或树枝架起的樟子所围合成的半封闭型院落空间，开放通透，与周围的自然环境没有严格的划分，整个院落完全融汇在周围的聚落环境中，成为聚落大空间环境的一部分。正如庄子所说，"天地与我并生，而万物与我为一"，反映了朝鲜族的亲密、友好、和睦的良好邻里关系，体现出朝鲜族崇尚自然、融入自然、天人合一的自然观。住宅两侧通常设有室外仓库，大部分住宅前面的庭院里设有一个室外灶台。过去农村电饭锅并不普及时，夏天做饭、做菜、煮野菜等基本利用室外的锅台；室内一般一周内只烧一两次火，防止潮气。如今家里有了电饭锅，室外灶台的使用频率减少，一般只用在煮山野菜等。厕所位于住宅后院，庭院角落堆积稻草和柴禾，其余的空地一般做农活使用。住宅的道路围墙一般用土坯砌筑，上面搁置几片瓦砾，不仅防雨水浸湿，通过瓦件使住宅、仓库、围墙形成一个整体。由于朝鲜族独特的饮食习惯，传统朝鲜族住宅的两侧靠墙齐地一般摆放着朝鲜族酱缸，酱缸色泽黝黑，与粗糙的墙面形成强烈对比。

（二）厨房

朝鲜族住宅厨房通常与起居室直接相联，一般设南北出入口，夏天南北门都开启，助于通风和采光；冬天由于气候寒冷，北门紧闭，只利用南门出入。室内厨房采用下沉式结构，上面铺设木板，做饭时将木板掀开，在下面烧火；炊事完了又将木板整齐地铺上，人可以站在上面。这样的空间不仅增加了使用面积，还可以防止下面的灰尘飞扬，保持室内的整洁（图4-24）。

灶台上设两三口铁锅，供做饭和喂食家畜使用（朝鲜族使用熟饲料喂牛）。锅有两种，一种是有盖的锅，肚大且周边带沿，据说这种锅有收集热气的作用，分大小两种规格，大一点的直径

图4-23 朝鲜族民居庭院

图 4-24 厨房的室内的布置

为 50～60cm，小一点的直径为 30cm 左右；另一种是无盖的平底锅，使用时在上面另放一个小锅，煮菜或热水。不做饭的时候，平锅就像一块电热板，不断向室内散热，保证室内温暖。朝鲜族锅一般是铁质的，锅底宽平，锅身浅，锅盖严实，不易漏气。锅经常刷洗，时间愈久愈黝黑发亮。过去人口多的时候用大锅做米饭，现在由于出国或者进城打工的人数增多，家里人少，做饭用铁盆盛适量的米，放在平锅上烧制。据说这样做的原因是在大锅里做少量的饭很容易把饭闷糊，锅底产生大量锅巴，比较浪费。平锅不仅可以适量做饭，还可以热菜、热水，功能比较多。如今大锅一般烧水之用，只是来客人的时候偶尔用它做饭。随着电饭锅、电磁炉等家用电器的普及，锅的使用率越来越低。夏天由于天气热，一般不烧火，用电饭锅做饭，做菜也是用煤气、马勺等现代厨具。只有冬天才会使用锅台，兼用电饭锅和煤气。灶台与炕面高度相同，并与火炕相连，做饭的同时也能给火炕供热。灶台的旁侧是灶坑，一般长 2m，宽 1～1.3m，深 0.75m 左右。朝鲜族日常生活中的饮食以饭、汤和泡菜等各种小菜为主，厨房里没有煎、炒、烹、炸的炊事过程，室内几乎没有油烟的烦扰，所以尽管起居室与厨房在一个空间之内，但室内仍然很清爽干净，同时也使正间内保持了适宜的湿度。正间可以整个作为厨房使用，使厨房实际的使用面积达到近 20m²。

（三）卧室

朝鲜族民居的卧室所占的面积比较大，在一个住宅中，除厨房、牛房、草房、仓房之外，全部为居住的房间，占整幢住宅面积的 70%～80%；且间数多，但各间居室面积大小不等，大间 9～13m²，小间 4～7m²。传统朝鲜族民居的各间有严格的使用规定，布局遵从封建礼制，这与儒学思想对生活方式的影响是密不可分的。朝鲜半岛从古代开始深受中国的儒教思想和阴阳风水说等人文文化影响，传统民居的平面布局中所采用的空间次序与层次充分体现了"礼"的次序与意识，显现了主次尊卑的儒教思想和阴阳风水说等人文思想的内涵。儒家所推崇的"男女有别"、"三从四德"、"男女授受不亲"、"男女七岁不同席"等思想，以及"男尊女卑"的父权家长制，对朝鲜族民居平面布局起着决定性的作用。因为"男女有别"，所以才会设置多个小房间，而不是全家人共用一大间。住宅空间可以分为上房、上上房等对外的开放空间和高房、库房等对内的家庭空间，即使是生活在社会最下层、最贫困的人家也是如此，体现了传统住宅"男外女内"空间分化思想。按传统方式划分空间，上房一般年老的主人居住，上上房是少主人居住。上房和上上房一般为南向，老主人的房间居中，可以掌管家里的一切，空间阶位也是最高，是家里的核心空间，家内的喜事、丧事、议事、接客、祭事等活动都在这里进行。上房和上上房是男人的空间，家中的男子均在南向的房间里活动和居住，鼎厨间为女人们炊、寝、起居及家务的空间，男人禁忌到女人居住空间，一般也不到餐厨空间以及女子干活的地方去；男客人也绝对不可以轻易进入餐厨空间，否则会被众人耻笑。村里的老人或男人来访直接通过退间从上房、上上房的外门进入屋内，不需要经过厨房、鼎厨间进入上房；女子则要去北向的房间，女子在北向的房间里做家务活和居住，南墙各有与院落相连的出入口。北面两间从东到西的顺序分别为库房、上库房，入口分别设在北面和西面。库房一般是长大的女儿用的房间，待家里的儿子成家后住在这里，女儿就要搬到上库房。上库房原来是储藏空间，与其他储藏间区

图 4-25 月晴镇某住宅寝房室内及家具

别于它设有温突，可以多功能使用（图 4-25）。

（四）储藏室

朝鲜族民居的储藏间主要分室内和室外两种。室内储藏间一般布置在厨房的一侧或卧室的北面，根据地区的不同，也有设在西面卧室一侧的例子，形式各异。其材料多为木板或玉米秆，可称之为"双墙式空间"，除了作为储藏之用，还可以有效御寒。仓库与厨房之间设门连接，其面积和居室相等，主要放置供做饭用的薪材、粮食，以及一些农具和生活用具，也作为妇女舂米的作坊，所以又称碓房。

室外储藏间多为畜牲间演化而来，畜牲间亦指饲养牛马等牲口的空间。朝鲜族先民以农业为生，牲口在他们的农耕生活中起着举足轻重的作用，他们视牛马为家庭中的一员。朝鲜族的先人在高丽时期认为"食为民天，人由牛出"，可见牛在以农耕为主要生产方式的朝鲜族心中占有重要的位置。在传统的朝鲜族民居中，畜牲间一般放在建筑物内，其特点在我国的延边地区较显著，

通常将其布置在厨房的后面或侧面，与建筑内部有密切联系的同时，设有单独的对外出入口。此外，考虑到内部居住空间的扩大、卫生等方面的因素，有些民居把畜牲间单独建在室外，没有单独配备取暖设备，构造做法也比较简单，但畜牲间的面积得以扩大。

直至 20 世纪 50 年代中期，这样的布局几乎没有太大的变化。后来，我国一些经济政策的实施及经济状况的变化影响畜牲间功能的变化。1958 年的人民公社运动大力推进集体经济，在每个村落建立一所集体饲养间。这样，民居中的畜牲间失去了本身功能意义，被用作储藏间或其他空间。新中国成立后，随着农村经济的发展，电气化、机械化加速也促使畜牲间的功能消失，逐渐演化为室内储藏间和室外储藏间，用来存放土豆、玉米等五谷杂物和农用机械工具等占据较大空间的物品，结构形式也比较简单。

（五）卫生间

传统朝鲜族民居把卫生间配置在屋外，一般配置在住宅右侧或者紧邻牲圈，入口朝西，面对山墙，私密性较强。这种卫生间没有上下水，所以不需要净化槽，方便堆肥。大庭院民宅一般把卫生间配置在院子的一个角落，一般贴在外部围墙，同时配置了排气筒。这样不仅方便处理粪便，而且气味也减轻了很多。

经过时代变迁过去布置在室外的厕所进入了室内，卫生间按照现代模式布局，里面设有坐便器、洗面盆、淋浴器等，将洗脸、方便、淋浴等功能集合到一个空间内。有些住宅，建造时设有室内厕所，但在使用过程中存在很多不方便因素，如受排污系统欠缺、气味儿等问题的困扰，最终将厕所改为洗手间或仓库等用途。所以至今大部分住宅仍旧使用室外厕所（图 4-26、图 4-27）。

（六）其他设施

传统式朝鲜族住宅没有室内供水，井水为居民主要的供水来源，过去村民们都是挖井取水，水井通常设在住宅庭院里。井口构造简单，用砖石砌边，井口距地面 10cm 高，防止雨天泥水流

图 4-26 果园村某住宅内现代厕所　　图 4-27 某住宅传统厕所　　图 4-28 永丽住宅室外压水机　　图 4-29 住宅庭院井口

进井里。如今屋里设有高压电动压水机,外面的井水很少使用,一般用于洗车、浇水。以黑龙江省鸡东县永安镇永丽村一处朝鲜族住宅为例,该住宅室外庭院设有压水机,该压水机是最早饮用水的来源。现在室内设置了高压电动压水机,烧饭、饮用水都利用室内压水机汲水并存储;外面的压水机一般用于浇花、洗澡水等方面。压水机旁边置放传统的朝鲜族水缸,口小身大,表面黝黑。传统朝鲜族住宅没有排水设施,生活废水都接桶里,再倒在庭院的菜地上。

现代朝鲜族村落市政设施得到了很大改善。延边地区以外的现代朝鲜族住宅很多都配有自来水并且设有下水设施,特别是经过社会主义新农村改造,村落的排水设施得到很好的改造(图4-28、图4-29)。

四、家具布置方式

(一) 传统家具:衣柜、橱柜

最初流移到我国东北地区的朝鲜人,90%以上是农民。因此,他们总体的经济条件很差,绝大多数人的生活都非常贫困;家具、设备十分简陋,仅仅能满足最基本的生活要求,通常一般人家均有一个被柜、一个衣柜、一个碗柜。过去橱柜是厨房最主要的家具,碗柜尺度较小,高约1.5m、宽约0.4m、长约1.5m;通常在鼎厨间的北面靠墙处布置碗柜,一进入口,映入眼帘的便是碗柜与墙面的强烈对比。碗柜下面设有10cm高的台子,表面用水泥或瓷砖找平。碗柜放在上面对炕的压力比较均匀,防止塌陷,并且这个空间下面一般不设置火炕的通道,用水泥、木或石头填充,可以避免过热的炕温对柜的破坏,便于食物的新鲜保存。衣柜靠墙布置在室内,放在炕上的立柜受空间净高的限制而较矮,地面上的柜则相对较高。衣柜门的安放均与朝鲜族炕上活动为主的生活方式相配合,柜在立面上通常分为两部分:底边0.5～0.6m范围内设推拉门,使人蹲或坐在炕上便能取到所需的东西,在此之上1m的范围内再加装单独可开启的门,门把手的位置刚好与人站在炕上时的使用高度一致。一般来说,最常用的东西都放在柜底层,而不常用的东西都放在上层。

(二) 现代家具:电视、电饭锅、洗衣机等

过去农村家里摆放一两件家用电器,多数是一种陈设,炫耀家庭财富,其使用功能微不足道。平时洗衣服一般采用手洗,只有洗被子或洗大量衣物时偶尔使用洗衣机。电饭锅和洗衣机等家电放在厨房一侧,用水、用电比较方便。最初的厨房炊具主要是锅,后来随着家用电器的普及,煤气、电饭锅、冰箱、排烟机、电磁炉等现代厨房家具进入家庭,成为主要的厨房用具。电视、衣柜等家具通常布置在里屋靠山墙一侧,在屋内任何一个角落都可以观看电视。人们看电视、做家务等家庭活动一般在炕上进行,偶尔会坐在炕沿上。火炕前一般设有屋地,铺上地板革。屋地空间靠墙一侧布置桌椅,可供学习和化妆等多功能使用。

第四节 构造技术及装饰特点

朝鲜族村落大多位于山脚下，很多传统民居都是就地取材，使用木材、黏土、稻草、砖瓦等材料。这些自然生长的材料的运用，不仅体现了一个民族的纯朴性，也反映了他们依赖山川而营造家园的自然山水观。

一、建筑构件

（一）屋架

根据朝鲜族民居屋顶的形式，屋架的形状可分为歇山式、庑殿式和悬山式三种。

庑殿式屋架的搭接方法与歇山式基本相似，惟一的区别在于脊坡处的椽条从脊檩搭接至檩木。悬山式屋架的搭接方法与汉族的大致相同。瓦屋顶常采用歇山式和庑殿式，悬山式则多用于草屋顶。歇山式屋架的横梁沿柱网纵横交叉，梁上的部分仍以正间为中心。

对于得到普遍应用的干稻草屋面和瓦屋面，屋顶木结构与韩国传统民居的木结构非常相似。但两者还是有区别的。韩国传统民居的屋顶构造比较复杂，挑檐部分通常两层结构，下层挑出深远的椽子，其上方另加一层飞椽，实现屋面坡度缓慢而向上微翘，做法与我国古代木构建筑比较相似；斜椽（又称春舌）是屋面转角部分倾斜搁置的方形构件，通常架构屋面首先布置斜椽，其上面放置檩枋，最后布置椽子。而朝鲜族传统民居则将中瓜柱、檩木和椽条等屋架构建组合在一起，形成平缓的屋面。这是由于早期朝鲜族移民在经济、技术、材料等比较落后的条件下建造房屋，再加上当地寒冷气候的影响，很多原有的技术及结构构件被简化及演变。比如瓜柱采用直径14～16cm的松木原木或尺寸相近的荒木，立在沿进深方向布置的横梁上。每根横梁上立三根瓜柱，脊瓜柱位于横梁中心，高1.5m左右，用以支承脊檩，另外两根位于脊瓜柱两侧，距其约1.5m，高0.5m左右，用以支承两条平檩。平檩一般选用比较粗大的松木，其形状及截面尺寸同横梁基本保持一致。在平檩的两端，垂直平檩的方向再搭两条檩木，与平檩围合成矩形。这两条檩木的尺寸要小些，用料和横梁相似，一般直径12cm。椽条搁置在相邻的两根檩木上，垂直于檩木的方向布置，间距36～40cm。椽条的材料有剥去皮的小松木杆和经过加工的松木方子，木杆的直径约5cm，木方的截面尺寸为4cm×5～6cm（图4-30）。

然而这种看似简单的木构架结构，在抗震设计方面却有着卓越的表现。其中庑殿顶的抗震性能最好，其次是歇山顶，因为在这两种形式的屋架中有斜向的支撑构件，可以增强侧向稳定性。这种优良的稳定性不仅仅体现在屋架结构中，因为朝鲜族传统民居的木构架是一种弹性的结构体系，梁、柱、屋架之间的连接方式均采用榫卯结构，有很强的适应变形的能力。很多老房子因为年久失修，墙体已经严重倾斜，但仍不影响人们日常使用。这是由于墙体的上下都设有连系梁（横梁和地梁），所以其本身不承重。而且，由于房屋的墙体很轻薄，所以也并没有给整个构架增加多余的负担。同时，在平面布置上，将面积较大的正间设在中间，面积较小的居室、牛舍和仓库设在两端；在外部造型上，房屋的体形简单，轮廓变化小，使其刚心与质心基本重合，这些都在一定程度上提高了房屋的抗震性能。所以，虽然构架的构造相对简单，却也足以保证整栋房屋的稳定性。

 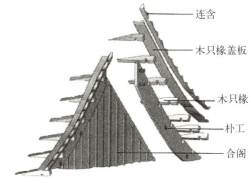

图4-30 韩国传统民居屋顶结构[8]

另外，在一些偏远的山区还存在一种利用切割的木板片作屋面的较简陋的形式。在天气晴朗时，干燥的木板片之间存有空隙，可以促进室内外空气交换；阴雨天时湿度提高，木材吸湿膨胀，板片紧紧咬合在一起，有效地阻止了雨水的渗入。虽然这样的建筑数量不多，但为建筑材料的生态性和可持续性的研究开发提供了借鉴的可能。

（二）墙身

迁入延边初期，朝鲜族的生活水平很低，没有能力买砖盖房。而且，延边朝鲜族工匠善于砌筑砖的也很少，大多数人都不掌握砌筑的方法，即便是廉价的砖坯，他们在砌筑时也很难驾驭。所以，同处于寒冷的气候条件下，朝鲜族传统民居却和汉族、满族民居采用了完全不同形式的墙体做法。朝鲜族民居墙体分为内墙（间壁墙）和外墙，做法通常是木骨草筋泥墙和砖墙两种。内墙多采用板条抹灰或板条抹泥（黄泥＋沙子）的构造做法，用白色高丽纸裱糊表面，也有内墙表皮刷白灰，厚约11～12cm。这种轻薄的内墙所占空间小，增加了房间的使用面积，而且便于灵活划分室内空间，使用者可以根据家庭人口的变化、居室的使用情况的变更，随时改变空间的大小和组合方式，比起厚重的实墙，这种墙体更方便处理，同时也满足了墙下无基础的承重体系对墙体重量的要求，因此内墙的做法是一种经济适用的处理方法。但是这种内墙做法的缺点是隔声效果很差，而且完全不具备防火性能。

做法为木骨草筋泥墙的外墙俗称"拉核墙"，只起围护作用，四面外墙的整体封闭围合性较强，由于墙体本身不承重，所以墙壁很薄，只有16cm。拉核墙以纵横交织的木柱、木梁为骨架，墙体多用树枝或秸秆编成网格状，这种墙体的具体做法是：首先用原木立柱，固定房间的框架，为防止木构架侧移变形，木构架紧紧地锚固在墙框之内，再拉横木条，将直径5～7cm的长木杆钉在框架柱上，间距30cm左右，然后把络满稠泥的稻草或秫秸（高粱秆）编成辫子一层层的沿垂直方向紧紧绑扎于其上，最后将泥土和切割的稻草加水均匀搅拌浇筑在上面，待其干透后，表里双面抹泥（黄泥＋沙子），有的还在当中填入沙土。完成墙体构造待柱子墙体达到一定强度时，开始屋顶的施工。墙体内外用稻草泥浆抹厚，墙的内壁裱糊白色高丽纸，外表面用砂泥浆抹面，外刷白色石灰质，使之具有良好的吸湿性。

现代朝鲜族住宅多使用砖墙砌筑，使用的材料为红砖，结构形式为砖混结构，施工顺序是预先埋地下基础，然后在上面砌筑砖墙。从强度、使用年限、整洁美观上考虑，砖墙要比木骨草筋泥墙具有优势，但是在建筑的自然属性及材料的经济性、乡土性方面分析，木骨草筋泥墙建筑相对砖瓦建筑更能体现建筑的民族性与地域性，这种木骨泥墙热阻大，具有很好的保温性能，而且墙体材料廉价易得，同时也体现着山水村落的自然属性，就地取材的建筑形式更是与东北地域环境浑然一体。在朝鲜族传统民居中得到了广泛的使用。

（三）柱子

朝鲜族传统住宅中，柱子通常是由柱身、柱础、柱头三部分组成。

柱身的形状分为正方形或圆形两种，其尺寸大致相同，方形柱子边宽约20cm左右，圆形柱子的直径约20～25cm。

柱子底部设有柱础，通常用一个整块自然石头铺垫。柱础一般明露于外地面，当住宅设有凹廊时，柱础位于"抹楼"（MURU）下面。柱础的作用主要有两点：一是将柱子所承受的荷载通过柱础均匀地传递到地面；二是防止木头受潮而变形或腐烂。

柱头通常与柱身连为一体，室内外的柱头形式有所不同，室外檐柱一般采用"十"字花口式，而室内的柱子则采用"一"字口式。"十"字花口式柱头结构如下：首先将梯形翼栱插入十字花槽内，其上面沿纵向直接放置大梁；横向在翼栱上面铺设长舌或昌枋，然后在它上面放置檐檩。"一"字口式柱头的结构为：槽口方向为纵向，将大梁纵向直接插入槽口内，其上面再放置一个梁枋组成叠梁式，或设置"童子柱"而支撑中檩；脊檩一般是通过中梁上面的"童子柱"所支撑，在叠梁式结构中，一般采用在叠梁上面直接设置"童子柱"，或柱子延伸至脊檩底部而支撑的方式。

（四）台基

朝鲜族民居中不论是传统住宅还是现代式瓦房，台基是必要的构造物。其作用是抬高屋内平面，防止潮气及雨水的进入。

台基的材料主要是夯土和自然石，将材料沿着围墙底部铺砌一圈，高度约 10～20cm 左右。在现代式朝鲜族住宅中台基的高度逐渐增大，达到 50～70cm 左右。

台基做法不拘一格，在传统的朝鲜族草房中，柱子一般直接立在台基上，台基充当了柱础的作用（图4-31）；而在6间型、8间型等具有一定规模的咸镜道式传统草房中，有些住宅在台基上面设置柱础，其上面再立柱子（图4-32）；在半凹廊式咸镜道住宅中，"抹楼"（MURU）底部一般不设台基（图4-33）；而全廊式住宅中，"抹楼"（MURU）底部设有台基，柱础设在台基上面（图4-34）。

（五）烟囱

烟囱根据材料和形态，可分为五种类型：

原木烟囱：早期的朝鲜族住宅大部分采用原木烟囱。其做法是，将已枯烂的原木掏空芯部，做成木管，然后将其立在地面，高度略高于住宅屋顶，底部连接烟道而成。这种烟囱非常亲近环境，古色古香，与住宅的其他自然材料完全融为一体。

木板拼接式烟囱：这种烟囱通常采用1cm厚、25cm宽的木板拼合成方筒，竖向隔1m左右用铁丝或木条捆绑，烟囱底部制作方形或圆形的基座与烟道相联系。有的居民为防止烟气泄漏，用塑料膜包裹表面。20世纪80年代初，在延边地区建造的现代式住宅中仍采用这种烟囱形态，住宅内部也相应采用传统式格局。

陶土管屋顶烟囱：在现代式住宅和黑龙江东部的一些朝鲜族住宅中，均可看到这种烟囱形态。传统式草房烟囱的位置一般在南面的墙角上方，突出屋面设置，稳稳地竖立在住宅旁边，阴影投向住宅的屋面上。这些元素的组合似乎完全是自然的造化，谐调而美丽。这是一个特殊的例子，可能是受到汉族或其他民族住宅文化的影响而形成的。在东北内地的现代式朝鲜族住宅中，烟囱位置一般设置在屋顶两端，烟囱的材料为圆形的陶土管。

陶土管拼接式烟囱：这种烟囱是利用预制的圆形陶土管拼接而成，设置在住宅的山墙一侧。为了增强其横向稳定性，沿着陶土管表面架设木

图4-31 草房台基

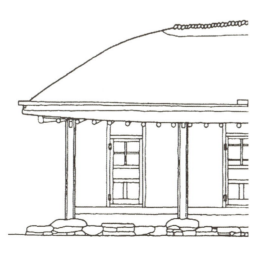

图4-32 6-8间草房台基

图4-33 图们市建平某传统半凹廊式朝鲜族住宅台基

图 4-34 全廊式住宅台基

架,并用木条捆绑,用三角架套住烟囱,并固定在山墙的大梁上。烟囱既与住宅的垂直立柱相呼应,又在高度上形成标志性,丰富了住宅的轮廓。

砖石砌筑烟囱:这种烟囱出现在 20 世纪 80 年代后建造的砖瓦住宅中,烟囱位于山墙一侧。这种烟囱的位置及构造做法与传统式相同,只是材料用砖石代替了木材而已(图 4-35)。

二、装饰构件

(一)瓦件

传统朝鲜族住宅中使用的瓦件与现代式瓦件有所区别。传统瓦件由三部分组成,即筒瓦、板瓦和瓦当,其组成部分与中国传统瓦件相同。板瓦铺在下面,筒瓦铺在上面,筒瓦上通常有绳纹、回纹、网纹、席纹,刻有福字或寿字,瓦当上有莲花纹。素色上带各种花纹的瓦屋面,朴素而典雅。遮挡两行板瓦之间的缝隙。瓦当的作用是用以蔽护屋檐,分为筒瓦瓦当和板瓦瓦当,筒瓦的瓦当为圆形,板瓦的瓦当为半圆形(图 4-36)。

(二)墙饰

朝鲜族在文化历史上具有"崇尚山水"和"鹤崇拜"的民俗现象,朝鲜族自古喜爱白色,俗称"白衣民族",历史绘画、舞蹈、服饰、家具彩绘等都体现出素、白、雅、和的特点,而且这些民俗特点同时也体现在朝鲜族民居的建筑形态设计上。传统民居的外墙均为白色,墙体内外用稻草泥浆抹厚后,墙的内壁裱糊白色高丽纸,外表面则用砂泥浆抹面,外刷白色石灰质。现代朝鲜族民居也多为白色面砖贴面,体现出民族的纯朴性,营造出具有地域、民族特色建筑形态。

朝鲜族民居的内墙很少露出黏土部分,多以白色饰面为主,分为刷白灰和裱糊高丽纸两种方式,不仅提高室内明度,也很美观、清洁。高丽纸产于朝鲜,高丽为其古称。质地坚韧、光洁,北宋陈槱《负暄野录》云:"高丽纸以棉、茧造成,色白如绫,坚韧如帛,用以书写,发墨可爱。此中国所无,亦奇品也。"高丽纸自唐朝起由朝鲜输入,享誉"天下第一",宋称"鸡林纸"。每纸有固定规格,长 4 尺、横 2.5 尺。制作时以棉、茧为主要原料,因此纤维很长,类似我国长城古纸或皮纸,具有很强的吸收水分的能力。结构构件部分,如柱、梁、檩、椽子、门框等表面通常刷油漆,从而防潮、防腐、防蛀。暗红色构件和白色墙面、顶棚形成强烈对比。

(三)门、窗

过去朝鲜族传统住宅无论是室内门窗还是室外一般采用直棂门、窗。朝鲜族传统民居的门窗在功能和形式上都没有明显的区别,门即是窗,

图 4-35 烟囱

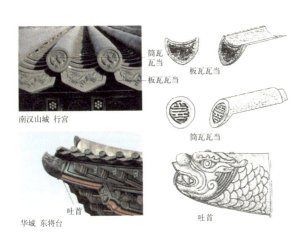

图4-36 瓦件

窗即是门。

　　室外门窗采用直棂式,门框一直到檐枋底边。门的形式分为两种:一种平开式直棂门,通常把门镶嵌在隔墙中间;另一种是镶板式与拉门,通常柱子之间没有墙体,直接设置拉门。门上方还设置了高窗,进行通风和采光。个别门上方设有挡板,中间抠出一个长方形孔洞,并用带有旋转轴的木板将其封堵。这是通风口,夜间睡觉时不需要打开门窗,只要推转木板,就可以通过洞口进行换气;而且平时出门可以打开它,在门窗紧闭的状态下,保证室内的空气清新。门窗纸的裱糊方式则是为了适应气候。冬季风大雪多,室内外温差高达40~50℃,将纸裱糊在门窗棂外侧,有门窗棂做撑架,风就不至于将纸吹破,雪打在门窗纸上会落下,而不会在门窗棂上积雪和结霜,

室内温度升高时,融化的雪水和霜水也不至于浸透门窗纸。而且延边地区春季多风沙,把门窗纸裱糊在外面,风沙带来的尘土不会附在门窗棂上,这样能保持室内的清洁和门窗的透明度。有的居民还用麻油、苏子油等涂在纸上,以增加室内亮度,加强门窗纸的防水防潮性能,以延长门窗纸的使用寿命。门窗扇通常采用单扇,个别的采用双扇,由松木制作而成,内侧裱糊质地坚挺的白色高丽纸,每年春秋各糊一次,门窗扇上方设可以开启的通风口。大多数的门窗棂是以一种古老的形式分格的,直棂很密(8cm),横格间远(8cm或40cm),名曰"一码三箭"。门窗的尺度不大,一般单扇门窗高1.6m,宽0.6~0.8m,牛舍和仓库的稍宽一点(图4-37)。

　　移民初期的传统民居每间都设一个外门,如果是六间房的话,前后就都有四个门。随着时代的发展,门窗的形式稍有改变,后门多数被封死,只在厨房处留一个后门。前门一般保留三个,厨房、里间、仓库各设一门,正间原来的门改成窗。门窗的下端自廊台板开始,门窗框上下和横梁相连,因此门窗的位置端正。有时还会见到高只有1m左右的门窗,一般作为仓库的外门窗。其尺度就像是汽车的车门,人弓腰出入没有问题,在特定的空间条件下也不会觉得太小。有些民居的南侧墙面上有一个小窗,与某一门窗毗邻。其作用是观察外面的情况,例如外面来了客人,可以

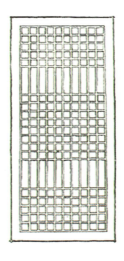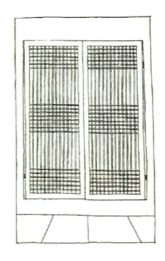

图4-37 朝鲜族传统门窗样式

先打开此窗户辨认并问候。由于门窗扇内侧裱糊的高丽纸不是完全透明的，要想看清室外，只能将门窗打开，但是到了冬季，门窗不可能一直敞开，这使得从室内看室外很不方便。有了这个小窗，客人来时，只要在外面一喊，主人打开小窗张望就能看到访客是谁，小窗也因此得名"望窗"。望窗采用平开式，大小一般为0.4m×0.6m，尺度适宜，其底边距炕面只有0.4m左右，正好与人们席坐在炕上时的视线齐平。住宅的北侧的门相对较小，其目的是通过减少开窗面积抵御寒冷。

传统式住宅中室内的各个房间门原来采用板门，到了20世纪40、50年代左右这些板门逐渐演变为宽窄不等的推拉门，也有少数为平开门。现如今这些门大部分被撤掉，形成开敞式空间。无论内门还是外门窗，采用平开式时的开启角度均为180°，保证开启后门窗能靠到墙面上，不会占用太多的空间。各门窗都敞开互相通风，室内空气很清新。

如今农村朝鲜族住宅的直棂窗也改成木框玻璃窗，过去的直棂窗所剩无几。外窗采用了落地式塑钢窗，既保温又洁净。可见，因为朝鲜族是以席居为主要生活方式的民族，所以所有门窗都是为了迎合这种生活方式而设计的，特征鲜明，独树一帜。

三、造型与装饰结合

（一）整体性与丰富性的统一

我国的朝鲜族在他的迁入、发展与演变过程中，保留、延续着建筑的民族性、传统性、统一性，同时由于生活群体和他们所处的地域环境的不同，形成各自的建筑风格，建筑文化具有创新性、多样性。

朝鲜族在文化历史上具有"崇尚山水"和"鹤崇拜"的民俗现象，历史绘画、舞蹈、服饰、家具彩绘等都体现出素、白、雅、和的特点，而且这些民俗特点同时也体现在朝鲜族民居的形态设计上。

在建筑外形上，"天地方远，品物多方"，足以概括其特点。传统的朝鲜族民居大多为矩形，这是朝鲜族房屋的基本形体。其外观以白墙青瓦（或干稻草屋面）为主要特点。民居的建筑材料均由木、石、草、土等天然材料构成，木结构的传统建筑形式没有任何装饰，外观保持原有的质感及色彩，朴素而与自然和谐统一，构成了朝鲜族聚落鲜明的空间环境特征。

屋顶采用坡屋面形式，根据材料不同，其形状也不同。建筑屋身平矮，屋顶坡度缓和，没有高起陡峻的感觉，特别是门窗比例窄长，四扇排列整齐多为直棂，横棂较少，使得平矮的屋身又有高起之势。房屋外墙面粉刷白灰，洁白的墙面，再与灰色瓦片或稻草相衬，形成雅致、朴素的建筑形象风格。无论什么材料的屋顶，挑檐都很长，屋檐下产生了很深的阴影，加上廊子的凹进，使整幢建筑的立体感更加明显，住宅外观看起来很美观。（图4-20～图4-22）

朝鲜族这种朴实自然的居住建筑形态，与我国唐代的建筑风格颇为相似。不论是平缓的坡屋顶，还是门、窗棂的形式，或是盘膝而坐的生活方式，皆具有浓厚的唐代风格。建筑的民族特性是一个民族在共同地域内，经过长期的生活实践而形成的历史积累，是人们固有生活习俗、生活感情、生活情趣等在建筑创作中的表现。

（二）装饰性与技术性的结合

从装饰风格上看，朝鲜族民居装饰简朴，自然的装饰风格反映了朝鲜族质朴、勤劳的民族性格。房屋的整体和局部保持着高度的统一和完整，白墙、木本色的框架、吊挂饰品等，均方便实用，无不体现一种清淳的朴素美。朝鲜族民居的装饰形式主要表现在塑形装饰、图案装饰、色彩装饰和陈设装饰四种形式上。塑形装饰是在民居基本造型基础上进一步刻画而形成的，一般只有在显眼的矮柜、矮桌上，而矮桌只有在桌腿处有简单的沟槽图案，而矮柜上则有雕刻的花草、山水、动物形象等。图案装饰几乎全是自然界的花、树枝、山石等，并都装饰在器具上。另外，草编饰物也别具一格，简朴的编织手法，无不渗透于每一角落。民族文化决定民居特点，朝鲜族没有漫长的地方文化历史，但朝鲜族聚居的"水稻之乡"以独特的生产方式、生活习惯，在粗犷、古朴的氛围中所映衬出来的民族服饰民族歌舞，很快形成了自己的民族文化。

这种古朴的风格，使人找不到一丝刻意装饰的痕迹。从大门、地面、墙面、天花，到窗口、屋檐等，都有精细的构思及雕凿。其中建筑装饰最丰富的是柱头和屋顶，屋顶的尺度巨大，无论草屋顶还是瓦屋顶，高度均为2m左右，占整幢房屋的一半，大多为歇山式，瓦为灰或黑色，为避免沉重和压抑之感，瓦屋面的坡度比较缓和，仅有20°左右，而且略有曲线，檐四角和屋脊均向上翘起，使其看上去既雄伟、舒展，又轻盈、稳重。勾头瓦当花纹仍沿用高粱花瓣。以歇山式屋面为例，正脊、戗脊和斜脊在接近端部1m左右的地方用瓦片层层相叠，使屋脊上部的曲线向上翘，屋面的弧线两端向下弯。具体的做法是从中间向两端，每一块瓦的长度增加二三块瓦的高度，端头为15块，而且叠瓦的数量是以等差数列的方式增加的，所以越到端部翘起越多。檐口通过在檩条下垫木块的方式起翘，升起的坡度与正脊差不多，并利用挑檐木挑出墙外60～80cm，防止雨水溅到墙身。

再以窗为例，朝鲜族窗取直棍很多，横格间远，在内糊白纸，窗棂的疏密是其变化的主要方面。这一形式使房屋整体感特别突出。以上可以看出，朝鲜族民居建造尊重自然、顺应自然、因地制宜、内含朴素的创作观。

（三）素雅质朴的色彩

朝鲜民族有尚白的审美观念，这在日常生活、衣着服饰上多有表现，被称为"白衣民族"，其民居建筑也以白色为美。白色，天然、纯洁、高尚、善良，具有神圣的象征意义。不难看出，朝鲜族崇尚白色，充分反映了这一民族特有的审美观念，这种纯朴自然的民族文化，也必然体现在建筑装饰上。

朝鲜族民居根据建筑材料主要分为土坯建成的传统茅草房和砖木结构的瓦房，无论哪种形式，都以白色敷墙，一般是朝向南面和东面的墙体刷白，因此在朝、汉杂居的村落，很容易辨认出朝鲜族民居。草房的苫顶覆以黄色稻草，加之门窗的原木之色，黄白交错，给人温馨、亮洁的美感，瓦房则以青（黑）瓦或青灰色陶瓦为顶，形成整体建筑的上下黑白对比，与江南水乡的黑瓦白墙映碧水有异曲同工之妙。朝鲜族民居建筑的色彩美还体现在四季变迁中。朝鲜族民居设计简洁，一般不设厢房，多数为独栋单体房，院前、院后均有空地。与汉族民居不同，朝鲜族住宅不设院墙，只以简单的柳条、木板来限定院落，这样就形成了以房屋为院落中心，与左右邻舍房屋保持有一定距离、相对独立的民居形式。朝鲜族房屋前日常活动的院子与种植蔬菜、水果的园子合一，没有划分界限，且围院栅栏较为低矮，内景与外景相通，这样的院落在春、夏两季可谓绿意环抱，白墙掩映，充满自然和谐之趣；秋日时节，嗜辣的朝鲜族人民会在屋舍外墙壁上挂满串串红辣椒，绚入眼目。"白衣民族"劳作其间，乡村生活情调跃然而生；寒冬之际，朝鲜族民居的房屋墙体与雪色相谐，在百草枯衰中更显恬淡、怡然之意。朝鲜族民居建筑的平面构图多为矩形。各房间之间无厚重墙体相分，而是通过木制推拉门可通可隔，传统民居厨房与居室一体，之间没有任何隔断。在色彩装饰上没有大面积使用鲜艳的色彩，而多以材料原色或清淡的色调为主，器具上的装饰花纹也多为黑白色，只有在矮柜上有时可看到亮丽的金属色。其内部居室靠墙壁设置推拉门壁橱，存放衣物、被褥等生活物品，进入室内，墙体洁白、宽敞明亮、一目了然，炊具色彩鲜艳、摆放整齐，令人愉悦。近年来，随着朝鲜族人民生活水平的提高，建筑材料与居室设计也不断更新进步。但朝鲜族传统的民居色彩观念依然表现得十分突出，即整体以白色为主，局部以鲜艳彩色为装饰，如白色外墙体瓷砖、单彩色屋顶等，无不体现了独特的民族审美心理。

第五节 朝鲜族民居特色空间

一、温突（ONDOL）

我国北方地区气候寒冷干燥，"炕"成为民居中不可缺少的重要内容。各民族既体现着各自的居住文化精髓的同时，又是相互借鉴、影响，更好地适应地域、气候环境。利用烧火做饭的余热烧炕采暖，抵御风寒，在当代建筑意义上反映着它的生态性一面。

自古以来，朝鲜族的居住文化与"炕"有着密切的联系，很多生活习性也与此相连，故称为"炕"文化。早在7世纪中叶，《旧唐书》卷一九九上·高丽传中记载"其俗民者多，冬月皆坐长炕，炕下炽燃温火，以取暖"；《新唐书》卷二二〇·东夷高丽传中记载"民盛冬坐长炕，温火以取暖。"这些文字记载说明，朝鲜族的炕文化具有久远的历史，很多室内生活习惯都围绕着"炕"——这一空间主体要素进行。

传统火炕是指利用生火直接传热到炕上的方式，将做饭余热内流于炕洞内，使储藏在内部空间里，通过导热、放射等热传递过程在一定时间内保证炕面的热量，并通过再次传导热达到整个室内的取暖。分析整个热流的过程：热首先是通过焚火口及灶台，然后依次通过翻火台、炕座、炕洞、炕洞座、烟道、烟堡、烟囱等多个环节，使产生在焚火口的热持久地保存在炕里面，并能构成节省热的状态。炕的主要构成材料为砖石和黏土，耐火耐热极限都比较高，适合在长期高温环境中使用，材料的蓄热保温性能亦得到充分发挥（图4-38）。

在我国，地域气候差异和民族文化差异共存，而地域和气候差异是影响建筑形态特征的主导因素。各民族都有自己的信仰、观念、风俗习惯，它们传承着民族特色，但作为建筑，又更多地受自然条件、建筑材料、工程技术的影响，这使得建筑的民族性和地域性产生了相互交叉的复杂关系。其中"炕"文化不仅代表了朝鲜民族建筑的主要特点，也带来居住在寒地的不同民族间民居的相互影响和区别。

根据地域和民族的差异，火炕形成不同的技术形态。我国东北地区的炕简单地分为三种类型，即"匚"字炕、"一"字炕及全面满铺炕。"匚"字炕是满族原有的形式，也称"万字炕"，是为了适应东北地方的寒冷气候而设置的。"匚"字炕的发热面积大，同时宜更多的人就寝。"一"字炕是汉族民居的典型形态，通常是把炕设在南侧，成为就寝、用餐的主要空间，其他空间以走道或起居空间来使用。与上述两种形式不同，朝鲜族民居的炕具有面积大、高度相对较低等特点，这与朝鲜族的坐式生活有着密切的联系。炕的高度同时也影响了厨房的高度，厨房地面标高比炕面层降低40cm左右，保证了厨房的清洁（图4-39）。

朝鲜族传统火炕具有以下特征：具有储存热能的功能；由于在内部空间直接加热的方式，热量会均匀扩散，无需特殊的热传输过程；因从炕面放热，所以在人体下部加温；热能在火炕里长时间保留，因此处于连续的取暖状态；在焚火口

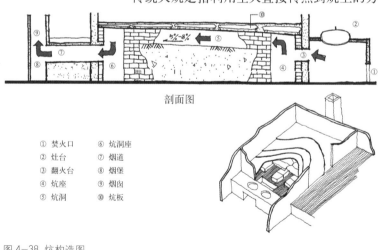

剖面图

① 焚火口　⑥ 炕洞座
② 灶台　　⑦ 烟道
③ 翻火台　⑧ 烟堡
④ 炕座　　⑨ 烟囱
⑤ 炕洞　　⑩ 炕板

图4-38 炕构造图

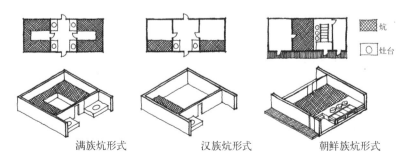

满族炕形式　　汉族炕形式　　朝鲜族炕形式

图4-39 不同民族炕的形式对比

燃烧柴火过程中释放的热气和紫外线，对预防妇科病很有效果。火炕起居的生活习俗演变至今，形成独特的地热采暖方式，并大量使用于现代居住建筑当中。

炕作为取暖的构造物，是寒冷地区民居的主要特点之一。在我国东北、华北地区，很多民居都以炕为主要取暖方式。朝鲜族的"炕"文化与他们的坐式生活方式密不可分。区别于其他民族，炕几乎满铺建筑平面，而且高于入口地面30cm左右，易盘膝而作。炕面多数为多层纸面油漆或铺地板革，保持室内的清洁。由此看来，炕不仅仅是一种取暖方式，也是一种生活方式，体现着朝鲜族固有的、不宜消失的居住文化的持续性。

二、鼎厨间（JEONGJI）

根据《韩国百科辞典》，鼎厨间是房间和厨房之间没有隔墙的温突空间，是朝鲜咸镜道民居的主要特征之一。该空间与厨房相连，便于烧火、做饭，空间阶位较低。高度距地面35～40cm左右，厨房一般采用下卧式，保证火口的正常高度。在朝鲜族传统住宅中，鼎厨间和厨房是家里的女性空间，一般限制男性客人进入。1949年，新中国成立实现了男女平等，男女有别的封建空间思想不再存续，女性从限定的空间束缚中摆脱出来，全家人可以围绕一张饭桌用餐，鼎厨间变为全家人起居的开放空间与家庭生活的中心空间，具有就餐、寝卧、接待、家务等多功能用途。

鼎厨间与寝房之间没有高差，表面铺有炕纸或炕板。房间的南侧一般设有窗户采光，有些住宅在此处设门，以便出入。鼎厨间与寝房设有推拉门。火炕通过推拉门分为鼎厨间和里屋两个空间，鼎厨间与厨房形成通间。主人一般在鼎厨间做家务。平时推拉门都是开启状态，主人可以坐在鼎厨间面向里屋观看电视。衣柜等家具布置在里屋靠山墙一侧。

火炕前面有1.2m宽的地面空间，上面铺地板革，该空间与厨房隔门相连。客人来访时，通常脱鞋后通过此门进入里屋地面，再上炕。村里的老人做客，比较随便，一般都坐在鼎厨间闲聊。

过去房间和房间之间具有严格的界限，女人不得擅自进入南侧的寝房（称上房），房间和房间之间都用门相隔。如今传统观念已消失，加上家庭人口的减少，这些房门已失去存在的理由，很多住户将鼎厨间与寝房之间的门撤掉，形成开敞的通间模式。

鼎厨间的北侧设有橱柜，置放碗、盆等器皿。如今冰箱等现代厨房家具也进入农村家庭，冰箱一般也是固定在此位置（图4-40、图4-41）。

三、凹廊（MARU）

传统的朝鲜族民居在正面有凹进的柱廊，俗称"退间"。退间高于室外地坪20～30cm左右，宽约1m，与深远的挑檐相结合，形成过渡性空间。退间的功能多样，既可以解决室内外的高差问题，又可以提供室外活动的平台。人们可以在退间上盘膝而坐，乘凉聊天，也可以进行一些简单的家庭工作，是一个非常宜人的空间场所。（图4-42）

韩国传统民居中退间是室外的走廊空间，各个房间通过退间与室外庭院相联系。退间既是过渡空间，又是一个交通空间。深远的挑檐探出退

 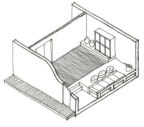

图4-40 鼎厨间平面

图4-41 鼎厨间内部空间

间前沿，炎热的夏季或雨天人们可以坐在退间的平台上乘凉、观赏庭院的风景，并观察来往的人群。而且家庭主妇的日常家务也在这里进行，室内光线较弱，而退间光线充足，非常适合针线等家务活动。

但是在我国北方寒冷地带，退间与住宅最基本的要求——充足的日照量相矛盾。由于廊的进深较大，再加上挑檐向外伸展，建筑的正面产生较大的阴影区，很大程度上阻碍了房间的采光。因此，我国的朝鲜族民居在它的发展与演变过程中，逐渐把房间向外扩大，缩短挑檐的长度，并将原有的退间空间划入内空间里。传统的退间丧失了本身固有的意义，直至现在除了历史悠久的传统民居外，很多民居中基本看不到它的存在。但是在民居的正面现仍然保留了台阶，上铺石板，起到抬高室内地面和休息放物的作用。

第六节 可持续发展

一、材料运用

朝鲜族传统民居的屋顶材料主要为秫秸捆、柳条或松木板，其上用黄土和稻草作为屋面保温材料，在最外层用稻草或瓦作为屋面防水材料，形成了以草屋面和瓦屋面为主的具有生态性的屋面体系。草屋面取材方便，稻草和秫秸等均为天然材料，采用地方建筑材料，充分利用，而且结构简单施工方便。植物自重轻，防潮、防虫，除作为屋顶材料外，还可以将其缚在墙体木架上，可以做间隔墙用，剩余的还可以做燃料烧炕取暖。同时，为了抵御东北地区冬季的大雪，屋顶铺一般在 30～50cm 左右厚的苦草，因此大量的稻草

也是很好的保温材料。

瓦屋面所使用的瓦多为一种灰黑色的陶瓦，这种瓦质地坚硬，单片的尺寸很大，瓦屋面风格粗犷，坚固耐用。不过，陶瓦屋面虽然比稻草的防水性好，但是却不及稻草屋面保温，所以瓦屋面除了要和草屋面一样在屋面上抹泥保温之外，还要在除正间之外的其他各居室设置吊顶，吊顶上方也要抹泥，最厚可达 50cm，以增加保温性能。

有些建筑在后墙外侧用黏土或玉米秆等简易材料做围合墙体——双墙式结构，主要作用是防寒，此外利用中间空间作为储藏之用。这种兼具储藏空间和保温作用的双墙体系，值得在现代建筑的生态性和可持续发展的方面加以研究利用。大部分传统墙体的做法首先是用原木立柱，固定房间的框架，然后将泥土和切割的稻草加水均匀搅拌，浇筑在木柱之间。原木、土泥、稻草等这些建筑材料均取自大自然，使用之后不对环境造成污染。土（泥）就地可取，使用方便，虽然其强度不高，也容易吸水软化，但具有良好的防火和保温隔热性能，并可回收再利用。而且使用过程中常在土（泥）中拌入稻草或秫秸，这样可以利用草的盘结使土（泥）更加牢固，在很大程度上克服其不足。木材是可循环利用的建筑材料，东北地区林木资源丰富，木材品质也比较好，因此朝鲜族传统民居中的各种建造构件都用到木材。木材具有良好的环保性能，在加工和建造中不会对环境造成破坏，在建筑拆除后可以再次利用，而且其造价低廉，维修和翻新也比较方便。朝鲜族传统民居以合理有效的构造方式充分发挥了各种地方材料良好的环境性能，这是其建筑可持续发展性的具体表现，也是其对于现代居住建筑设计的重要启示。

二、取暖

朝鲜族民居多设火炕，炕下设回环盘绕的烟道，炊烟的烟道通过火炕流至排烟口，将炊事余热作为采暖热源二次利用，且利用得很充分。炕的散热面积非常大，并且位于室内空间的最低处，

图 4-42 退间细部构造

这使得热能充分发挥,取得了良好的热效益。同时,这种满铺式火炕也使室内地面省去另做防潮处理的麻烦。夏天下雨时,温突能够使室内过多的湿气排到外面,闷热无雨时,又使室内变得凉爽。可以说,在东北地区冬季寒冷漫长、夏季温热多雨的气候条件下,温突冬暖夏凉、经济高效的优势得到了充分的发挥。这一"绿色"生态思想及能源循环利用的技术,在能源日益枯竭的今天,非常值得我们借鉴,最大限度地防止对能源的浪费,提高其效率。如今,多层、高层住宅建筑中所采用的地热采暖系统,热气从地面均匀上升,热效率高,既具备了火炕的采暖优点,又克服了暖气、火炕的不经济、不洁净等弊病。烧炕的燃料比较随便,木材、树枝、稻草、秫秸等都可以,这些燃料都是从当地取材,有效地利用了当地的资源。特别是用当年的稻草和秫秸做燃料,十分经济。

三、环境

朝鲜族在文化历史上具有"崇尚山水"和"鹤崇拜"的民俗现象,正是基于这种对自然的尊重与崇敬,朝鲜族人民在长期与自然互惠互利的过程中,懂得了如何利用地形,以达到与自然环境的和谐统一。朝鲜族的村落选址遵循背山面水的基本原则,尤其以南低北高的向阳坡地为佳。这样既可以将平整的土地留给农田,还能保证居民有充足的生活用水和生产用水,同时也解决了排水、防洪、防火等方面的需要。而且,延边地区冬季气候寒冷,盛行西北季风,由于向阳坡地比较暖和,与背阴坡地相比温度高10℃左右,又是冬季主导风的背风面,所以选择南面朝向的坡地,既可以多争取日照,又能够抵御西北季风,使整个村落即使在严寒的冬季也能处于温暖的小气候环境之中。为了满足漫长冬季的采光需要,朝鲜族村落中的房屋大多坐北朝南,并将主要出入口设在南面,北面通常是宅后空地或仅开一道小门。因此村落中的主要道路大多沿东西向平行等高线布置,南北向的道路则比较少,主要起辅助交通

作用。这样既节约用地,又避免了建造房屋时不必要的土方量,尽可能利用周围环境条件,使建筑与环境融合得巧妙自然。可以看出,朝鲜族村落通过对地势、地貌和水源等因素的分析,选择适宜的环境,充分利用土地资源,保持了耕种用地、建设用地和绿化用地的平衡,同时远离污染源,保证了村落内健康的生活环境,并利用大量绿化来调节气候,隔绝噪声,无处不体现着顺应自然、因借自然和保护自然的思想。村落中的植被以树木为主,兼有少量花草。树木随处可见,间距不等,树种不一,形态各异,而且在人们经常活动的公共场所,如学校和老人会等地,树木更是多而茂盛。花草多数栽种在院落大门与房屋连接的甬路两侧,也有少量种在院落围墙旁边。这些植被虽然未经规划设计,但却给整个村落创造了宜人的环境,提供了良好的休闲场所。

注释:

[1] 金仁鹤. 延边朝鲜族村落的空间构造变化的研究. 中国园林, 2004, 20(01).

[2] (韩) 朱南哲. 韩国传统住宅. 日本:九州大学出版社, 1980:74.

[3] (韩) 金俊峰. 中国东北地域朝鲜族传统民家平面的分类和特性. 忠北大学大学院, 2000.

[4] (韩) 金俊峰. 中国东北地域朝鲜族传统民家平面的分类和特性. 忠北大学大学院, 2000.

[5] (韩) 金俊峰. 中国东北地域朝鲜族传统民家平面的分类和特性. 忠北大学大学院, 2000.

[6] (韩) 金俊峰. 中国东北地域朝鲜族传统民家平面的分类和特性. 忠北大学大学院, 2000.

[7] 王绍周. 中国民族建筑(第三卷). 南京:江苏科学技术出版社, 1999.

[8] (韩) Chang, Ki-in. 알기쉬운 한국건축 용어사전. Seoul, 1993.

第五章 东北其他少数民族传统民居

第一节 民族概况

一、鄂温克族
(一) 族源族称、民族发展史、分布

鄂温克族是生活在我国东北地区的少数民族之一。目前我国的鄂温克族共有三万余人，主要分布在内蒙古自治区的鄂温克族自治旗、扎兰屯市、根河市、阿荣旗、莫力达斡尔族自治旗、陈巴尔虎旗，以及黑龙江省讷河市。他们生活在东北大兴安岭和呼伦贝尔草原，与其他民族交错杂居，形成了大分散、小聚居的分布特点。

"鄂温克"是民族自称，它的意思是"住在大山林中的人们"、"住在山南坡的人们"或"下山的人们"。这几种民族称谓的解释都能够反映出鄂温克族曾是生活在山林中的狩猎民族，与山林有着密切的关系。"根据考古学和人类学的研究，早在公元前两千年的铜石器并用时代，鄂温克族的祖先居住在外贝加尔湖和贝加尔湖沿岸地区"，以狩猎和捕鱼为生。后来，鄂温克人逐渐向东发展，其中的一支来到了黑龙江流域，居住在黑龙江上、中游的广大山林中繁衍生息，我国的鄂温克族主要来源于这一支。

明末清初时期，我国的鄂温克族分为三支：一支是贝加尔湖西北、勒拿河支流、威吕河和维提姆河的使鹿鄂温克，他们是"雅库特"鄂温克的先民；一支是贝加尔湖以东、赤塔河一带的使马鄂温克，他们是"通古斯"鄂温克的先民；一支是由石勒喀河至精奇里江一带人数最多的鄂温克人，他们是"索伦"部的先民。那时，这三支鄂温克族都过着原始氏族的生活，冬季在森林中猎取野兽，夏天在河边捕鱼，穿兽皮、住桦树皮搭的帐篷、用驯鹿或马当运输工具。其中，"通古斯"鄂温克从事部分牧业兼行狩猎，"索伦"鄂温克除狩猎捕鱼以外还兼营少量畜牧业。三支中的"索伦"和"通古斯"与外部的交流联系较多，汉族、满族和达斡尔族的物质文化渐渐地融入其中，他们开始建造固定的房屋，过上相对稳定的定居生活。"雅库特"鄂温克更多地保持了民族传统的生活方式，其中的一部分人甚至至今仍保持着原始社会末期的父系家族公社的制度，以狩猎和驯养驯鹿为生。这一部分鄂温克人的生活展现鄂温克民族传统生活。在民族日益被同化的今天，对他们的研究使发掘鄂温克族特殊的物质、文化生活特点成为可能。

现在生活在内蒙古敖鲁古雅乡的鄂温克人就是"雅库特"鄂温克的后裔。虽然从人数上看，这只是我国鄂温克族中的一小部分，但是他们较为完整地继承了鄂温克族传统的生活生产方式。从远古的渔猎经济时代至今，敖鲁古雅的鄂温克人从未离开大兴安岭，始终生活在茂密的森林里，以传统的游猎和饲养驯鹿为生。驯养驯鹿和狩猎是他们生产生活的核心内容，而驯养驯鹿更是这支民族与我国其他游牧民族的最大区别。他们是我国唯一一个以驯鹿为生的少数民族，所有的活动都围绕着驯鹿展开，因而被称为驯鹿鄂温克人（图5-1）。驯鹿是驯鹿鄂温克人赖以生存的基础，

图5-1 鄂温克人驯鹿[1]

他们的衣、食、住、用、行都离不开驯鹿。驯鹿是他们的运输工具，它常被用来驮运帐篷、生活用品以及狩猎的战利品。驯鹿的肉和奶是他们主要的食物来源。驯鹿的皮毛、驯鹿骨都是制作衣服、铺盖、生活用品的原材料，甚至鄂温克人冬季居住的"斜仁柱"，也是由驯鹿皮围盖在木杆上形成的。驯鹿鄂温克人在与驯鹿的长期相处中总结出了一套针对驯鹿生活习性的管理方法，使得他们的住所、活动区域在一年四季中都跟着驯鹿的足迹而迁移变化。不仅如此，驯鹿还成为这支鄂温克人精神生活的核心。在这个民族中有许多关于驯鹿的美丽神话流传至今，象征驯鹿的各种图案也成为民族独特的装饰图形，广泛运用于服饰及生活用品上。他们甚至还将驯鹿神圣化，雪白而健壮的公驯鹿常被奉为驯鹿神，每年冬至都要举行隆重的祭祀活动。这种以驯鹿为重心的原始游猎生活至今还留存在敖鲁古雅的驯鹿鄂温克人的生活中。他们被称为中国最后的狩猎部落，展现鄂温克族传统生产生活模式。

（二）民族传统文化：民族宗教信仰、家庭社会制度

鄂温克人有着独特的萨满教信仰。这种以万物有灵为核心的原始宗教信仰是鄂温克民族传统文化的重要组成部分。萨满教是广泛流传于我国通古斯、蒙古、突厥语系各民族中的一种原生性宗教，它由出现萨满而得名，没有经典教义，没有共同创始人，是"以信仰观念和崇拜对象为核心，以萨满和一般信众习俗性的宗教体验，以规范化的信仰和崇拜行为，以血缘地域关系为活动形式三方面表现相统一的社会文化体系"。鄂温克人所信奉的萨满教是以万物有灵为思想基础，集合自然崇拜、图腾崇拜、祖先崇拜为一体的宗教信仰。鄂温克族的先民们长期生活在茂密的森林、辽阔的草原上，以狩猎、游牧为生，自然界中的事物是他们的衣食之源，但有时也会为他们带来灾难，对自然界他们始终存在一种既依赖又恐惧的心理。所以形成了鄂温克人的自然崇拜，他们的崇拜对象非常广泛，包括天、地，天体中的日、月、星辰，自然物中的山、树林、江河，自然现象中的风、雨、雷、火，动物中的熊、蛇、鸟、鱼。鄂温克族的图腾崇拜源于对人的起源的探究。图腾崇拜以熊图腾为主，他们认为人类的始祖是熊，熊与人有直接的血缘关系，民族中至今还保留着有关熊的图腾神话和崇熊、祭熊等传统习俗。祖先崇拜是进入父系氏族社会后产生的，它的崇拜对象是每个氏族的保护神。萨满是萨满教信仰的重要组成部分，鄂温克族的每个氏族都有一个自己的萨满。在医药极不发达的原始游猎生活条件下，萨满的职能除了组织宗教活动为族众祈福免除灾难之外，还包括为族中生病的人们祭神治病。萨满在每年旧历新年、春秋季供祖先神和祭天的时候，都会举行跳神仪式，祝福人们全家平安、牲畜兴旺。除此之外，"奥米那楞"仪式是鄂温克族萨满举行的一项重要祭祀仪式，一般每三年举行一次，整个仪式至少持续三到五天，届时整个氏族的人都会聚集在一起，共同参加。这个祭会上萨满会通过跳神来祈求氏族的平安繁荣，并为参加仪式的族众医治病痛。跳神仪式举行完之后，还会举行一些摔跤、跳舞等大家共同参与的娱乐活动。"奥米那楞"祭会是同一氏族共同的宗教祭祀盛会，是民族精神生活的重要组成部分，氏族内部也可以通过这种形式强化共同的亲缘关系与凝聚力。

鄂温克族人数少而分布广，各地区自然条件不同，所以民族内部的社会经济结构发展极不平衡。在农业区和牧业区的鄂温克族都早已进入封建社会，而分布在额尔古纳旗的一小部分鄂温克人直到新中国成立前还延续着原始的游猎生活方式，社会制度仍保持着原始社会末期的家族公社结构。鄂温克族传统的社会结构由"哈拉"、"莫昆"、"乌力楞"等多个层次组成。"哈拉"是同一祖先的后代，即父系氏族。清末鄂温克族共分为14个大部落，他们居住在河流的两岸，多以河流名称命名。每个部落都由两个以上的"哈拉"组成，每一个"哈拉"下又分若干个"莫昆"（氏族）。"莫昆"是由同一"哈拉"祖先的后代组成的血缘组织。由一个"莫昆"组成的氏族公社是鄂温克人在母权时期的社会经济单元体。"莫昆"下分一至数个"乌力楞"。"乌力楞"是以血缘关系联系起来的家庭公社，是整个社会组织中的基本细胞，共同从事生产活动、共用生产工具、平均分配生活资料，其中的组织者由公社中年岁最大最有权威的男人担任，称为"新玛玛楞"。每个"乌力楞"中包括三四个至七八个"斜仁柱"，每个"柱"中住一个小家庭，是整个社会组织中的最小单元，也是公社中进行物质分配的最小单位。鄂温克人的婚姻是一夫一妻制，每个小家庭由一夫一妻和其所生子女组成，共同住在一个"斜仁柱"中。儿子结婚后，将从原来的"斜仁柱"中搬出，另立一个"斜仁柱"，算一个独立的家庭，成为"乌力楞"中新的组成单元。这种以家庭公社为单元、集体生产、平均分配的原始社会组织制度，是适应鄂温克族原始的游牧、狩猎生活的产物。直至近代，一些鄂温克族部落仍保持着这样的原始公社制度。

二、鄂伦春族

（一）族源族称、民族发展史、分布

鄂伦春族是生活在东北地区的少数民族之一，大小兴安岭中郁郁葱葱的林海、层峦叠嶂的山岭孕育着这个古老而神秘的民族。至 2000 年，我国鄂伦春族共有八千余人，主要分布在内蒙古自治区和黑龙江省。内蒙古自治区的鄂伦春族主要聚居在鄂伦春自治旗、布特哈旗、莫利达瓦旗、阿荣旗，黑龙江的鄂伦春族主要聚居在呼玛县、逊克县、爱辉县、嘉荫县。鄂伦春族主要生活在黑龙江省和内蒙古自治区东北部的大小兴安岭一带，在他们游猎生活的广阔土地上，大兴安岭由东北向西南斜贯，小兴安岭沿黑龙江向东南伸展，嫩江、黑龙江、额尔古纳河及其众多的支流蜿蜒其间，这些都构成了鄂伦春人劳动、繁衍、生息的丰厚物质环境。

鄂伦春族散布于黑龙江流域、内外兴安岭的广袤地区，民族各个分支之间的联系不甚密切，因此民族称谓也就随着历史的发展和地理位置的变迁而不断变化。17 世纪中叶之前，鄂伦春族主要分布在贝加尔湖以东、黑龙江以北，直到库页岛的广大地区，石勒喀河、黑龙江、精奇里江（结雅河）、恒滚河（阿姆贡河）流域以及库页岛上，都是他们游猎居住的地方。在 17 世纪中叶之后，鄂伦春人逐渐迁移到黑龙江南岸的大小兴安岭山中。"鄂伦春"这一称谓见于文献记载始于清朝初年，在此之前鄂伦春族往往与分布在西起石勒喀河、东至精奇里江、北起外兴安岭、南至大小兴安岭一带的达斡尔、鄂温克族并称为"索伦部"。而清代文献记载的"鄂伦春"，并不是鄂伦春族的全部，"毕拉尔"、"玛涅克尔"、"满珲"、"奇勒尔"、"山丹"均是鄂伦春族在不同地区的称呼。中华人民共和国成立后，经过民族的识别和鉴定，根据本民族的自愿，分散于各地的各个鄂伦春族部落才统一定名为"鄂伦春族"。

"鄂伦春"这个民族称呼有多种解释，这些释义都是对"鄂伦春"古老民族历史的阐释。一种解释为"使用驯鹿的人们"，这种解释源于鄂伦春族在较早的年代使用过驯鹿，而我国现在生活在额尔古纳河流域的鄂温克人仍以饲养驯鹿为生，这表明鄂伦春族和鄂温克族在历史上有非常密切的关系。据鄂伦春族老人说，鄂伦春和索伦、通古斯、雅库特（鄂温克族的三个分支）曾是同一个民族。另一种解释为"住在山岭上的人们"，此说源于鄂伦春语中对"鄂伦春"的音变词——"奥要千"的解释，"奥要"是山岭的意思，"千"是人们的意思，合在一起即"住在山岭上的人们"。由于鄂伦春族世代生活在山岭中以打猎为生，所以这种解释流传较为广泛。

鄂伦春人常年生活的大小兴安岭地区，森林茂密、河流众多，半个多世纪以前，这里 90% 以上的土地被原始森林所覆盖，动植物资源十分丰富。其中生长着落叶松、白桦、黑桦、柞树、杨树、樟子松、红松、鱼鳞松、杉松、冷松、黄花松等多种林木。在这茂密的森林中还栖息着鹿、狍、熊、野猪、狍子等种类繁多的野生动物。黑龙江及嫩

江的支流密如蛛网，所产鱼类也非常丰富。广阔的山林、丰厚的动植物资源都是鄂伦春人的衣食之源、生存之本，也孕育出了这个民族独特的游猎文化。他们自古以来即以狩猎为生，森林是他们天然的猎场，其中的动植物则是他们取之不尽的财富。

"高高的兴安岭，一片大森林，森林里住着勇敢的鄂伦春。一人一匹马呀，一人一杆枪"，这首耳熟能详的民歌正是鄂伦春人游猎生活的真实写照。在兴安岭的原始森林中，鄂伦春人世代靠着一匹马、一杆枪、几只猎犬，一年四季追逐着獐、狍、驯鹿，划着桦树皮船在河流中捕鱼为生。与其他原始游猎民族一样，鄂伦春族的传统生活也是以狩猎、捕鱼为重心，居无定所，终年追随着猎物有规律地迁徙。鄂伦春人大部分都是优秀的猎手，他们从五六岁起就开始培养孩子的狩猎技能。鄂伦春人的狩猎工具多种多样，从远古时代的木棒、石器、扎枪和弓箭，一直发展到近代的铁器与枪支，除此之外还有我国北方少数民族特有的原始交通工具——桦树皮船和滑雪板。鄂伦春人的狩猎技术非常精湛，每个鄂伦春人都对狩猎地区山脉的走向、河流的分布、野兽的习惯与分布区域了如指掌，并能够根据各种野兽的习性和规律采用不同的捕猎方法。鄂伦春人的狩猎对象十分广泛，包括狍子、马鹿、犴、狼、野猪、熊、灰鼠、水獭、猞猁、貉子等多种野兽，而猎取猎物的多少也是评价一个优秀猎手的重要标准，优秀的猎手在鄂伦春族社会中享有很高的地位，会受众人尊敬。这种原始的游猎生活在鄂伦春族中一直持续至20世纪50年代，这时，他们才从大森林中走出来，逐渐过上半耕半猎的定居生活。而此前原始游猎生活中形成的丰富的游猎文化体系，仍是保持其民族独特性的重要因素。

（二）民族传统文化：民族宗教信仰、家庭社会制度

"一切宗教不过是支配着人们日常生活的外部力量在人们头脑中的幻想反映，在这种反映中，人间的力量采取了超越人间的力量的形式。"在人类氏族社会阶段，由于生产力水平极端低下，人们对自然界的种种现象无法理解，于是以为有一种神秘力量支配着一切，因而产生了万物有灵的宗教观念。

鄂伦春族的宗教信仰是在氏族社会阶段产生的。鄂伦春族还处于较低下的生产力水平，人们无法理解自然界的种种神秘现象，便产生了万物有灵的宗教观念，以神的存在解释一切。

新中国成立前，鄂伦春族在大小兴安岭从事游猎活动，与外界接触较少，因此这种从原始社会流传下来的以万物有灵为基础的，集自然崇拜、图腾崇拜、祖先崇拜为一体的原始萨满教信仰还完整的保存着（图5-2）。鄂伦春人笃信萨满教，萨满教构筑了他们丰富的精神世界。不论是祈求狩猎丰收，还是为使患病者痊愈，他们都要求神问卜，请萨满跳神（图5-3）。鄂伦春人的萨满

图5-2 鄂伦春人刻于树干的山神[2]

图5-3 萨满跳神

教信仰是一种原始的多神崇拜,敬拜的神灵很多,分为自然崇拜、图腾崇拜、祖先崇拜三种。自然崇拜始于氏族社会初期,那时人们将对自然的敬畏和祈求相结合,对各种自然现象加以崇拜。自然界中的天体、山河、水、石、花草、树木以及自然现象,如闪电、雷、风雨等都是他们崇拜的对象。鄂伦春人会在每年正月初一拜太阳神,正月十五日夜拜月亮神,腊月廿三供奉北斗星。他们平时最敬畏的是火神——"透欧博如坎",每当吃饭的时候都要先往火中投一些食物以示供奉,生活中也保持着许多关于火神的禁忌。而"白那恰"则是与鄂伦春族狩猎生产息息相关的山神,鄂伦春人认为他主管山中的一切,能够保护猎业丰收,猎人在山中路过象征"白那恰"的树干时都要停下祭拜。鄂伦春人在狩猎生活中逐渐将某些动物从一般动物中分离出来,认为这些动物与他们有着特殊的亲缘关系,由此产生了原始的图腾崇拜。熊就是鄂伦春人的图腾之一,他们将熊尊称为"太贴"(祖母)、"雅亚"(祖父)或"阿玛哈"。虎也是他们崇拜的图腾,被尊称为"乌塔其"(太爷)或"博如坎"(神或老大)。在母系氏族的后期,随着社会的发展,鄂伦春族又产生了祖先崇拜的观念。他们所崇拜的是氏族共同的祖先——"阿娇儒博如坎"。过去,鄂伦春族几乎家家都供奉祖先神的神偶或画像,并且每次举行氏族大会时都要隆重的祭祀。在鄂伦春人的思想中,人处在各种神灵的包围之中,而人在生活中又常会触犯神灵,因此萨满便作为沟通人与神灵之间的使者出现,来调解人与神灵之间的矛盾。萨满主要通过跳神来实现人神之间的交流,每当为人治病、祈祷、举行祭神仪式时,萨满都会穿上特制的神服,手拿神鼓,唱起神歌为族人消灾解难、祈求神灵降福。鄂伦春人重大的宗教活动主要有春祭大典和萨满祭祀集会。春祭大典一般在每年的五月进行,各地的族人都要赶来一起参加,一方面请萨满跳神祈求神灵庇佑,一方面庆贺新的一年开始,它既是一种宗教活动,又带有群众性的节日色彩。萨满祭祀集会是较大规模的活动,每三年举行一次,持续五至十天,其间不仅包括神歌表演、跳神仪式,还有萨满之间举行的竞赛与各种竞技活动,内容之丰富已超出单一的萨满祭祀,成为民族文化活动的重要组成部分。虽然萨满教信仰是在生产力、医疗水平都相对低下的原始社会中产生的原生性宗教信仰,但是在鄂伦春族中,这种宗教还保持着其独有的生命力,萨满作为一种特殊的神职人员,至今依然存在于他们的生活之中,而原来定期举行的大型宗教活动,现在也作为一种展现地域特色的民族集体活动被持久的保留了下来。

原始的狩猎生产方式以及较为原始的生产工具决定了鄂伦春人无法凭借一个人或一个小家庭的力量与自然界相抗衡,所以产生了与民族生活环境、游猎生产方式相适应的氏族社会组织制度。鄂伦春人的氏族社会经历了氏族公社、家庭公社、地域公社三个阶段。氏族公社是在原始社会早期母系氏族阶段存在的社会制度,但是由于鄂伦春人长期生活在深山密林中,同外界接触较少,在他们的社会中仍遗留着许多原始社会的痕迹。这种遗存不仅包括一些生活习俗,如姑舅表婚、妻方居住、舅父权等,还包括"穆昆"这一社会结构单元。"穆昆"是鄂伦春人的氏族公社组织,它是"同姓人"的意思,包括一个氏族在九代以内有血缘关系的人们,同一氏族供奉共同的祖先神,有公共的墓地。每个氏族都有一个氏族长——"穆昆达",他负责定期主持召开氏族大会,管理氏族内部事务。这一人选由氏族内部选举产生,一般由组内有威望、办事公道、辈分较高的人当选。鄂伦春族一直实行一夫一妻和族外婚制,他们的家庭结构是以一对夫妇及其所生子女的小家庭共同组成的大家庭。这个家庭构成了在"穆昆"这个较大的共同体范围之下的血缘"乌力楞"。血缘"乌力楞"早期是作为家庭公社长期孕育在氏族公社之中的,在氏族公社逐渐瓦解后,它就从中分离出来,成为一个独立的社会经济单元。每个血缘"乌力楞"包括有一对夫妻及其子女组成的五至七八户或十户不等的小家庭，每个小家庭都住在自己的"斜仁柱"里，但大家都居住在同一个区域内，共同移动迁徙。"乌力楞"的家族长——"塔坦达"由家族成员推选出来组织生产与生活，同一"乌力楞"的人们共同劳动，平均分配生活资料。这种家族公社发展到后期，一些个体家庭由于生产能力提高而逐渐摆脱血缘纽带的束缚，流动到别的地方去加入另一个"乌力楞"，由此形成了以同一居住区域内的个体家庭结合而成的地缘"乌力楞"，从而取代了血缘"乌力楞"的地位和职能，成为新的社会组织单元。随着季节的交替变化、野兽的流动、人员的增减，地缘"乌力楞"中的各个体家庭时分时合、或聚或散，形成一个个随着季节变化、适应狩猎生产的移动居住聚落。在鄂伦春族的社会中，直到17世纪中叶还保持着以血缘"乌力楞"为社会单元的家庭公社制，而地缘"乌力楞"则到20世纪50年代，鄂伦春族事实定居之前仍旧存在着。

三、赫哲族

（一）族源族称、民族发展史、分布

赫哲族是长期生息繁衍于黑龙江、松花江、乌苏里江三江流域的古老民族。至2000年，我国居住的赫哲族共有4640人，主要分布在黑龙江省同江县八岔、街津口两个乡和饶河县四排村等沿江一带，还有少数人杂居在桦川、富锦两县的一些村屯和佳木斯市内。他们所生活的三江流域，有完达山及兴安岭蜿蜒伸曲，森林茂密，栖息着众多珍禽异兽；川流不息的三江及其支流和众多湖泊中，盛产大马哈鱼、鲟鱼以及"三花五罗"等多种鱼类。丰富的自然资源给赫哲人以舟楫之利、衣食之源，使得他们祖祖辈辈在这片土地上过着"吃穿江里来，用的山上取"的渔猎生活。

赫哲族是一个多源多流的民族。秦汉时期以前，赫哲族的远祖主要生活在黑龙江以北、外贝加尔湖以东地区。在10世纪时，他们作为北通古斯的一支，在南迁黑龙江、松花江、乌苏里江流域的过程中，与奇勒尔和当地的费雅喀及小部分虾夷混合，继续南迁与南通古斯相互交错杂处，共同成为现在赫哲族的主体。赫哲族在不同历史时期史籍记载的民族称谓都有所不同。先秦时期的"肃慎"，汉魏时期的"挹娄"，南北朝时期的"勿吉"，隋唐的"黑水靺鞨"，辽代的"生女真"，金、元、明时期的"野人女真"，都是赫哲族的先民。"赫哲"一名直到清朝才见史籍记载，而赫哲族作为一个独立的民族也是从清朝初年才开始的。

"赫哲"是民族自称，有"下游人"或"东方人"的意思。赫哲人因居住地不同，在建国之前有"那贝"、"那尼傲"、"那乃"、"奇楞"、"赫真"、"赫哲"、"赫吉斯勒"等多种民族自称。其中"那贝"、"那尼傲"、"那乃"都是"本地人"之意，"奇楞"意为"住在山岭里的人们"或"住在江边的人们"，而"赫真"、"赫哲"、"赫吉斯勒"是同一个意思，是赫哲族在与外族交往时对本民族的统称。

（二）民族传统文化：民族宗教信仰、家庭社会制度

赫哲族是我国人口最少的少数民族之一，萨满教曾是他们全民族的宗教信仰。赫哲族对于先祖、鬼神、自然界有着原始的崇拜，他们相信万物有灵，在长期狩猎的过程中认为每种动物也有神的主宰，因此产生了图腾崇拜。据祖传，尤姓崇拜的图腾是"玛发克"（熊），傅姓崇拜的图腾是"塔斯赫"（虎）。除非遇到危及生命而不能逃脱的险情，赫哲族人从不对他们崇拜的图腾猎杀和食肉、衣皮。即使遇险将其杀死，也要跪拜祈祷，以求神灵赦罪，并将其尸体掩埋。他们还会将崇拜的图腾绘制于桦树皮上，卷好扎紧后保存在避雨和人不常去的屋檐下，代代相传。赫哲族还认为人有三个灵魂，第一个灵魂叫"奥伦"，人与动物都有，在人死后，此灵魂立即离开肉体，换句话说即"生命的灵魂"。他与人的生命同始终，是创造生命的神所赋予的。第二灵魂叫做"哈尼"，他能暂时离开肉体，并且能到达远的地方，和别的灵魂火神发生关系，好像人在醒着时候的思想，所以有人给他一个名称叫做"思想的灵魂"。第三个灵

魂名为"法扬库",他有创造来生的能力,是管转生的神所赋予的,可以叫他"转生的灵魂"。在人死后,他立刻离开肉体。对万物的崇拜使他们认为自己在灵魂以及神灵面前是无力的,只有萨满介于他们之间,帮助他们沟通。赫哲族的萨满可分为三派:一是河神派;二是独角龙派;三是江神派。这三派以神帽(图5-4)上鹿角的不同来区分:神帽左右侧各一枝鹿角的为河神派;左右各二枝鹿角的为独角龙派;左右各三枝鹿角为江神派。与其他民族萨满神帽不同,赫哲族萨满的品级也是从神帽上区别开来,依照神帽上鹿角分权数目的多寡,鹿角分为三权、五权、七权、九权、十二权、十五权等六级。神帽上鹿角枝权数越多,他们品级就越高。通常一个初学萨满要经过三年时间才能升到三权鹿角神帽,经过40年功夫才能升到十五权神帽。除神帽外,萨满所具有的神器还包括神衣、神裙、神手套、铜镜(图5-5)、腰铃(图5-6)、腰带、神鞋、神鼓、神槌、神杆等,这些都是萨满通神及施展法术时的工具,是萨满的标志。赫哲族通过萨满来保护氏族的安全;治愈病患;为妇女求子、接生;为死者治丧、送魂;为氏族男女主婚,并主持氏族的各种祭祖、祭天神、祭吉星神等;上卦占卜,祈求生产丰收;祷告猎神、山神、江神等活动。

在未受外界文明影响之时,赫哲族一直保留着古老的氏族制度,氏族是出自一个共同的祖先、具有同一个氏族名称并以血统关系相结合的血缘亲族的总和。赫哲族共有七个最古老的氏族,分别为:特尔吉尔、贝尔特吉尔、巴亚吉尔、撒玛吉尔、卡尔他吉尔、巴力卡吉尔、库奇吉尔,他们大部分以赫哲族居住的地名、河流而得名,还有一些起源于物品名或是图腾崇拜。赫哲族的氏族组织名为"哈拉莫昆"。"哈拉莫昆"的名称有两种含意:"哈拉"是"姓氏"之意,即氏族,"哈拉达"即"氏族长"。"莫昆"是"族"之意,即家族,亦称宗族,"莫昆达"即家族长或宗族长。后来随着生产发展,氏族不断瓦解,家族不断增多,家族渐渐代替了氏族的职能。但"哈拉"在人们心中仍有崇高的地位,人们在称呼家族时,又将"哈拉"冠于"莫昆"之前,成为"哈拉莫昆"。"哈拉莫昆"管理氏族内部事务,同一个"哈拉莫昆"内,有八户或十户或更多家族组成。许多"哈拉莫昆"居住的地方,小者称作"嘎深",即为屯,屯长名为"嘎深达";大者称作"霍通",即为城,城主则称"竹深达"。某一英明城主或屯长征服许多屯城时,就会创建部落,赫哲人成为"额真汗",简称"汗"。部落为赫哲族最高的政治组织,具有最高权力。到清朝时期,许多赫哲族人被编入八旗,清朝末年,这些与外族接触较早的氏族受到外族文化及社会制度的影响,氏族组织逐渐被取代,居住在松花江下游者,其氏族组织仅有某些残余;居于乌苏里江流域及东部沿海者,其氏族组织虽存在,但不甚明显;仅居住黑龙江中下游者,其氏族组织存在较为明显。

图5-4 赫哲族萨满神帽[3]

图5-5 萨满神衣上的铜镜

图5-6 萨满神衣上的铜铃

第二节 民族聚落

一、鄂温克族聚落

鄂温克族是生活在我国东北部大兴安岭、小兴安岭及呼伦贝尔草原一带的少数民族，它属于北方的传统游猎民族，并且这个民族中的一部分人至今还保存着传统的生活方式。与其他古老的游猎民族一样，他们的衣、食、住、行统统都围绕着生产活动展开，所以这个民族的聚落、居住形态也与民族特有的生产模式息息相关。现在生活在我国的鄂温克族由于历史和地理环境等原因分为三支，形成三种截然不同的生产生活模式：一支是定居在海拉尔河两岸，从事农业生产的"索伦"鄂温克人，他们的生活方式已经与此地区的汉族农民相差无几；一支是在陈巴尔虎旗从事游牧、畜牧生产的"通古斯"鄂温克，他们现在的生活方式更接近同样生活在草原上的蒙古族牧民；一支是继续留在森林中，现居住于额尔古纳河流域的"雅库特"鄂温克，他们的生活中更多地保留了鄂温克族先民以驯养驯鹿、狩猎为生的牧猎生活方式。今天的"雅库特"鄂温克共有200多人，虽然人数上只占整个鄂温克族的一少部分，但是他们的聚落形态、建筑形式更能够反映出鄂温克族传统的居住方式。

（一）游动式聚落形态

鄂温克族的传统聚落是完全适应牧猎生产的游动式聚落。这种游动性体现在季节营地的变换和短期的迁移相结合中。鄂温克人一年四季对应不同的生产活动都有不同的居住范围，大致分为春秋季营地、夏季营地和冬季营地。他们常以一年为周期在这几个营地之间沿着固定的往返路线迁徙移动（图5-7）。其中4～5月居住在春秋季营地；6～8月迁移到夏季营地；9～10月前回到春秋季营地；11月至次年3月居住在冬季营地。

鄂温克族的季节营地并不是一个固定的居住地，而是一个动态的活动区域。事实上在每一个季节的居住区域中，鄂温克人也是在不断迁移的，并且根据季节的不同，所从事生产活动的不同，他们在每个营地中的移动频率也不尽相同。夏季一般15～25天移动一次，春秋为5～10天，而冬季由于主要活动转换为狩猎，需要跟随猎物快速迁移，所以每隔3～5天就要移动一次。鄂温克族不同的季节营地，根据所从事活动的不同，对自然地理条件的要求也有所区别。春秋季营地多选在水源好、植物丰富、背风向阳的地方；夏季营地多选在地势高、靠风口、树木少、靠河边的地方；冬季营地多选在向阳背风的猎场附近，便于获取猎物，度过严冬。

（二）聚落的组成

1. 人员组成

鄂温克族的群体居住模式并不像我国许多民族那样聚族而居，而是分散成若干个小的聚落，散布于森林中。鄂温克族聚落中的组成成员不是简单的共同居住于一个区域的个体，他们之间还有非常密切的血缘关系和经济关系。在一个聚落中共同居住的是同一个"乌力楞"成员，每个聚落中一般包括三五个至十个左右的个体家庭。这些成员都是一父所生的子孙后代，共同组成一个以血缘关系为纽带，具有家族社会性质的生产组织和社会结构同一聚落中的人们，不仅一起随着季节的变化而游动迁徙，还需要在同一家族长的

图5-7 迁徙途中的鄂温克人[4]

领导下共同驯养驯鹿，进行狩猎活动，共同分配消费品。可以说鄂温克族的聚落是在共同从事生产劳动的前提下产生的小型居住群体。各个成员家庭之间只在长幼、辈分上有所差异，在劳动、分配中完全是平等的经济单元体。这种传统的聚落成员组成方式，在一定程度上是鄂温克族传统的家庭公社制社会组织模式的反映。

2. 建筑组成

鄂温克族的聚落的分布具有大散居、小聚居、游动性强的特点。而这些特点都是在民族生活模式、经济水平的作用下自然产生的。以驯养驯鹿、狩猎为主的生产模式决定了鄂温克人不可能大范围聚族而居，而是分散为若干个小聚落，散布在广袤的森林中；驯鹿以及猎物的游动性又决定了他们不可能长期生活在同一区域，而是要不断地迁移，更换居住地；生产力、生产工具的落后以及自然环境的复杂性，使得他们必须在保证移动性的前提下，形成由多个家庭组成的共同劳动生产的集体。

鄂温克族的聚落是由两种类型的建筑构成的，一种是居住建筑，另一种是仓储建筑。这两种建筑的使用功能不同，移动性也有所区别。居住建筑"斜仁柱"是跟随鄂温克人游动的可移动住所（图5-8），一般一个小家庭住一个"斜仁柱"，儿子结婚后便在原来家庭的"斜仁柱"旁再新建一座。每个聚落由三至十个"斜仁柱"组成。仓储建筑"格拉巴"（图5-9）是一种固定的建筑，一般搭建在游猎区中心或季节迁移的必经之处。它由居住于同一个聚落的人集体修筑，大家共用。它是鄂温克人传统生活中不可缺少的建筑物，平时用于存放衣服、生产用具和食物。"格拉巴"的使用权并不是固定的，这一聚落的人迁移离开后，再迁移到这里的聚落也可以使用它。一个完整的鄂温克传统聚落是由若干个可以随时移动的"斜仁柱"以及散布于各个季节营地中的固定建筑"格拉巴"共同构成的。

（三）聚落的空间组成

1. 建筑排布

鄂温克族的传统聚落虽然只有若干个"斜仁柱"分布其间，但是这些建筑之间的排布也具有一定的规律性。首先，他们具有统一的朝向，鄂温克族的斜仁柱入口一般朝向东方；其次，建筑之间具有固定的位置关系，多个"斜仁柱"搭建在一起时，必须由南至北一字排开，不允许围成圆圈或其他形式；并且，建筑之间的间距也与一般的村落有所区别，这些建筑之间的距离非常大，一般保持在50m左右。

2. 空间形态

鄂温克族聚落的外部空间有两个层次组成。第一个层次是由围绕在"斜仁柱"外侧的一圈木栅栏限定的特殊院落。这种木栅栏是鄂温克族特有的围墙（图5-10），由木杆横向交错围合而成，距离"斜仁柱"底边不到1m，边界多呈五边形或六边形。栅栏的空间限定性较弱，每根木杆在竖向上的距离都有30～40cm，视

图5-8 鄂温克人斜仁柱

图5-9 格拉巴

觉通透性很强，它的作用只是在"斜仁柱"周围形成了一圈靠近建筑的活动范围。主要功能用来防止驯鹿进入"斜仁柱"内或破坏"斜仁柱"。但它限定出的空间也成为由建筑内部到外部自然空间的过渡元素，是建筑室内空间的延伸。鄂温克人会在这部分区域内存储一些日常用品，在天气条件较好的情况下，这里也是他们进行餐饮、加工皮子、制作桦树皮制品等活动的区域。外部空间的第二个层次是木栅栏之外的自然空间，这部分空间没有任何人工的限定要素，是鄂温克人自由活动的场所。但是在这部分自然空间中也要分为两个区域。这两个区域由从南到北排成一列的"斜仁柱"组成的中轴线划分开。人们的活动范围仅限于"斜仁柱"的前方，任何人不允许到斜仁柱的后面去，这被认为是不吉利的。而"斜仁柱"前方的广阔树林则是鄂温克人举行集体活动、圈养驯鹿的场所。

鄂温克族的传统聚落虽然是一种临时性的居住形式，从空间构成的角度来讲，限定要素较少，各种空间的区分性也较差。但是它的外部空间已经有基本的内外区分，并且还形成简单的过渡空间，同时它也表现出与我国一般村落的明显区别。第一，它具有单一的方向性。由于建筑总数较少，自然环境提供的建造空间相当宽敞，所以，聚落中的建筑按照单一的线性排列，并且每座建筑都朝向同一个方向。第二，它具有明确的禁止活动范围。虽然没有明确的标识标志，但是这个由斜仁柱中心连线形成的轴线却一直存在于鄂温克人的日常生活中，成为一种隐形的限定要素，明确的在自然环境中区分出禁止活动的范围。

二、鄂伦春族季节性聚落

鄂伦春族是我国目前东北少数民族的一支，这个民族已是中国硕果仅存的最古老又最稀少的种族之一，属于重点保护的种族。鄂伦春族以独特的狩猎生产、生活方式，在黑龙江流域、大兴安岭、小兴安岭之间创造了"一人一匹猎马，一人一杆猎枪"的神话般的"鄂伦春社会"。17世纪以后，这个古老的氏族血缘组织形式在路、佐制度的冲击下被地域关系所取代，氏族成员之间的交错杂居直接导致地域性游猎公社这种新的聚落组织形态的产生，这个时期鄂伦春族的迁徙活动十分频繁，分布分散。新中国成立后，鄂伦春人的生产和生活方式发生了根本性变化，居住相对稳定，分布和迁移与此前相比已截然不同，基本完成了由经常迁徙的散居型向固定聚居型的过渡。其分布特点以聚居型为主，人口分布由大分散小集中变为大集中小分散，聚居点呈鄂、汉族混居状态。狩猎历来是鄂伦春族的主要生产活动，大小兴安岭茂密的森林、纵横的河流是理想的天然猎场，这里到处都有猎之不尽的飞禽走兽、鱼

图5-10 鄂温克族特殊的围墙

类等动物资源。由于长期从事狩猎生产，鄂伦春人民不仅积累了丰富的狩猎经验，而且对狩猎生产具有浓厚的感情。直到现在，许多鄂伦春族聚居区仍把狩猎作为主要副业生产，不分春夏秋冬都要安排一定的时间上山狩猎，个别地方仍把狩猎作为主业。鄂伦春族这种处于原始社会末期的聚落形态，以典型的"集体劳动，平均分配"的原始社会制度的特征而受到国内外民族学工作者的瞩目，对于研究认识人类早期的生活方式、生产方式具有重要参考价值。

（一）游动式聚落形态

聚落是人类在某地定居所形成的居所。鄂伦春族世代以狩猎为主，采集、捕鱼为辅，逐野兽而迁徙，形成了一种独特的游动式聚落形态。鄂伦春族根据季节不同、野兽活动和出没的情况而经常转移居住地点，聚落经常变化，很少有永久性迁居，迁移多属周期性流动。历史上鄂伦春民族人口进行了频繁的迁移，迁移成为鄂伦春民族的一种生活方式。鄂伦春族的居住方式主要有野处露宿、屋内居住两种。鄂伦春族主要是在离开宿营地远猎、捕猎旺季往来各地没有时间建造住屋时采取野处露宿的种居住方式。住屋居住是鄂伦春族一种经常性的居住方式。所谓住屋，就是"斜仁柱"（图5-11）。鄂伦春族狩猎时游动性很大，随着猎场的改变而不断变动居住地，每一个"斜仁柱"都仅仅是暂时的栖居场所。聚落位置的选择受地理环境的影响甚大，其中猎场、水、草是必须考虑的基本要素。

鄂伦春人过去狩猎没有划定的猎场，猎场是大家共同所有的。因此，鄂伦春人狩猎不受地域的限制，到什么地方去狩猎都可以。但是，每个氏族部落大体上总是有一定的活动范围，首先，居住点必须选择在野兽多的猎场附近，这是方便生产、有利于获取生存资料的需要。因为主要狩猎对象是马鹿，所以，马鹿四季活动的区域和规律就是部族迁徙的主要依据。春天马鹿在草早吐芽的向阳山谷和树枝早吐芽的地带活动，夏天喜欢到河里、水泡子里洗澡和吃藻类，或到沼泽地带盐碱滩舔盐碱，所以猎人就根据这一特点把部族迁到这些地方的附近。秋天柞树林的果实富含淀粉，许多野兽都爱吃，所以秋天选择在柞树林附近。其次，为了满足人和马的需要，居住点必须选择在水源充足的地方。在游猎时代，鄂伦春族的居住点都分布在黑龙江流域大大小小的河流两岸。正是由于这一活动规律，鄂伦春族的各部分一般也是以河流之名自称或他称。再次，聚落靠近草场。马是鄂伦春族的交通工具和生产工具，因此，他们非常注重马的饲养。鄂伦春族的猎马大都是野放天牧，居住地的周围必须适合放牧。为了给马找到好的牧场，春天"斜仁柱"就建于那些青草发芽早的山南坡向阳地带，秋天则选择水流过后长二茬草的地方。

（二）聚落的组成

1. 人员组成

"乌力楞"是鄂伦春社会的一般组织形式，鄂伦春人聚落的日常生产生活都以"乌力楞"为核心。"乌力楞"的本意为"子孙们"，是以同一父系血缘为纽带的几代后裔。每个"乌力楞"都是由若干个"斜仁柱"组成的一个村社，每个"斜仁柱"就是一个家庭，因此可以说鄂伦春族聚落是以家庭为单位的，往往以三四家或七八家为单位。每个家庭包含着七个人以下的成员，同一"斜仁柱"内最多不会超过二代。当人口增加到"斜仁柱"的饱和程度时，就是分家的时候。分家后

图5-11 鄂伦春人斜仁柱

通常是老人跟小儿子一起过，把长子一家分出去，在旁边另建一个"斜仁柱"。分家时要举行祭火仪式。"乌力楞"之上有"莫昆"，这是一种胞族组织，指所有同一祖先的各个"乌力楞"的成员。"莫昆"代表鄂伦春社会的最高机构，但并不干预鄂伦春人的日常社会生活。尽管它没有具体的存在形式，但具有很高的权威。近百年来，"乌力楞"的成员组织关系摆脱狭隘的血缘关系的束缚，逐渐由血缘关系演化为地缘关系。聚落变成由多个家族组成的地域性村社，但其氏族制度的性质没有变。鄂伦春人认为，"集体劳动、平均分配"是"乌力楞"生产生活的原则，尊老爱幼、顾全大局、谦让是每个聚落成员的道德准则。"乌力楞"直到1958年鄂伦春人完全实现定居，还忠实地执行着组织生产、安排日常生活的社会组织的职能。

2. 建筑组成

鄂伦春人的住房特征是完全适应游猎生活需要的，由于狩猎时迁徙不定，建筑必须能够就地取材、结构简易、便于拆搭迁移。

鄂伦春族聚落是由一个个"斜仁柱"、"奥伦"以及产房等建筑组成的。"斜仁柱"是鄂伦春人古老的居住用房，"奥伦"是鄂伦春人比较原始的仓房，它们属于固定建筑，产房是临时性简易建筑，位于"斜仁柱"东南角。原始的"斜仁柱"是游猎民族的典型建筑，若干个"斜仁柱"便形成的一个鄂伦春族村社。"斜仁柱"在鄂伦春人的生产实践中不断改进，但是依然保持着其圆锥形外观及便于拆搭迁移的特点。这和鄂伦春人一直从事游猎生活，需要这种移动住所是分不开的。除了"斜仁柱"外，鄂伦春人住房还有过"乌顿柱"、"木刻楞"、"雪屋"、"土窑子"、"林盘"、"库米"、"麦汗"等形式。随着社会的发展变化，鄂伦春人从1953年下山定居后，与汉族兄弟共同学习、劳动，盖起了"木刻楞"的木、土结构的房子。

(三) 聚落的建筑排布

鄂伦春族聚落的布局特点是所有"斜仁柱"呈"一"字形排列，"斜仁柱"西面的树上挂着各种木制的神偶"博如坎"，聚落内的"奥伦"建于"斜仁柱"的东南角，而产房位于"斜仁柱"的东南角几十米处。所有"斜仁柱"之间不可以穿插行走，不能分成前后街，只能成一行平行排列（图5-12），所有的门向也相同，一半朝南或者东南。之所以如此排列，就是因为在鄂伦春族的风俗中，女人不能见到神。在"斜仁柱"的后面供有各种神偶，将"斜仁柱"一字形排列就能避免女人见到房后的神偶。新中国成立以后，国家在为鄂伦春族建造房屋时也尊重了鄂伦春人的习惯，将所有的房屋成"一"字形排列。

三、赫哲族季节性聚落

赫哲族主要分布于我国黑龙江、乌苏里江和松花江沿岸，主要聚居在黑龙江省的同江市、饶河县和佳木斯市郊区，少数散居于桦川、依兰、富锦三市县，是我国人口最少的少数民族之一。凌纯声先生曾在20世纪30年代调查了松花江下游赫哲族的住宅后指出："一个民族的住处可从两个方面去研究，即地理的环境和居住的房屋。"由此可以看出地理环境会给一个民族生活聚居方式带来很大的影响。赫哲族所居住的三江流域的自然环境大多丛林密布，江河纵横，这一特殊的自然环境造就了赫哲族特有的渔猎文化特点，他

图 5-12 鄂伦春族聚落的建筑排布[5]

们的聚落分布与生活模式全都围绕生产活动展开，为了谋生便利，他们选择沿江河而居，并产生了黑龙江、乌苏里江和松花江三大聚集区。其中生活在松花江流域的赫哲人由于较早受到内地发达文化的影响，很早就居住满洲正房组成的聚落之中；而生活在乌苏里江或黑龙江流域的赫哲人，由于所处位置更加偏远，受其他民族影响小，到20世纪初仍住于较原始形态的聚落之中。赫哲族并存的几种不同类型的聚落，对我们研究其聚落文化的发展演变具有重要参考价值。

（一）季节性聚落形式

赫哲族是传统的渔猎民族。他们最主要的生产劳动为捕鱼，兼有狩猎和采集等生产劳动。他们的聚落主要是为了适应鱼类的汛期和洄游路线，是季节性非常强的聚落。赫哲族的聚落主要分为屯式聚落（图5-13）、网滩聚落、坎地聚落三类。[7]赫哲族并不是所有族人都会出外进行捕鱼和狩猎活动，一些留下来的从事后勤工作的族人就居住于屯式聚落的固定式住房中，外出的族人则主要根据在三个季节三次大规模捕鱼活动的捕捞地点进行季节性的聚落迁徙。第一次为开江之时的春季渔汛期，这时的鱼儿已在稳水涡子里呆了一个冬天，鱼身不太灵活，会随着开江的冰排震荡顺流而下，鱼儿较易捕捞，渔民们能够在此季节收获一年用于吃穿的主要渔产品。第二次是秋季鱼汛期，为"白露"开始后的一个多月时间。这一时期捕获最多的是鳇鱼、鲟鱼、大马哈等大型鱼类。这时所捕获的大马哈鱼可达一年捕鱼总量的一半。在这两个渔汛期中，族人根据各种鱼的习性特点和捕鱼场所情况，临时搭建"安口"居住在固定的网滩上，形成主要的季节性网滩聚落。第三次大规模捕鱼是在江面封冻以后的冬季，在冬季还继续捕鱼的族人在江边搭建以半穴居"胡如布"为主的房屋，捕捞越冬的鱼儿。这些零散布置的"胡如布"等居所，就构成了坎地聚落。

（二）聚落的组成

1. 人员组成

赫哲族不同聚落的居住文化非常丰富，聚落中的人员组成根据不同季节、不同环境、不同生产活动有所差异，聚落具有固定性与游动性的特点，共同居住于同一聚落中的人员组成结构由于聚落性质的不同而不同。赫哲族的普通家庭虽由一夫一妻和未成年的子女及无依靠的亲族组成，屯式聚落由若干普通家庭组成，同一屯中居住的家庭大多存在血缘或亲属关系，但由于所从事生产活动的差异，同一聚落中多数时间只居住的是各个家庭中从事同一类型生产活动的族人，所有家庭成员并不总是不居住于同一聚落，屯式聚落中在族人外出捕鱼或打猎时，主要的住户只有各家庭中的妇女、小孩以及老弱病残之人和那些利用浮网打鱼的人。网滩聚落中多居住出外打鱼的劳动力，也有许多举家搬迁而来，共同参与这一季节的捕捞。网滩聚落有大有小，每个网滩人数不等，有十家八家的，也有二十几家的，每家有一只船，或是两家合用一只船。聚落中所有的人吃住在网滩，大家还会共同推举一个办事公道、正直、打鱼技术好的人为把头（劳德玛发），管理网滩聚落。坎地聚落中居住的是在冬季继续打鱼的人。坎地聚落不同于赫哲族人员最为集中的网滩聚落，坎地聚落多为江边零散的居住点，少则三五个人，最多也只有十多个人，大家自由组合，捕捞越冬鱼群。

2. 建筑组成

赫哲族聚落的建筑具有定居与游居相结合的特点，这与赫哲族传统的生产生活方式有着密不

图5-13 赫哲族屯落[6]

可分的关系。赫哲族以捕鱼狩猎和采集野果为生，多样的生产方式决定了古老的赫哲族人必须采取多种聚居方式以适应不同的生产活动内容。既不打猎、也不打渔的妇女、小孩、老、弱病残之人只需采集野果或做一些后备工作，以及在家进出打渔能够当天往返的人无需外出漂泊，便聚居于固定的住所；从事渔猎生产的赫哲族人，因为生产的需要，必须随着动物迁徙的规律游动，聚居于游动式的住所。因此，不同的聚落中产生了不同的建筑类型，以适应大自然的挑战。

屯式聚落为固定住所的聚集地，居住建筑主要分为四类：一种是马架子，一种是地窨子，一种是木刻楞，一种是土草房，每户家庭经济状况不同，居住建筑类型也会有所区别。多数家庭还会以居住建筑为中心建造院落，院内一般有厨房、鱼楼子、仓房、晾架、厕所等附属设施，也会因经济状况不同而有所区别。各个家庭院落聚集在一起就构成屯式聚落。网滩聚落是季节性游动聚落的聚集地，所以居住建筑以"安口"为主，依形状主要分为："撮罗安口"（图5-14）、"昆布如安口"、"乌让科安口"三类，搭建非常简单。安口的南面还会搭一晾鱼架，覆苦草，保存收纳晒好的网具、鱼肉制品等。坎地聚落是冬季游动聚落的聚集地。为适应冬季寒冷气候，聚落内由就地取材、易于建造、还能抵御寒冷的地窨子和马架子两种建筑类型零散排布构成。

除此之外，狩猎的赫哲人还会在野外搭建塔拉安口、温特和安口、撮罗安口、按塔安口和雪屋，用以居住。

（三）聚落的空间组成

1. 建筑排布

赫哲族建筑排布方式同样受到了聚落用途的影响，与建筑所处聚落类型有关。这其中屯式聚落和网滩聚落中的建筑排布都有一定的规律性。在屯式聚落中，聚落所构成的村屯通常为方形，或长方形，屯内房屋全部坐北朝南"一"字形排列，前后列房屋平行排布，相隔两米或两米半，并分前后街。在网滩聚落中，各类"安口"同样整齐

图5-14 撮罗安口

地排布于江岸上，坐北朝南，但一般仅分前后两趟街，相隔也仅有几步距离。坎地聚落中的建筑则没有很强的规律性，聚落中的居住建筑零散分布于岸边的土楞子上，门开在向阳面，出门就是平地，下坎就是江边。

2. 空间形态

赫哲族聚落的外部空间，由聚落内居住建筑的类型决定，固定式聚落与游动式聚落间有很大差别。在固定式的屯式聚落中，较小的屯式聚落外部空间有两个层次。第一层是用树桩或较粗的树枝围绕居住建筑及鱼楼子等建起的栅栏所限定出的院落。院落为方形，近代较为有钱的人家也有用羊草搓成草绳，再用草绳编成草辫，用泥土筑在一起，宽约1.2m，高约3m多的拉哈墙，或是土墙，或将圆木堆在一起筑成的木围墙。居住建筑位于院落的中心；鱼楼子位于院落的东南角或者正南方向，用以储存食物；晾鱼架与晒网架建于住房南向；厕所设在房东侧或房后；马厩位置不定。整个院落作为建筑内部空间与外部自然环境的过渡，既是屯落中的居民储存食物、用具、满足基本生活需求的空间，又是从事修补渔网、晾晒鱼等生产劳动的场所。第二个层次是院落之外的空间。赫哲族屯落为便于捕鱼，屯落都沿江而建，院落之外的空间需高出江岸，避免遭受江水泛滥之苦。在较大的屯式聚落中，聚落周围还建有土围墙，东、南、西、北四面开有大门，

这样的聚落中又会增加用于居民日常活动、做买卖等的外部空间层次。在游动聚落中，无论是网滩聚落还是坎地聚落，为便于游动，聚落都非常简单，居住建筑之外就是外部自然环境，建于进行捕鱼的江岸高处，便于生产劳动。

赫哲族的传统聚落、固定聚落与游动聚落的空间形态，有的层次丰富，有的层次单一；有的限定要素多，有的限定要素少，二者间差别较大。但不难看出，赫哲族各个聚落还拥有一些共同的特点：第一，建筑朝向单一。所有居住建筑都向阳，一字排开，聚落中建筑多时，建筑还会分排而建。第二，建筑选址临近工作地点。以捕鱼为最主要生产劳动的赫哲族，聚落大多沿江而建。

第三节 三个民族在建筑类型中体现的传统文化

一个民族的传统建筑是在民族发展过程中逐渐形成的，它是民族传统文化的一个特殊组成部分，是民族经济、文化、家庭、社会和宗教观念的集中体现，它以物质形态表达出了深厚的民族传统文化内涵。正如罗丹对法国教堂建筑的形容一样，"我们整个法兰西就包含在哥特式大教堂里"。此外，一个民族的传统建筑也是这个民族世代相传的居所，是其日常生活的重要组成部分，在民族主体中留下深刻的记忆。例如，在给蒙古族设计建筑时使用了藏族碉楼的建筑原型，使用者一定会觉得这个建筑不符合在他们脑海中已经扎根的蒙古包建筑印象，而感到失落，失去民族主体对建筑的认同感。

一、民族传统建筑造型

建筑造型是构成建筑形象的美学形式，也是人们对建筑最直观的视觉印象。对于民族建筑来说更是如此，每个民族的建筑独特的造型特点都会是人们记忆最深刻的部分。例如我们提到侗族建筑，脑海中首先浮现的就是侗族的风雨桥与鼓楼的建筑造型；提到藏族建筑，首先就会想到布达拉宫的建筑造型。民族传统建筑造型是民族传统建筑文化的表达。

（一）形体与尺度

1. 形体

建筑的形体是建筑造型表现出来的整体形状与体量，是建筑造型几何特性的体现。在所有的造型要素中，形体是最基本的要素。当人们观察建筑对象时，总是本能地注意它的形体特征，想知道它像什么，是什么，对形体的理解和欣赏能够在很大程度上满足人的认知欲望。建筑的形体，主要用于分析三个民族传统建筑造型中的形体特征。

鄂温克族、鄂伦春族、赫哲族的建筑是在比较原始的地域自然环境与民族经济形态条件下形成的，每一个建筑单体都是独立的，单体之间通过外部空间发生联系。我国一些发展比较完善的民族建筑大多是由多个单体通过固定组合原则形成的组合形体构成，而这三个民族的传统建筑形体构成与此有所不同，它们都是由简单的几何形体本身或相互叠合形成的互不相连的独立形体，呈现出更为单纯的几何形状特性。这三个民族传统建筑的形体可以还原为三种基本几何形体：圆锥体、三棱柱、长方体与三棱柱的组合体。鄂温克族的"斜仁柱"、鄂伦春族的"斜仁柱"以及赫哲族的"撮罗安口"的基本几何形体为圆锥体。赫哲族的"昆布如安口"、"乌让科安口"的基本几何形体都是由水平放置的三棱柱演化而来。鄂温克族的"格拉巴"，鄂伦春族的"奥伦"、木刻楞房、乌顿柱，赫哲族的树上安口、"胡如布"、马架子、木刻楞、正房的基本几何形体，都是由水平向的三棱柱与长方体上下叠合而成。

2. 尺度

建筑尺度是在与其他物体的对比中产生的，它是人对整个建筑、一个房间、或者建筑的一个部分形成的尺寸概念。"尺度所研究的是建筑物的整体或局部给人感觉上的大小印象和其真实大小之间的关系问题。"[8] 建筑的尺度与尺寸是相互关联的概念,但是并不相同。尺寸是建筑的绝对大小,是一个客观的物理量;尺度是人对建筑的估计与衡量,与人的感觉及人体本身的物理尺寸有关,是一个基于相对比较得出的主观感觉量。建筑尺度感的确立也是人们对建筑造型认知的基本需求,不同的建筑尺度带给人们的感受会完全不同。

鄂温克族、鄂伦春族、赫哲族这三个民族的建筑是在狩猎、渔猎生活中形成的,最根本的目的是满足基本的生活居住需求,而且建造手段原始,所以建筑单体基本上为单层小体量的建筑,少数两层的建筑也是底层架空的,实体部分体量也较小。

通过对鄂温克族、鄂伦春族、赫哲族的多种传统建筑的尺寸进行分析整合,得出这三个民族建筑单体尺寸差异不大,建筑高度一般在2~5m的范围内,表现在建筑平面上,边长或直径尺寸在1.5~7m的范围内。建筑尺度的得出来自对比,其中主要包括建筑本身的尺寸与周围环境的对比以及与人体的对比。鄂温克族、鄂伦春族、赫哲族这三个民族的聚居地均在我国的大兴安岭腹地,他们的聚落分布在大兴安岭的森林中。大兴安岭的地貌以及森林构成围绕三个民族传统建筑的自然环境。大兴安岭的地貌以低山丘陵为主,其中生长的植物以高大乔木为主,成年的植株高度都在18~25m。自然环境中的植物高度为三个民族传统建筑的数十倍,远处连绵的丘陵与散布其中的传统建筑,在尺寸上更不是一个数量级。通过传统建筑与自然环境构成物的比例关系可以看出,这些民族的传统建筑在环境中显示出一种服从于自然物的小尺度(图5-15)。人对建筑尺度的感知总是以人的自身尺寸作为主要参照,通过建筑与人体的身高尺寸比例来判断建筑的尺度。鄂温克族、鄂伦春族、赫哲族这三个民族的传统建筑高度在人体身高的1~3倍范围内,建筑平面的长宽尺寸也在人体身高的1~4倍范围内,这种与人体尺寸的比例关系,显示出建筑的尺度是一个人体可以接触、感知的人性化尺度。从建筑与环境参照物的关系以及建筑与人体参照物的对比中可以得出,三个民族的传统建筑尺度为服从于自然的人性化尺度。

(二)虚空与实体

虚空与实体是建筑造型中相互依存的一对要素,常被并称为虚实关系。虚空在建筑造型中表

图5-15 自然环境中的鄂温克族斜仁柱

现为具有一定通透性，或在视觉上呈现内敛特征的要素，实体则是对视线具有一定的阻隔作用，或在视觉上呈现扩张特征并表现出一定体积感的要素。虚空与实体并不具有绝对性，它们是一对相对的概念，并可以相互转化，相同的造型要素可能在这个建筑中是实体，而在另一个建筑中就转换为虚空。建筑造型中的虚实关系表现在两个方面：一方面是建筑整体作为一个实体，与作为虚空的周围环境之间的交接关系，另一方面是建筑整体内部的虚空与实体的分布比例与分布规律。在同一类型的建筑造型中虚实关系会表现出特殊的比例关系特点以及界面交接特点。建筑造型中虚空与实体主要用于分析这三个民族传统建筑的虚实关系特征。

鄂温克族、鄂伦春族、赫哲族三个民族的建筑实体与自然环境之间的虚实交接界面，形成了建筑与自然环境之间的融合对话关系。它与现代城市中平直、单调的天际线所展现的建筑与周围环境之间非此即彼的对立关系完全不同。这三个民族的传统建筑的基本体量为圆锥体、三棱柱以及三棱柱与长方体的组合体，从远处看去，建筑与周围环境之间的交接线的上半部分呈现出向上凸起的折线形。这些建筑的单体是独立出现的，之间并没有连接体。如果将地面、贴近地面的植被以及建筑整体看作实体的一部分，天空及周围的环境看作虚空，那么整体的虚实交接界面应该呈现为：在一条由地面以及地面植被所形成的丰富折线上嵌入一些建筑实体所形成的凸起的三角形折线。丰富的虚实交接界面使实体部分与虚空部分表现出相互咬合的交接关系，形成了既有区分又相互融合的边界特点。

鄂温克族、鄂伦春族、赫哲族三个民族传统建筑体内部的虚空与实体的关系，表现为建筑表面的实体墙面部分与门窗洞口之间的比例关系。这三个民族生活在我国东北部的大兴安岭地区，那里冬季气候非常寒冷，而这三个民族的牧猎、渔猎生产生活方式决定了他们的日常主要活动区域多在室外，对建筑内部的采光要求不高，所以出现在建筑立面上的开窗很少，门洞的尺寸仅满足人们进入建筑的基本需求即可。鄂温克族以及鄂伦春族的"斜仁柱"，只在顶部留有天窗，建筑实体部分则根本没有侧窗，建筑的门也只是贴着倾斜的建筑侧壁所开仅能供一人通过的洞口。鄂伦春族的雪屋以及赫哲族的撮罗安口、昆布如安口、乌让科安口、树上安口、温特合安口都只是在建筑侧面留有入口，建筑上没有任何开窗。只有鄂伦春族与赫哲族的一些相对固定的住所在建筑表面上才有类似于现代建筑的门窗存在，如鄂伦春族的乌顿柱、木刻楞房以及赫哲族的胡如布、马架子、正房等就是在建筑的实体部分开一个仅能供一人通过的门洞，在侧墙上开比例非常小的窗，且窗的表面基本与实体墙面的外表面平齐。由此可以看出，三个民族的建筑内部虚空部分所占比例非常少，而实体是建筑立面上的控制要素，所以建筑内部虚实关系表现为强化实体、弱化虚空。

（三）色彩与质感

1. 色彩

在各种建筑造型要素中，色彩是最敏感、最富表情的要素。人们通过直观视觉所获得的色彩特性能够作用于心理感受，所以色彩是建筑造型中看似直观却又能够造成深层影响的特殊要素。建筑色彩的运用受地域自然环境、人文环境的影响非常大。例如，粉墙黛瓦就是我国江南民居建筑的色彩组合，而红墙黄顶则是我国北方官式建筑的色彩组合。不同地域会有不同的气候特征、自然环境特点、可利用的建筑材料，而这些不同的气候、环境、材料都会导致具有地域特色的建筑色彩组合。

鄂温克族、鄂伦春族、赫哲族的建筑主要使用由自然环境中得到的材料建造，很少使用涂色等改变材料色彩的方法，所以建筑呈现的色彩都源自建筑材料的本色。鄂温克族用于建筑外表的构筑材料主要是熟制好的桦树皮围子、驯鹿皮和去皮的落叶松树干。鄂伦春族用于建筑外表的构筑材料主要是白桦树皮、狍皮和圆木。赫哲族用于建筑外表的构筑材料主要是苫草、草泥、树枝、树干。这些建筑材料大多是由自然环境中直接得到的，若进行加工也是简单的人工处理，材质表面色彩多有自然的深浅变化，并且由于人工加工的非标准化，同样的材料也会呈现出不同的色彩。所以这些建筑材料并不像现代建筑材料一样，现出统一的色彩，能够代表这些建筑材料色彩特性的，不应该是某种单一的颜色，而是由多种颜色组成的特征性色系。鄂温克族的传统建筑色彩由鄂温克桦树皮色系、驯鹿皮色系、落叶松色系三个色彩组合构成。其中鄂温克桦树皮色系包括由A1至A5的五种颜色；驯鹿皮色系包括B1至B3的三种颜色；落叶松色系包括由C1至C4的四种颜色（表5-1）。鄂伦春族的传统建筑色彩由鄂伦春桦树皮色系、狍皮色系、圆木色系三个色彩组合构成。其中鄂伦春桦树皮色系包括由D1至D3的三种颜色；狍皮色系包括由E1至E3的三种颜色；圆木色系包括F1（表5-2）。赫哲族的构筑材料中，苫草与草泥在加工后能够呈现较为统一的建筑色彩，所以赫哲族的传统建筑色彩由苫草色G1、草泥色H1、树枝色系、树干色系构成。树枝色系包括I1、I2两种颜色；树干色系包括J1、J2两种颜色（表5-3）。这三个民族传统建筑表现出相同的色彩运用特点，他们的建筑色彩都是材料本色，没有使用任何染色技术来改变材料色彩；但是，他们也通过运用不同的建筑材料表现出了不同的民族建筑色彩独特性，其中，鄂温克族建筑以鄂温克桦树皮色系、驯鹿皮

鄂温克族传统建筑色彩提取

表5-1

鄂温克族传统建筑	材料	色彩	参数
春夏秋季斜仁柱	熟制的桦树皮	A1	C2 M22 Y42 K0
		A2	C6 M32 Y78 K0
		A3	C8 M44 Y68 K0
		A4	C13 M58 Y71 K0
		A5	C34 M58 Y61 K0
冬季斜仁柱	驯鹿皮	B1	C3 M20 Y28 K0
		B2	C49 M75 Y89 K13
		B3	C63 M82 Y89 K52
格拉巴	落叶松杆	C1	C0 M40 Y64 K0
		C2	C27 M51 Y82 K0
		C3	C23 M60 Y81 K0
		C4	C58 M81 Y92 K7

鄂伦春族传统建筑色彩提取

表 5-2

鄂伦春族传统建筑	材料	色彩	参数
 春夏秋季斜仁柱	自然桦树皮	D1	C4 M4 Y0 K0
		D2	C5 M9 Y22 K0
		D3	C64 M64 Y58 K7
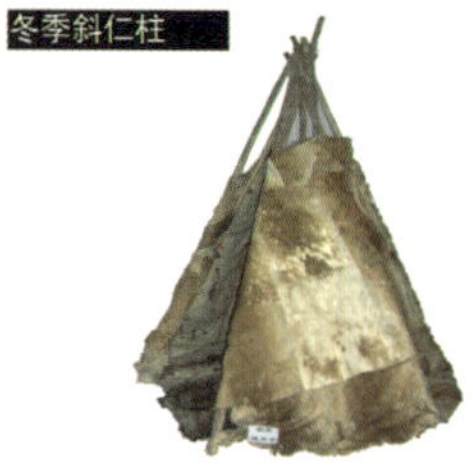 冬季斜仁柱	狍皮	E1	C8 M9 Y31 K0
		E2	C29 M51 Y84 K4
		E3	C56 M77 Y91 K51
 木刻楞	去皮圆木	F1	C13 M41 Y76 K0

赫哲族传统建筑色彩提取

表 5-3

赫哲族传统建筑	材料	色彩	参数
 安口	苫草	G1	C3 M18 Y55 K1
 正房	草泥	H1	C16 M40 Y69 K0
 鱼楼子	树枝	I1	C69 M64 Y78 K26
		I2	C53 M60 Y67 K5
	树干	J1	C49 M72 Y96 K13
		J2	C60 M68 Y88 K25

色系、落叶松色系为主，鄂伦春族建筑以鄂伦春桦树皮色系、狍皮色系、圆木色系为主，赫哲族建筑以苦草色、草泥色、树枝色系、树干色系为主。

2．质感

质感是反映对象表面形态的要素，在建筑中是建筑造型的微观要素，能够表现建筑界面细部的形态。由界面质感中感受到的特殊建筑感受，是其它造型要素不可取代的。它是建筑中与人最贴近的可感知要素，具有视觉和触觉双重感知的特点。这种视觉与触觉的双重作用能造成感知主体深刻入微的知觉体验。不同民族的建筑由于形成建筑界面的构筑材料以及材料加工工艺的区别，造成不同的界面质感。建筑界面质感原型，主要用于分析这三个民族的传统建筑的界面质感特征。

鄂温克族、鄂伦春族、赫哲族的传统民居建筑主要依靠人力从自然环境中获取建筑材料，并用人工搭建而成，所以它们所使用的材料尺度都较小，从而形成了丰富、细腻的表面质感。鄂温克族、鄂伦春族、赫哲族基本生活在一个地域范围内，可选择的建筑材料具有一定的地域相似性，所以，这三个民族的传统建筑表现出一些共有的质感——叠压质感、线条质感。同时，这三个民族在营造建筑时，由于所选用的建筑材料或组合材料的方式不同，也形成一些不同的表面质感。鄂伦春族、赫哲族的传统建筑还表现出凹凸质感；赫哲族建筑表现出独特的编织质感。叠压质感，是使用表皮材料（如桦树皮、兽皮），通过若干块之间层叠相连，在构架上组成一个整体的建筑外表面时，形成的相互叠合搭接的表面质感（图5-16）。线条质感，是运用条状的建筑材料（如圆木、树干、苦草）水平或垂直排列形成墙面或表面时，形成的由线条构成，并具有方向感与韵律感的表面质感（图5-17）。由于鄂伦春族、赫哲族的传统建筑比鄂温克族多出一些半覆土，以及由土坯营造出的固定建筑，所以这两个民族的建筑还表现出凹凸纹理质感，这是由泥土这种原始的建筑材料在经过人工加工后所表现出的凹凸

图5-16 叠压质感

图5-17 线条质感

图5-18 凹凸质感

不平、具有丰富光感的表面纹理质感（图5-18）。赫哲族传统建筑的编织质感，应该是将生产中编织渔网的方法运用于组合建筑材料中，利用柳条等相对柔软的条状建筑材料编织成面状的建筑围合界面，形成条纹状表面质感（图5-19）。

二、民族传统建筑空间

空间是人类建筑活动的出发点与归结点。早在公元前6世纪老子就对空间的概念作出了解释：

图 5-19 编织质感

"三十辐共一毂，当其无，有车之用。埏埴以为器，当其无，有器之用。凿户牖以为室，当其无，有室之用。故有之以为利，无之以为用。[9]"由此可见，建筑空间是因人的需要而营造的，它是对自然空间限定和改造的结果，同时也构成了对人行为的规范和限定。在民族传统建筑的各个要素中，空间是与民族主体生活、行为关系最为密切的。民族传统建筑空间与民族的传统文化有着密切的联系，一方面它源自于民族的传统文化，是建造主体在营造建筑时对民族的行为特征、生活习俗的物化表达；另一方面它传递着民族传统文化，独特的民族建筑空间规范着使用者的行为，使民族主体在建筑空间生活、活动的过程中延续了民族的非物质传统文化。

（一）空间形态

建筑空间形态是建筑空间所表现出来的可被人感知的空间形状、空间性质等物理属性，是建筑空间中最直观的要素。民族传统建筑空间形态的形成，一方面源自于日常生活的使用需求，另一方面也受到民族传统文化的影响。空间会以它本身所表现出来的形态特征影响在其中生活、活动的使用者。人们的活动范围并不局限于建筑实体所形成的内部空间之中，还包括建筑实体外部的室外活动空间，所以建筑空间形态原型可以由外部空间形态原型以及内部空间形态原型组成。

1. 外部空间形态

鄂温克族、鄂伦春族的建筑聚落以"小聚居大散居"为主要分布模式。建筑组团规模较小，由一个家族的血缘"乌力楞"或地缘"乌力楞"中的"斜仁柱"排成直线形的一列组成。这两个民族传统建筑对室外空间的控制力非常弱，他们的传统室外活动空间是没有固定形态的，建筑周围的树林中、河畔的开阔地都可以成为他们进行室外生活、生产、集会的活动场地（图5-20）。所以，这两个民族传统建筑的外部空间形态特点就是室外空间完全源自于周围的自然环境。

赫哲族的固定建筑聚落以临近乌苏里江、松花江、黑龙江岸形成的屯落为主。屯落由若干个家族院落组合在一起形成，总平面形状多呈方形或长方形。屯落中的单元院落由住屋与室外栅栏组成，每个单元院落均朝向南面（图5-21）。院落之间由东向西并列排布，室外栅栏高约1m，前后两列栅栏之间限定形成了第一个层次的室外空间。这个层次的空间是屯落中使用者的交通与公共活动空间，起到增加院落单元之间交通联系的作用，空间形态表现为由栅栏限定出的与自然环境相隔离的直线形空间形态。院落单元的住屋之间相隔10～17m，这个距离为主体建筑高度

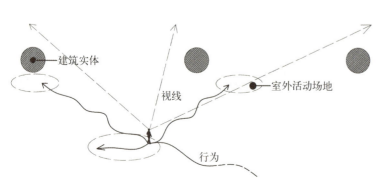

图 5-20 鄂伦春族、鄂温克族传统室外空间示意

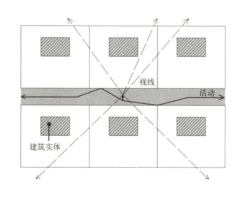

图 5-21 赫哲族传统室外空间示意

的三倍以上，住屋的外墙对空间的限定作用非常弱，形成了自由通透的第二个层次外部空间。这个层次的空间主要为视觉性的，人们的视线可以透过建筑之间开敞的空间与周围自然环境相衔接。赫哲族传统建筑的外部空间表现出与自然相隔离的几何形直线空间、与自然相融合的开敞空间这两个层次相叠合的空间形态特点。

2. 内部空间形态

鄂温克族、鄂伦春族、赫哲族同属于原始游猎民族，他们的传统居住建筑的内部空间形态具有一些共同点。这三个民族传统居住建筑可以分为长期居住建筑与临时性建筑。其中临时性建筑均为他们在打猎或捕鱼活动场地附近快速搭建而成的遮蔽物，内部空间是绝对功能性的，仅为人们提供一个遮风避雨的栖身之处，所以这三个民族的内部空间形态的原型应从他们长期居住的建筑形式中得来。长期居住建筑包括鄂温克族的"斜仁柱"；鄂伦春族的"斜仁柱"、木刻楞、"乌顿柱"；赫哲族的"胡如布"、马架子、木刻楞、正房。其中鄂温克族的"斜仁柱"与鄂伦春族的"斜仁柱"在空间形态上完全相同，内部空间平面为圆形，在圆心部位是室内的火塘，围绕火塘是三个供坐卧的铺位，中间的铺位正对着圆形平面的入口，在三个铺位与火塘之间是室内的活动空间（图5-22）。鄂伦春族的"木刻楞"和"乌顿柱"只在建筑材料与搭建方式上有所区别，内部的空间形态基本相同，平面为矩形，朝向南面的墙上开门，靠近其他三面墙搭三个铺位或砌一圈火炕，空间的中部砌火塘或炉灶（图5-23）。赫哲族的四种建筑形式中的居住部分空间形态基本相同，平面为矩形，靠着墙壁有南、西、北三铺火炕，房屋中间有的设有炉灶，有的将炉灶移至一侧的房间中（图5-24）。

鄂温克族、鄂伦春族与赫哲族的建筑室内空间虽然平面形态有所区别，但是内部空间的基本形态具有共同的基本特征，都具有向心性和指向性。"斜仁柱"的平面形状及其中心设置的火塘都强化了空间的向心性；其他几种建筑形式虽然

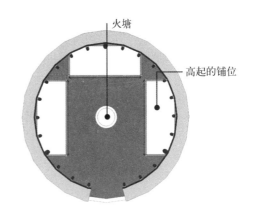

图 5-22 鄂温克、鄂伦春"斜仁柱"统室内空间

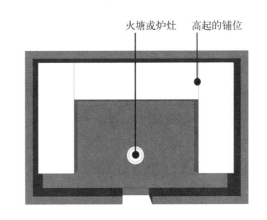

图 5-23 鄂伦春族固定建筑室内空间

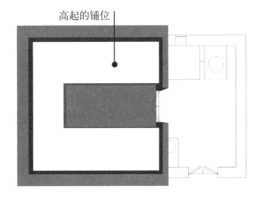

图 5-24 赫哲族居住空间

平面为矩形，但是沿着建筑三面墙壁设置的高起的铺位限定出了室内的中心空间，使矩形的空间内部也表现出了向心性。内部空间中的围合要素均为三面围合，其中的开口部分都有固定的朝向，使建筑空间本身具有了固定的指向性，鄂温克族的内部空间指向东方，建筑中以西为贵；鄂伦春族的内部空间指向南方，建筑中以北为贵；赫哲

族的内部空间指向东方,建筑中以西为贵。

(二)空间界面

空间与界面是一对相辅相成的元素,虽然人们直观感受到的是空间的形态,使用的也是建筑中的空间部分,但是空间本身的产生,离不开将建筑空间从无意义的自然空间中分离出来的限定界面。建筑空间界面在建筑中可以具体到顶面、基面、侧墙面等一切赋予空间一定意义的分隔要素。这些要素本身的特征,以及它们将建筑空间从自然空间中分离出来的方式都影响着建筑空间本身的特性。

鄂温克族、鄂伦春族、赫哲族人们的主要活动空间并不是室内,通过调查发现,这几个民族的主要生产、生活活动都是在室外进行的,就连冬季也不例外,夏季几乎只是夜间在室内休息,冬季在室内做饭、进餐、夜间休息,其他的时间都在室外活动。在他们的生活中,室外的自然环境相当于他们的起居室,建筑室内空间是他们的卧室和餐厅,室内外组合在一起构成他们的居住空间。所以,这三个民族建筑内部空间的基面与建筑周围的室外地面基本一致,如果建筑建在森林里,室内的地面材质和室外一样是沉积的落叶松针,如果建筑建在空旷地上,那么室内的地面材质也和室外一样是黄土(图5-25)。这三个民族建筑空间基面原型表现为对自然地面的延伸。

鄂温克族、鄂伦春族、赫哲族传统建筑的竖向空间围合界面具有独特的动态性。普通的建筑竖向界面的形成,只是在墙体平面的基础上竖向拉伸形成竖向界面完全垂直于地面,而鄂温克族、鄂伦春族的传统建筑"斜仁柱",赫哲族的传统建筑"撮罗安口"的竖向界面是由一根根木杆从地面升起汇聚于顶端的中心而形成,其中作为界面结构构架的木杆排列极具韵律,使竖向空间界面表现出丰富的动态特征(图5-26)。

(三)空间秩序

建筑空间是由人们生活中一些有意义的活动区域组合而成的。有的建筑空间虽然从空间形态的角度定义是一个单一空间,但是其中蕴含的人

图5-25 建筑室内地面铺满了落叶松针

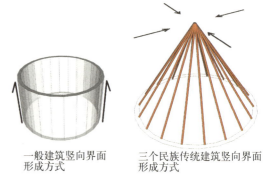

一般建筑竖向界面　　三个民族传统建筑竖向界面
形成方式　　　　　　形成方式

图5-26 室内空间竖向界面形成方式

类活动是丰富的,它会因为人类特定的活动划分为多个区域。它们组成建筑空间时必然有固定的组织规则,这种规则正是这个使用人群在长期的生活中达成的一种共识,是建筑空间形成的最根本性规律要素。

鄂温克族传统居住建筑空间按照行为活动可以分为以下八个区域:室外活动区域、公共活动区域、男性活动区域、低等级居住区域、中级居住区域、高等级居住区域、宗教供奉区域、中心区(图5-27)。室外活动区域是由距建筑底边1m左右的栅栏围合出的环形室外空间,处于整个建筑空间组合的最外围,作为储存家庭生活用品的区域,在春、夏、秋季自然条件相对适宜的时候,也是家庭进行生产生活活动的主要区域,是建筑与自然环境之间的过渡区。公共活动区域是室内火塘外侧的空间区域,这个部分是建筑室内的主要交通空间,所有的家庭成员都可以经由这个空间去属于自己的铺位,是室内外空间之间的衔接部分。男性活动区域位于火塘的内侧,女

性在室内的活动仅限于公共活动区域，不能够越过火塘进入到这个区域，它是室内较高等级的活动区域。建筑内有三个铺位作为家庭成员的居住区域，这三个铺位在等级上也有所区别。东面正对着门的铺位被鄂温克人称为玛路位，是最为尊贵的铺位，只有家族中最年长的男性或家族长才能够居住，是室内的高等级居住区域。进门右侧的铺位供家庭中长辈居住，其等级仅次于玛路位，是室内的中级居住区域。进门左侧的铺位供家庭中子女居住，是室内的低等级居住区域。在玛路位的正上方是建筑内部的宗教供奉区域，鄂温克人将他们的祖先神——舍卧克神所喜欢的十二件神物都装在皮口袋里悬挂于此。建筑中的中心区位于室内圆形平面的中心点，用来安放被鄂温克人视为神灵的火塘，这个区域不允许任何人从上空越过，在建筑中具有非常神圣的地位。由上可以看出，鄂温克族看似简单的建筑空间中包含了丰富的活动区域，而且这些活动范围之间还有着固定的位置关系与等级区别，这种固定的位置关系与等级区分形成了鄂温克族传统建筑空间中的深层组织秩序原型。

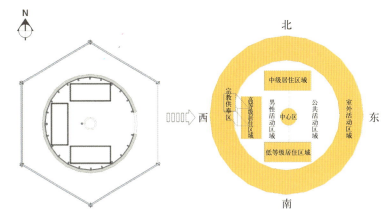

图 5-27 鄂温克族传统建筑空间秩序原型

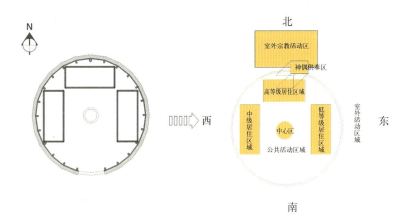

图 5-28 鄂伦春族传统建筑空间秩序原型

鄂伦春族传统居住建筑空间按照行为活动可以分为以下七个区域：公共活动区域、低等级居住区域、中级居住区域、高等级居住区域、中心区、神偶供奉区域、室外宗教活动区（图 5-28）。公共活动区域由室内的三个铺位围合而成，在这个区域内人们可以围绕着火塘进行用餐、交谈等公共活动，起到了联系室内其他空间并提供公共活动场地的作用。和鄂温克族一样，鄂伦春族的建筑室内也有三个铺位作为家庭成员的居住区域。正对着门的铺位朝向南方，被称为"玛路"席，仅限于单身男性居住，女性被禁止到这个席位，是建筑中的高等级居住区域。玛路席的西侧是家庭中老年夫妇居住的铺位，是室内仅次于玛路席的中级居住区域。玛路席的东侧是家庭中青年夫妇居住的铺位，是室内的低等级居住区域。建筑的中央设置火塘，是室内的中心区，它在鄂伦春人的生活中占有非常重要的地位，不管鄂伦春人搬迁到何处，火塘都会被设置在这个区域中。玛路席的正上方是神偶供奉区域，悬挂着四五个装着木制神偶的桦树皮盒，鄂伦春人认为位居高处是尊贵的象征，神偶供奉区被设置在了室内的最高处，显示出它在建筑空间中的重要地位。室外宗教活动区域位于居住建筑的北侧，是居住建筑的北墙与悬挂着神偶的树之间的空间区域，这里是自然神的居所与祭祀区，族中的男性可以在此区域中祭拜他们所信奉的自然神，为保持神秘性，它必须位于居住建筑的北侧，远离人的日常活动范围，并被建筑所遮挡避免女性看到。上述的各个空间范围固定的位置关系与等级区分，在鄂伦春族所居住的斜仁柱、乌顿柱、木刻楞等建筑形式中均有体现，形成了这个民族建筑空间中的深层组织秩序。

赫哲族传统居住建筑空间按照行为活动可以分为以下五个区域：交通区域、辅助功能区域、次级居住区域、高级居住区域、神灵供奉区域（图5-29）。赫哲族的建筑大多是集中式的，在一个建筑单体内部划分出里间与外间相嵌套的两部分。交通区域是由建筑入口至外间再进入里间的"L"形区域，在这个区域中使用者完成了朝向南面至朝向西面的方向变换，是建筑中联系各个区域并实现方位转换的区域。辅助功能区域是位于建筑中外间设置炉灶的区域，灶中烧火可以为内间的火炕提供热量，灶上架锅可以烹制食物，是建筑中纯粹的功能性空间，与其它区域之间只具有功能联系，没有固定的位置关系。建筑的里间沿着三面墙壁形成了朝向东面呈"U"字形的炕，其中南北两侧是用于居住的区域，南炕是建筑中的高级居住区域，由年长者居住，北炕是建筑中的次级居住区域，由年轻人居住；赫哲人以西向为尊，正对着里间入口的西炕是建筑中较为神圣的神灵供奉区域，这个炕上不能随便住人，一般在炕上摆箱柜上面放有祖先神灵的牌位，以示尊重。次级居住区域、高级居住区域以及神灵供奉区在赫哲族的建筑中都具有固定的位置关系，形成了固定的等级次序，它们构成赫哲族传统建筑空间中的深层组织秩序原型。

由上可以看出，这三个民族表现出的传统建筑形式虽然非常简单，但是每个民族的传统建筑空间都是由多个固定、有序的活动区域复合而成的。其中的每个活动范围在建筑中都具有固定的方位及固定的意义，这些固定性要素就构成了这三个民族的空间秩序原型。这三个民族的传统建筑在过去由于建筑技术、经济等条件有限，以单一空间为主，而现在的居住建筑中，为了更好的满足居住舒适性，多为复合空间。

三、民族传统建筑技术

建筑是技术的诗性表达。建筑是物质的，而技术是产生物质的手段，是建筑中所有物质构成和精神构成得以实现的基础。一个民族传统建筑中所使用的建筑技术，是这个民族经过长期的建筑实践之后，保留下来的相对固定的要素，它总是与民族所处的特定地域环境和文化背景有着密切的联系，为特定的民族建筑形式和功能服务，与民族文化相互交融。由此可见，建筑技术中的深层指导性要素，是特定地域的环境需求与特定人群的行为需求。所以，民族传统建筑技术的还原与转化，一方面是从民族的传统建筑中总结发掘适应自然环境与特定行为活动需求的建筑技术，将其改进并升华，延续至新的建筑中；另一方面是从传统的建筑技术中总结出其背后的环境需求与行为活动需求，将能够满足这些需求的当代先进技术融入新的建筑中，这样所得出的建筑，既能够体现建筑的时代性，又能够体现出强烈的地域民族特色。

（一）移动性技术

鄂温克族、鄂伦春族、赫哲族的生活方式是我国众多民族中较为原始的。他们的生活以生产活动为中心，行为活动需求大多源自生产活动的需要。鄂温克族的生产活动以牧猎生产为主，鄂伦春族以狩猎生产为主，赫哲族以渔猎生产为主，其中放牧、狩猎、渔业活动地点都根据劳动对象的不固定性而频繁变化，所以这三个民族不会长期在一个地方居住，鄂温克族一年四季都会每隔一段时间就更换居住地，鄂伦春族在春、夏、秋季会频繁地更换居住地，赫哲族则是在渔汛到来的时候和冬季，搬到捕鱼的地方居住一段时间。民族生活的移动性使这三个民族的传统建筑中都包含着适应这种生活需求的移动性技术。

鄂温克族的居住建筑"斜仁柱"与鄂伦春族春夏秋季的居住建筑"斜仁柱"以及赫哲族的撮

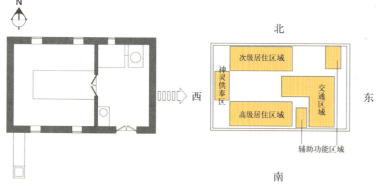

图 5-29 赫哲族传统建筑空间秩序原型

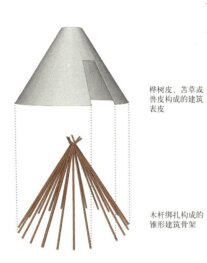
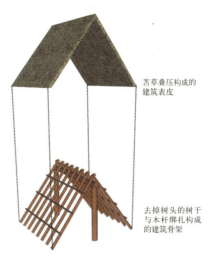
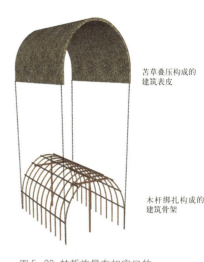

图 5-30 鄂温克族、鄂伦春族斜仁柱、赫哲族撮罗安口的建筑构成示意

图 5-31 赫哲族乌让科安口的建筑构成示意

图 5-32 赫哲族昆布如安口的建筑构成示意

罗安口、昆布如安口、乌让科安口都采用了"木框架＋轻质表皮"的建筑技术来满足民族居住的移动性需求（图5-30～图5-32）。这种移动性技术实施的第一步是形成建筑的结构框架，将数根木杆底部插入土地中，保证结构底部与地面的基础衔接，再将这些木杆的顶部绑扎连接，使相对的木杆与地面一起组成稳定的三角形结构构架，这一步保证了建筑结构的坚固性。第二步是在结构框架的上面覆盖表皮材料，将桦树皮、兽皮、苫草等表皮材料固定在木杆组成的框架上，这一步实现了建筑的实用性，使建筑具有遮风避雨，保温御寒的功能。这个移动性技术具有两个优点：第一，建筑材料容易获得，搭建快速。木杆、桦树皮以及苫草都是大兴安岭与三江平原中唾手可得的自然材料，而兽皮则是这些民族从事狩猎活动的主要产物。第二，框架和表皮可以相互分离，建筑的表皮材料是后固定在结构框架上的，在拆除时可以很容易地从框架上剥离。这一特点使鄂温克人和鄂伦春人每次从一个居住地移动到另一个居住地时，都可以将覆盖在框架上的桦树皮或兽皮摘下，到了新的居住地在搭建好的木框架上覆盖原先的表皮就可以了，很好地适应了他们频繁搬迁的居住特点。

（二）地域生态技术

鄂温克族、鄂伦春族、赫哲族的居住地都位于我国的东北部，在我国建筑气候区划标准中都被划分在一级区中的Ⅰ区（图5-33），这个区域的气候"冬季漫长严寒，夏季短促凉爽，气温年较差较大。"[10] 面对这种自然环境特点，鄂温克族、鄂伦春族、赫哲族的传统建筑中采用了一些能够适应地域气候条件的生态技术。

鄂温克族和鄂伦春族的居住建筑"斜仁柱"中的采用了根据季节变化更换建筑表皮的方法，使建筑适应地域气候条件。"斜仁柱"的表面夏季采用桦树皮，冬季则换成兽皮。夏季的建筑表面由桦树皮层层叠合覆盖形成，能够提供遮风避雨的居住空间，层层叠合的桦树皮之间的空隙由下斜向上，使建筑外部的空气能够通过这个缝隙进入室内，经过室内循环之后通过斜仁柱顶部流向室外，在建筑内部形成动态的气流循环，促进建筑内部的通风与降温，适应夏季气候条件。冬季建筑表面是由缝制而成的整张兽皮形成的，兽皮的保温性能非常好，使火塘所产生的热量积聚在室内空间，适应冬季寒冷的自然环境。

赫哲族的正房使用了土炕技术来适应地域的气候条件。赫哲族的正房里间一般设有相连的三铺火炕，它们的热源设在外屋的炉灶，炉灶内烧火的时候会产生大量的烟气和热空气，这些热空气不直接排到室外，而是将其引导进入三铺火炕的内部循环之后，再通过建筑室外的烟囱排出，

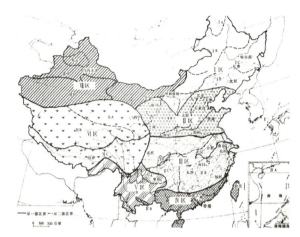

图 5-33 建筑设计气候分区

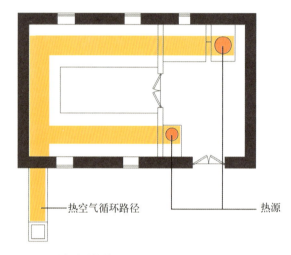

图 5-34 赫哲族火炕技术示意图

这样就可以在做饭的同时加热人们居住的床铺，进而提高室内温度。整个建筑内部通过炉灶内部产生的热动力推动热空气在相互连通的管道中形成一个整体的热能循环体系，这个综合的热能循环体系能够使燃料产生的能量得到充分的利用，达到利用最少的燃料改善室内热环境抵御冬季严寒的目的（图 5-34）。

第四节 三个民族建筑的文化表征

"文化是历史的积淀，存留于城市和建筑中，融汇在每个人的生活之中，对城市的建造、市民的观念和行为起着无形的巨大作用，决定着生活的各个层面，是建筑之魂。"[11] 民族建筑作为在民族发展过程中演化出的一种存在形式，并不仅仅是满足这个民族人们基本居住需求的物质形态，更是多方面、多层次地满足了人们的精神需求。一定意义上来讲，民族建筑是由民族传统文化同构衍生出来的，已经融为传统文化的一部分。

鄂温克族、鄂伦春族、赫哲族在其较为原始的民族生活中也形成了独具特色的聚落和建筑形式。这几个民族的建筑与我国其他发展较为完整的民族建筑相比较而言，聚落形态相对比较单一，建筑的表现形式较少，建造技术也相对原始，在介绍民族建筑的书籍中常常被一笔带过。但是，这三个民族的建筑发展比较具有连续性，受外来文化的同化与干扰较小，民族主体那种原始的生活方式、宗教信仰等传统文化依然流传至今，他们的建筑更具有民族独特性，更注重将民族传统文化通过人这个主体自然地融入建筑中。

一、鄂温克族传统建筑中的传统文化表达

鄂温克族在民族的发展过程中形成了两种传统建筑形式：居住建筑"斜仁柱"、仓储建筑"格拉巴"，以及由这两种建筑组成的原始聚落。这两种建筑形式以及原始聚落都是在民族传统文化的影响下形成的，聚落的形态特征、建筑的构筑方式以及建筑空间形态特点，都自然地表现出鄂温克族的传统文化。

（一）鄂温克族的聚落形态源于民族的传统文化

鄂温克族在其特殊的驯鹿文化影响下，形成了呈季节性移动的运动聚落特征，并且根据民族狩猎文化的行为特点，形成了聚落的组织结构特征。鄂温克族移动性聚落的产生，是为了满足驯养驯鹿的行为需求。鄂温克族是我国唯一养殖驯鹿的少数民族，这支民族的历史就是与驯鹿这种生活在大兴安岭里的动物和睦相处的历史，驯鹿既是他们衣食的主要来源，也是他们重要的交通工具。鄂温克人根据驯鹿不同季节的觅食路径，形成三个大的季节性居住区域——春秋季营地、夏季营地、冬季营地，每年在这些营地之间往复迁徙。由于驯鹿踪迹的动态性，他们每隔十天左右还要在大的营地范围内近距离地迁移一次，以

跟上驯鹿移动的脚步，并在这些营地之间营建一些固定的仓库建筑，用来存放食物和用具。其中春秋营地中的主要活动就是帮助接生小鹿和促成驯鹿的繁殖，夏季营地的主要活动是每天傍晚点火生烟，帮助驯鹿驱赶蚊虫，由于驯鹿冬季不需要照顾，冬季营地的主要活动就脱离了驯鹿，转向狩猎活动。鄂温克族的聚落通过这种呈钟摆式在三个大营地之间季节性迁徙的动态特点，展现了民族独特的驯鹿文化（图5-35）。

鄂温克族聚落基本结构是适应狩猎生活的"大散居小聚居"模式。鄂温克族的狩猎生产方式决定了他们无法以小家庭或个人为单位单独与自然斗争，必须依靠家族公社统一组织狩猎活动。"乌力楞"公社就是以父系血缘为组织依据的家庭公社，公社内部共同从事生产活动、公用生产工具、平均分配生活资料。鄂温克族大的聚落是以"乌力楞"为单位的聚落单元组成的，每个聚落单元根据自己狩猎活动、饲养驯鹿的需要，在一定范围内自由迁移。聚落单元内部由同一个家族中每个小家庭居住的"斜仁柱"一字排开组成，"斜仁柱"的数量依据乌力楞内部小家庭的数量两三个、五六个不等（图5-36）。这种"大散居小聚居"的聚落结构模式既符合狩猎生活的机动性，又满足了家族内部协同生产的需求，展现出民族狩猎文化的组织特点。

（二）鄂温克族的建筑构筑方式深受民族传统文化影响

鄂温克族的传统建筑有两种形式，"斜仁柱"和"格拉巴"。其中"斜仁柱"是鄂温克人的移动性居住建筑，它的构筑方式是为满足驯鹿文化的移动性需求产生的。"格拉巴"是他们的固定的仓库建筑，它的构筑方式是在狩猎文化的经济模式影响下产生的。

鄂温克族的主要居住建筑"斜仁柱"采用的构筑方式，由其驯鹿文化的基本行为需求演化而来。鄂温克族的居住建筑要跟随驯鹿的踪迹而移动迁徙，所以每隔十天左右就需要拆建一次。为了适应这种较高的建造频率，"斜仁柱"采用了

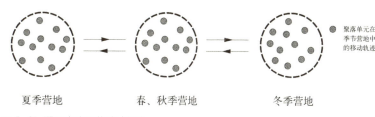

图5-35 鄂温克族聚落移动规律

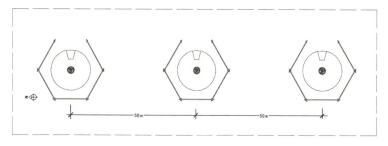

图5-36 鄂温克族聚落单元构成图

表皮与构架相分离的建造技术。鄂温克人每当迁移时，就提前到新的地方使用木杆搭出一个锥形的"斜仁柱"结构构架，只需要将原来"斜仁柱"上的桦树皮围子或兽皮围子拆下运到新的地方重新围护在搭好的构架上，等到他们沿着钟摆式的迁移路径再迁徙回来的时候，原来弃置不用的结构构架也可以重新利用。这种构架与表皮相分离的构筑方式，充分反映了鄂温克人的驯鹿文化特点（图5-37）。

鄂温克族仓库建筑"格拉巴"的构筑方式是在其狩猎文化自给自足的经济模式影响下形成的。鄂温克族的居住建筑是移动性的临时建筑，但是他们也需要一种坚固耐久的永久性建筑来储藏生活用品、生产工具。在这种自给自足的经济模式下，用于建造的材料只能从森林中获得，而木杆捆扎的构架显然不能满足坚固耐久、抵御野兽侵犯的需求。于是，鄂温克人选择了森林中最

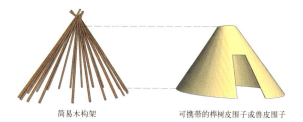

简易木构架　　　可携带的桦树皮围子或兽皮围子

图5-37 鄂温克族"斜仁柱"构筑方式示意

图 5-38 鄂温克族的"格拉巴"

坚固的自然结构——树木作为"格拉巴"基础的结构框架。它在建造时以自然树削去树冠为四柱，树根就是建筑最坚实的基础，在四柱之上用一些较细的檩子围合出一个悬空的仓储空间，最终利用自然结构形成一个坚固耐久的永久性仓储建筑（图 5-38）。这种以自然树作为基础结构的构筑方式，充分反映出了鄂温克人的狩猎文化特点。

（三）鄂温克族的建筑空间形态中融入了民族的传统文化

鄂温克族的居住建筑"斜仁柱"中的特色空间，包括室内中心空间、室内具有等级的活动空间。仓储建筑"格拉巴"中的特色空间为底层的架空空间。这些空间形态的形成均源于民族的传统文化。

鄂温克族"斜仁柱"室内空间中的中心空间形成，源自于民族的火崇拜。火在生活状态比较原始的鄂温克人的生产活动中占有重要地位，他们认为火的主人是神，每户的火主就是他们的祖先，所以对火种极为尊重，形成了民族传统的火崇拜。在居住建筑的室内空间中，火塘被布置在圆形平面的圆心上，其他室内布置以及人们的室内活动都围绕着火塘进行。正对着火塘的上方，"斜仁柱"的顶部在建造的时候会留出一个圆形的透空部分，既是由火塘向外排烟的天然烟囱，又是建筑室内除了入口之外惟一的采光部分。室内没有采光的四壁、中心的采光天窗以及火塘自身这个发光体，从空间的明暗对比中也形成了室内的绝对中心空间"火塘空间"（图 5-39）。鄂温克族"斜仁柱"通过对中心火塘空间的营造，展现出民族的火崇拜。

鄂温克族的"斜仁柱"室内空间中，对家庭成员的席位有着严格的规定，这种固定空间活动区域的形成遵从家族的等级制度。"斜仁柱"门的正面位置称为"玛路"位，是用来供奉神像的区域，也是建筑室内最尊贵的席位，由男性家族长或年长者落座，妇女不得靠近。进门右侧是处于第二等级的位置，一般由这个小家庭的家长占用。左侧是等级最低的区域，是子女的席位（图 5-40）。"斜仁柱"的室内空间对不同人群活动区域的界定，表现出鄂温克家庭中由"家族长→家长→成年女性→子女"地位递减的家庭等级制度。

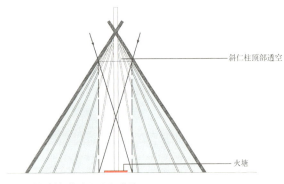

图 5-39 斜仁柱中心空间营造

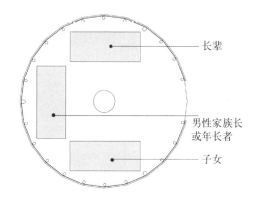

图 5-40 斜仁柱中的家庭成员席位

鄂温克族"格拉巴"的空间构成，源自于民族原始的狩猎文化。"格拉巴"的主要仓储空间位于架空层上，下部空间完全透空，底层架空的部分利于林中的动物通过，并可抵御熊等大型动物的破坏。上层储藏空间呈半开敞，仅用木板围合，山墙部分不封闭，利于所储藏猎物的通风保存，地面与上层使用空间通过一根砍有阶梯的木柱相连，这种几乎呈90°的楼梯只有鄂温克族的猎人才能够上下自如（图5-41）。这种底层架空、上层呈半开敞的空间类型以及使用陡峭的垂直交通构件的空间组织模式，展现了鄂温克族的狩猎文化。

二、鄂伦春族传统建筑中的传统文化表达

（一）鄂伦春族的聚落形态源于民族的传统文化

鄂伦春族在民族渔猎文化影响下，形成沿河流季节性移动的运动聚落特征以及聚落组织结构特征。

鄂伦春族的聚落产生，源自渔猎文化的行为需求，聚落的特点是沿着河流进行季节性的动态迁徙。鄂伦春族的传统支柱经济是渔猎经济，他们不从事农业和其他产业，渔猎生活在他们的原始生活中占着支配地位，所以他们的聚落迁移规律也就根据猎物的踪迹和渔业的需求而形成。鄂伦春人的聚落每年沿着河流在春、夏、秋、冬四个营地之间迁徙，这四个营地不仅所处的位置不同，聚落在其中的移动特点也不同。其中，春、夏、秋三个营地是一个动态的范围：春季聚落会在青草茂盛、马鹿常出没的区域内移动；夏季聚落会在有高大树木，犴、狍子出没的区域内移动；秋季聚落会在柞树林附近野兽觅食柞树果实的区域内移动。冬季营地则是固定的，聚落会停留在一个林密、避风朝阳的地方稳定下来，度过整个冬季（图5-42）。鄂伦春族聚落通过亲水性特点以及不同季节的地点差异，与移动性差异展现出了民族渔猎文化特色。

鄂伦春族的聚落结构是适应渔猎文化的需求产生的。鄂伦春族的渔猎文化与鄂温克族的狩猎文化相似之处，是都需要一定的机动性，且必须依靠集体公社进行协同生产，所以鄂伦春族的聚

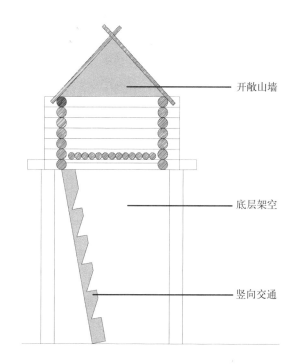

图 5-41 格拉巴剖面

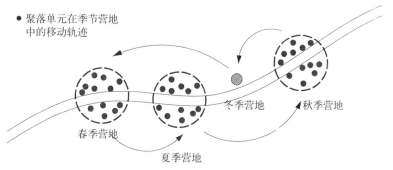

图 5-42 鄂伦春族聚落移动规律

落在整体结构上也形成"大散居小聚居"的模式。其中的小聚落单元的组成模式，由几个小家庭组成的共同进行渔猎活动的地缘"乌力楞"演化而来。每个聚落单元由小家庭的居住建筑根据在地缘"乌力楞"中的地位，长辈居中、小辈排两边一字排开组成。鄂伦春族的聚落以"大散居小聚居"的整体结构模式满足了渔猎生活机动性及协同动作的特点，以小聚落单元内部居住建筑之间的组织排列，表达了渔猎活动的组织结构——地缘"乌力楞"的社会组织模式，展现出民族渔猎文化特点。

（二）鄂伦春族的建筑构筑方式深受民族传统文化影响

鄂伦春族的居住建筑分为春、夏、秋季的移动性建筑、冬季的季节性建筑、冬季的临时性建筑和永久性建筑。春、夏、秋季的移动性建筑为"斜仁柱"，冬季的季节性建筑为"乌顿柱"和"木刻楞"，冬季的临时性建筑为"雪屋"，永久性建筑为"奥伦"。他们的构筑方式都反映出民族渔猎文化的基本行为需求。

鄂伦春族春、夏、秋季的主要居住建筑"斜仁柱"采用的构筑方式是由其民族渔猎文化在这三个季节的行为需求演化而来的。鄂伦春族在春、夏、秋三个季节要跟随猎物的踪迹而频繁迁徙，与鄂温克族的追随驯鹿而频繁迁徙的行为类似，所以他们与鄂温克族同采用了"斜仁柱"这种移动性较强的建筑，以构架与表皮相分离的构筑方式来满足渔猎生活需求（图5-37）。

鄂伦春族冬季的主要居住建筑"乌顿柱"和"木刻楞"采用的构筑方式，是由渔猎文化冬季的定居行为需求演化而来的。鄂伦春族在猎物比较少的冬季需要选择一个林密、避风朝阳的地点固定居住，只有猎人出外追踪猎物。这就要求他们冬季的固定居住建筑具有一定的耐久性和良好的保温性能，而外出猎人的居所则需要能够快速建造并具有良好的保温性能。"乌顿柱"属于鄂伦春人冬季的固定居所，采用了半覆土与木构架相结合的构筑方式来满足冬季渔猎文化的需求。它的具体建造方法是在朝阳的山坡上先挖一个深1m多、宽若干米的坑，在靠近土壁的地方立几根木柱，木柱上面架横梁和椽子，再在其上覆以屋面材料，以三面土壁作为建筑的墙面，最后在没有土壁的向阳一面安上门窗，围合成一个完整的乌顿柱[12]（图5-43）。这个建筑将覆土的构筑方式与木构架结合起来，利用四周土壁的高蓄热能力形成建筑周围的保温层，利用木构架的结构作用形成室内使用空间，保证了建筑的耐久性和保温性能，体现出鄂伦春族渔猎文化特色。"木刻楞"也是鄂伦春人冬季的固定住所，采用井干结构与草泥内保温相结合的构筑方式来满足冬季的定居生活需求。它的具体建造方法是选择直径30cm左右的圆木，截成长度相等的木段，并且将上下两面砍平，结合处凹凸槽互相对应，一层层垛起来，在转角处的木段端部交叉咬合，形成建筑的四壁，再在左右两侧壁立矮柱承脊檩成屋面结构，以井干式构筑方式形成建筑的外围护结构，最后在建筑的四壁内部抹上草泥，作为建筑的嵌缝材料和保温层（图5-44）。鄂伦春族的"木刻楞"将井干结构与草泥内保温结合起来，保证了结构的稳定性和室内的舒适性，同样体现出鄂伦春族冬季渔猎文化特点。

图5-43 鄂伦春族的乌顿柱构筑方式示意

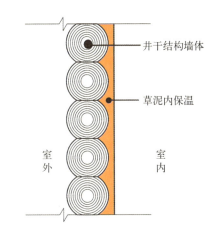

图 5-44 鄂伦春族的木刻楞构筑方式示意

鄂伦春族冬季的临时性建筑"雪屋"采用的构筑方式，是适应冬季的移动狩猎需求而产生的。它是鄂伦春猎人冬季外出打猎时栖身的临时居所，采用了半覆雪与简易木构架相结合的构筑模式来满足冬季渔猎文化的需求。它的具体建造方法是在积雪较深的地方先挖出一个雪坑，以雪坑的四壁作为建筑的墙面，周围插木杆，其上围盖兽皮作为建筑的顶界面，形成一个完整的"雪屋"建筑（图5-45）。[13] 这种构筑方式利用了积雪的易塑造性和简易木构架易加工性，达到建筑快速建造的效果，利用积雪本身的保温性与不透风性，保证建筑在野外的保暖性能，体现出鄂伦春族冬季渔猎文化特色。

鄂伦春族的仓库建筑"奥伦"的构筑方式，是在其渔猎文化自给自足的经济模式影响下形成的。鄂伦春族的狩猎文化与鄂温克族的牧猎文化在经济形态上相类似，又处于同一地域，可用于建造的自然材料大体相同，所以鄂伦春族的仓库建筑"奥伦"与鄂温克族的仓库建筑"格拉巴"采用了同样的以自然树作为基础结构的构筑方式来满足渔猎生活需求（图5-38）。

（三）鄂伦春族的建筑空间形态中融入了民族的传统文化

鄂伦春族的居住建筑的北面通常会形成一个特殊的室外宗教空间，这个空间的形成源自于民族宗教信仰需求。鄂伦春人的宗教信仰中认为神灵的所在是非常神秘的区域，具有一定的视觉遮蔽性，使人们的日常生活不要干扰到这一空间，并且避免女人看到神灵为家族带来灾难。所以他们将象征其多神崇拜的神偶装在桦皮盒里，安放在居住建筑北面的树上，作为宗教空间的中心，并利用居住建筑的北墙作为一侧的空间围合体，避免在建筑南面生活行为的干扰，并且阻隔在南面进行生产生活的妇女的视线，形成一个以树作为视觉中心的半封闭室外宗教空间，表现了民族特殊的宗教行为需求。

鄂伦春族居住建筑室内空间主要由中心的火塘空间与旁边三个分等级的停留区域组成。中间的火塘空间的形成源自于民族的火神崇拜的行为需求。他们认为火是自然界的一大神灵，可以使人取暖、熟食，也可以使人遭灾。怀着这种对火的敬畏之情，鄂伦春人不管搬迁到哪种居住建筑

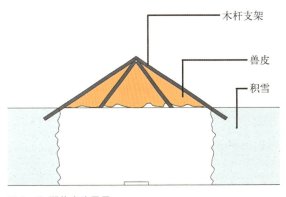

图 5-45 鄂伦春族雪屋

中，都会将火放置在居住空间的中心，火塘及其周围的空余空间就形成主要生活的中心空间，也是日常对火神进行祭拜的空间。居住建筑内部的三个停留区域的等级划分，是由其民族家庭中的社会等级制度所决定的，入口对面的"玛路席"是等级最高的区域，平时用来供奉神偶，或由尊贵的男客人居住；两边的铺位"奥路"席是等级低于"玛路席"的活动区域，居住家族其他成员；右侧等级稍高于左侧，右铺供长辈居住，左铺供晚辈居住[14]。这种对家庭成员不同活动区域的界定，体现了鄂伦春族家庭中"神灵→长辈→晚辈"的等级制度（图5-46）。

三、赫哲族传统建筑中的传统文化表达

（一）赫哲族的聚落形态源于民族的传统文化

赫哲族根据民族渔猎文化的特点形成了三种聚落：屯落式聚落、网滩聚落和坎地聚落[16]。这三种聚落的形成源自于赫哲族不同季节的渔猎生活需求、不同渔猎方式的行为需求，以及在渔猎生产中不同分工人群的居住需求。

屯落式聚落的产生是为了满足渔猎生活中担任辅助性任务而不必远行的人群，以及采用浮网捕鱼方式的人群的定居生活需求。赫哲族在进行捕鱼和狩猎活动的时候，只有主要劳力才会随着猎物迁徙，老人、孩子、病弱之人则需要留在固定的居住地，而出外渔猎的人们在过了鱼汛期或捕猎期之后，都会回到固定的居住地和家人团聚。赫哲族中利用浮网捕鱼的人们当天就可以完成捕鱼活动，这一部分人群也需要一个固定的居住地。所以赫哲人一般在靠近渔场的地方选择沿江两岸向阳的高处，形成一个固定的屯落式聚落。屯落式聚落呈方形或长方形，其中由固定的院落式居住建筑组成，这些院落每排呈南北朝向"一"字型排列，在屯落中初步形成前后并列的街道，形成了赫哲族的固定居住区域。赫哲族以这种院落街巷式的屯落式聚落，展现出其相对稳定的渔猎生活特点。

网滩聚落的产生是为了满足赫哲族在渔猎生活中需要在鱼汛期间搬迁到固定的捕捞场所运用底网法捕鱼的人群的居住行为需求。网滩是赫哲人根据鱼的活动规律和江水内的鱼情确定的固定打鱼地点，是利用底网捕鱼的集中捕鱼场所，每年鱼汛来临的时候，很多赫哲人都要迁移到网滩去捕鱼，整个鱼汛期间固定居住在网滩上，从而形成一个坐落在河边、相对稳定的季节性聚居区。网滩聚落既是从事渔猎生产的劳动场所，也是一个相对固定的聚落，与赫哲人的渔业生产紧密相联。网滩聚落是由各种临时性建筑"安口"组成，这些"安口"在江岸上紧密排列，组成前后并列的两趟街道，形成赫哲人鱼汛期间较稳定的居住区域。赫哲族以这种紧密街巷式的网滩聚落，展现出鱼汛期间的渔猎文化特点。

坎地聚落的产生是为了满足赫哲族在渔猎生活中冬季捕鱼的行为需求。冬季江面封冻，这个时候还有一部分赫哲人继续从事捕鱼活动。他们根据鱼在冬季的习性，选择越冬的鱼聚集的稳水流域进行捕鱼活动，整个冬天在附近的坎地上居住，便于从事冬季捕鱼活动，形成了赫哲族的坎地聚落。由于这种冬季捕鱼活动都是大家自由组合，每个捕鱼点三五人到十人不等，分别选择合适的水域进行捕鱼活动。所以，坎地聚落并不是一个整体性的集中聚落，而是以散布在江边的小聚居点组成的散居聚落，每个小聚居点是由在这个捕鱼点的人们在坎地上搭建的错落的冬季临时性建筑组成。赫哲族以这种分布于江岸的散布式坎地聚落，展现出冬季渔猎文化特点。

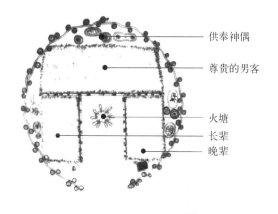

图 5-46 鄂伦春族居住建筑内部空间等级[15]

（二）赫哲族的建筑构筑方式深受民族的传统文化影响

赫哲族的传统建筑分为永久性建筑、季节性建筑与临时性建筑。永久性建筑的构筑方式是为了满足赫哲族渔猎生活的相对稳定性而产生的，季节性建筑的构筑方式是为了满足赫哲族根据渔猎活动地点的季节性变化而产生的，临时性建筑的构筑方式是为了满足赫哲族在游动狩猎活动中的快速移动性而产生的。

赫哲族的永久性建筑包括马架子、正房和鱼楼子。马架子和正房是赫哲族主要的常年固定居住建筑，他们采用的构筑方式基本相同，都是运用草泥与木构架相结合的方式，利用草泥的保温性能与竖向支撑作用，以及木构架的空间支撑作用，实现建筑空间的舒适性以及结构的稳定耐久性（图5-47、图5-48）。鱼楼子是赫哲族用来存放食物、捕鱼工具的永久性仓储建筑，它采用木构架与编织表皮相结合的构筑方式，利用木构架的框架结构作用，实现了建筑结构的稳定耐久性，利用编织表皮的透气性，实现了仓储建筑所需要的空气流通（图5-49）。

赫哲族的季节性建筑包括适应夏季鱼汛期间捕鱼活动的撮罗安口、昆布如安口、乌让科安口、树上安口以及适应冬季捕鱼活动的胡如布。撮罗安口、昆布如安口、乌让科安口是夏季鱼汛期间在网滩上建造的居住建筑，他们采用的构筑方式基本相同，都是运用木构架与苦草覆盖表皮相结合的方式，利用空间木构架的搭建简易性与一定的结构稳定性和苦草覆盖表皮材料的透气性，满足了建筑的快速搭建需求和夏季的室内外空气流动性需求（图5-50、图5-51）。树上安口是在夏季鱼汛期间搭建在网滩上用来躲避洪水之灾的建筑形式。它利用自然树木的结构支撑作用，将建筑建造在树干上，抬高建筑底面，使洪水可以从建筑底部通过，满足特殊时期在网滩上的居住需求（图5-52）。胡如布是赫哲族在冬季捕鱼时的主要居所，属于一种半穴居的建筑，建造时先在江边坎地上挖一个约1m深的坑，再在土坑内

图5-47 马架子[17]

图5-48 正房

图5-49 鱼楼子

图5-50 撮罗安口[18]　　图5-51 乌让科安口

部立柱架起一个人字形的木屋架（图5-53）。建筑中木构架的存在使建筑的建造更为快速、简易，土壤的保温性能使建筑内部具有良好的热环境，这种将覆土结构与木构架相结合的构筑方式，综合地满足了冬季的临时居住需求，是赫哲族特殊的冬季渔猎文化的产物。

赫哲族的临时性建筑是猎人在冬季打猎时随住随建，离开时就弃置不用的抛弃型住所。这种临时性建筑包括温特和安口和雪屋。"温特和安口是使用杨树片，搭盖成圆锥形的住所。在尖顶部分留出2尺多宽的出烟、通风孔。向阳的一面，留一个小门，周围培上四五尺高的土或雪。"[21] 雪屋是由用雪块摞起呈"∩"形的拱形小屋。温特和安口和雪屋运用的都是将森林中的自然物进行简易组合的构筑方式。这种构筑方式将易得的自然材料进行了简易的组合，利用材料自身的保温性能以及易加工性，满足冬季打猎随住随建的行为需求。

（三）赫哲族的建筑空间形态中融入了民族的传统文化

赫哲族的建筑按空间构成可以分为单一空间建筑和复合空间建筑，其中单一空间建筑包括其冬夏的季节性建筑、冬季随用随建的临时性建筑以及永久性建筑中的鱼楼子，复合空间建筑包括永久性建筑中的马架子和正房。

单一空间的建筑空间形态非常简单，形成的空间只需满足其中最基本的功能需求。例如冬夏的季节性建筑以及冬季的临时性建筑只注重空间的围合性，仅仅满足人们在那个季节的居住需求；鱼楼子则只满足储藏空间的基本围合性。这种单一的空间形态产生，源于这个民族的一切以生产为重心的渔猎文化。他们的多数活动都发生在生产场所中，建筑只需提供一个围合的空间，满足基本的居住、储藏需求。

复合空间建筑的空间由院落空间与室内空间组成。赫哲族的院落空间不同于我国其他民族建筑的中心院落，它是以建筑为中心，向外延伸的很大一片区域，在这片区域的边缘围以1m左右高的木栅栏，形成一个半封闭的周边式院落。这种半封闭的周边式院落成为自然环境与建筑之间的过渡空间。这种院落空间的形成，源于民族渔猎活动的行为特点，赫哲族的传统渔猎生产是在其住所的周边很大一个自然环境中进行的，并不具有方向性和限制性，所以，这种半封闭周边式院落能够更好地适应其民族行为活动方式（图5-54）。赫哲族复合空间建筑的室内空间中除了满足一些基本生活的起居空间、厨房空间之外，还有一个产生于赫哲族宗教信仰的宗教空间。赫哲族的宗教信仰中有供奉神偶和三代宗亲的习俗，所以室内的西墙用来供奉神灵，而靠着西墙的西炕是不能随便坐卧的，尤其是青年妇女绝对禁止坐在西炕上，西墙与西炕共同形成了一个室内的宗教空间（图5-55）。

图5-52 树上安口[19]

图5-53 胡如布[20]

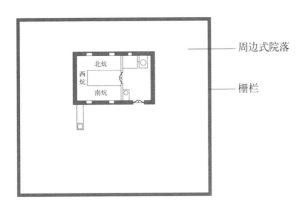

图 5-54 赫哲族住屋院落

图 5-55 赫哲族住屋西炕摆设[22]

注释：

[1] 顾德清. 探访兴安岭猎民生活日记. 济南：山东画报出版社，2001.

[2] 秋　浦. 鄂伦春族. 北京：文物出版社，1984.

[3] 凌纯声. 松花江下游的赫哲族（图版）. 上海：上海文艺出版社（影印版），1990：123.

[4] 顾德清. 讲述最后一个狩猎民族的故事. 人民日报海外版，2001-10-15（7）.

[5] 秋　浦. 鄂伦春族. 北京：文物出版社，1984.

[6] 凌纯声. 松花江下游的赫哲族（图版）. 上海：上海文艺出版社（影印版），1990：50.

[7] 于学斌. 赫哲族居住文化研究. 满语研究，2007（2）：95.

[8] 彭一刚. 建筑空间组合论. 北京：中国建筑工业出版社，1983：40.

[9] （美）Francis D.K.Ching. 建筑：形式、空间和秩序. 天津：天津大学出版社，2005：91～92.

[10] 朱颖心. 建筑环境学. 北京：中国建筑工业出版社，2007：37.

[11] 吴良镛. 21世纪建筑学的展望——"北京宪章"基础材料. 建筑学报，1998（12）：9.

[12] 中华文化通志编委会. 中华文化通志·民族文化典·满、锡伯、赫哲、鄂温克、鄂伦春、朝鲜族文化志. 上海：上海人民出版社，1998：457.

[13] 吴雅芝. 最后的传说：鄂伦春族文化研究. 北京：中央民族大学出版社，2006：101.

[14] 于学斌. 文化人类学视野中的鄂伦春居住文化. 内蒙古社会科学，2006（3）：90.

[15] 秋　浦. 鄂伦春族. 北京：文物出版社，1984.

[16] 于学斌. 赫哲族居住文化研究. 满语研究，2007（2）：101.

[17] 于学斌，孙雪坤. 赫哲族渔猎生活. 哈尔滨：黑龙江美术出版社，2006.

[18] 于学斌，孙雪坤. 赫哲族渔猎生活. 哈尔滨：黑龙江美术出版社，2006.

[19] 于学斌，孙雪坤. 赫哲族渔猎生活. 哈尔滨：黑龙江美术出版社，2006.

[20] 黄任远，黄永刚. 赫哲族的住宅. 黑龙江史志，2004（3）：45.

[21] 黄任远，黄永刚. 赫哲族的住宅. 黑龙江史志，2004（3）：45.

[22] 凌纯声. 松花江下游的赫哲族（图版）. 上海：上海文艺出版社（影印版），1990：54.

# 第六章 东北传统民居的借鉴与技术改进

第一节 传统民居中的生态技术

一、采暖技术

在我国东北地区，冬季气候恶劣，为在能源短缺的条件下满足舒适这一需求，勤劳智慧的北方农民在长期的实践中，创造了一些特有的采暖设施（图6-1），达到在恶劣气候条件下获得舒适的冬季室内热环境的目的，如火炕、地炕、火墙等。

（一）火炕

火炕是东北传统民居中普遍使用的一项采暖设施，如图6-1所示。它是利用做饭的余热加热炕面，从而使室温升高。"一把火"既解决了做饭的热源，又解决了取暖的热源。经测试，在室外达到-30℃的气温时，炕面仍可以保持30℃以上的温度，并在其周围形成一个舒适的微气候空间，人们坐卧其上可以得到充分的温暖，休息、睡眠极为安适。

火炕有"南炕"、"北炕"之分，它取决于厨房灶台的位置。20世纪60、70年代的住宅中，厨房位于两居室中间，以"南炕"居多，而随着厨房北移，炕的位置也移到北侧，称为"北炕"。炕的长度一般由房间的宽度来决定；宽度由人的身长决定，一般在1.8～2.0m左右；高度以成人的膝高为准，大多65～70cm，方便从地上直接坐到炕沿上，非常符合人体工程学。

火炕的做法是：首先在抱门柱之间砌筑炕沿墙，上安炕沿，作为火炕的外墙。在墙的内面砌成长方形炕洞数条，中间以炕垄分隔（图6-2），炕洞的最下部垫黑土或黄土夯实，比地面高出约30cm左右。炕洞数量根据材料的不同、面积的大小而定。炕洞在炕头和炕梢的下部有落灰膛，也就是两端顶头的横洞，宽30～40cm，洞底深于炕洞底部10cm左右。这样做法的用意是当烟量过大时，烟可以存于落灰膛内，因此火炕可以保持易燃。

炕面大多采用红砖，特点是传热快，蓄热性较好，热能利用充分，而且坚固耐久，缺少红砖的地方采用石板炕或土坯炕。炕沿一般采用木制，如水曲柳或柞木等硬木，断面约15cm×8cm左右，两端安装于抱门柱上。最后，炕面上铺炕革，清洁、美观。

实践证明，火炕对于人体是非常有益的，不仅可以消除疲劳，而且具有很强的舒适性，因此一直流传下来，并已成为农民们冬季室内的活动中心。

（二）地炕

地炕也叫火地，在室内地面做成火炕式的孔洞，上部铺砖地面，一端生火，烟火从火洞进入，使地面都很温暖，形同火炕。它是从朝鲜族的大炕演变过来的，一般和火炕结合使用。分为两个层次，火炕高，地炕矮一点如图6-3所示。做法都相同，地炕的灶膛要低于地炕，生火的时候很不方便。

地炕的散热面积很大，一般在早上燃烧两灶就可以保持居室一天的温度，热效率很高。有了

图6-1 火炕

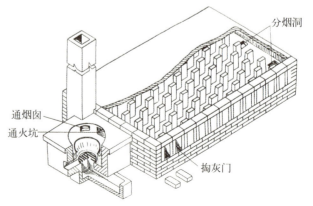

图6-2 火炕剖视图

地炕，人们在室内活动的时候都可以在温暖的炕面上进行，舒适性提高了，现在地炕被广泛采用。

（三）火墙

火墙是东北早期满族所沿用的采暖设施，后来渐渐地传播至东北各地。火墙是用砖做成的长方形墙壁，墙内留许多空洞使烟火在内串通。火墙的位置多设在室内有间隔墙的地方，并兼做间隔墙用（图6-4）。引火处在端部或在背面。它从两面散热，故热量较大。火墙的类型可以分为"吊洞火墙"、"横洞火墙"和"花洞火墙"三类。吊洞火墙本身又分为三洞、五洞两种，是最普遍、最广泛的一种形式。

火墙的做法是：用砖立砌成空洞形式，其宽度约为30cm左右，长为2m，高也在2m左右，内部空洞抹平。做法是用砂子加泥以抹布沾水抹光，火烧之后越烧越结实，烟道流通毫无阻碍，因此升温较快。火墙需要经常掏灰，否则烟灰结块最易烧成火焰，导致火墙爆炸。

火墙的缺点是温度过高、燃料消耗大，燃料种类使用很少，只能用木块和煤，其他燃料不能使用。

（四）燃池

燃池就是在需要供热的室内地面下砌筑一个燃料燃烧室（图6-5），通过燃料在燃烧室内缓慢燃烧向室内持续供热的设施。

池的面积一般占房间面积的1/7~1/6左右。燃池深1.3m左右，长宽比为1:0.6，风管和烟囱在长度方向的两侧。池壁厚120mm，可以用砖或毛石砌成，用毛石墙厚可适当增加。池的上盖为钢筋混凝土实心板作为室内的地面，厚度60mm。投料口也是出灰口，在烟囱的对侧，大小以人能进出为准，一般上口520mm×520mm，下口500mm×500mm，可以下设踏步。设通风孔，通过控制通风孔的开合，来调节燃池的温度。

燃池内装碎屑型生物质燃料，如碎草、稻壳、锯末或其它农业废弃物，点火后进行燃烧，通过地面散热，达到采暖的目的。

燃池采暖具有广泛的适用性，因为它采暖均

图6-3 火炕、地炕相结合　　图6-4 火炕火墙结合采暖

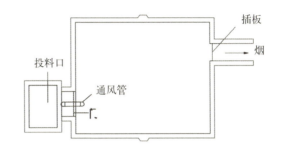

a. 平面图

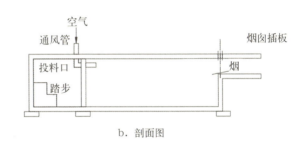

b. 剖面图

图6-5 燃池平、剖面图

匀、持久、方便，是一种很好的方法，不但在生活领域，而且在生产领域也可以普遍应用。

二、环保材料

东北地区物产丰富，建筑材料的种类也很多，可以分为矿物性、植物性两大类。矿物性材料包括有土（泥）、砖材、石材等；植物性材料包括木材、植物秸秆类等。这些都是天然材料，无毒无害，数量很多，各个地方的农民根据不同的情况，创造和运用建筑材料的经验是相当丰富的。

（一）矿物性建筑材料

1. 土

许多年来，土壤一直是传统农村住宅中最重要的材料之一。很多不同气候地区的传统建筑中都有泥土建筑的发展，甚至今天，泥土建筑在许多地区仍然被广泛采用。

土有两种建造方法：一种是夯实泥土，先在要建造墙体的地方竖立起模板，然后往里面倒入湿度适宜的泥土并压实，层层积压，后将模板拆卸，如此反复；另一种是土坯，将土与粉碎的稻草装模子，砸实、干燥后即可使用。

土坯具有较好的蓄热能力和传热性能，有利于冬季保温和夏季隔热制冷，降低燃料的消耗以及由此引起的污染。另外，泥土对室内湿气的中和能力也比其它传统建筑墙体材料要好，所以土坯建筑非常适合于的室内湿度通常在 50%左右的农村住宅。

2. 砖

砖也是住宅建筑常用的材料，一般分为红砖和青砖。红砖是烧制好的砖经过自然冷却，铁元素与空气中的氧发生化学反应生成氧化铁，而三氧化二铁是红色的，因此是红砖。青砖则是泼水使其冷却，没有与空气中的氧发生氧化反应，所以是青色。由于青砖抗压力比较小，极易破坏，同时吸水率甚大，砖墙容易粉蚀，所以通常使用红砖。

3. 石材

东北地区山地较多，石材非常丰富，采用石块砌墙，不仅坚固耐久，延长房屋寿命，而且用石材做基底，也可以隔潮湿如图6-6。但由于采石机械不发达，需要大量的人工，耗费大量的时间，不够经济，所以居住建筑的石材用量比较少，一般只用在墙基垫石、墙基砌石、柱脚石（柱础）、墙身砌石、山墙转角处的砥垫石、迎风石、挑檐石以及台阶、甬路等部位。

（二）植物性建筑材料

1. 木材

木材是东北农村传统住宅中非常重要的建筑材料，如黑龙江省的西部、北部有大、小兴安岭，吉林省的东部、东南部群山环绕，资源也非常丰富。木材在住宅建造中的作用很大，通常用作建筑框架、墙体、屋架（图6-7）、棚板、窗框等构件。

2. 植物秸秆

植物秸秆分为很多种，常用的有高粱秆、玉米秆、水稻秆、谷草、羊草、乌拉草等。

高粱秆，是一种体轻而较坚硬的材料，当地人称为秫秸。将秫秸绑成小捆可以当作屋面板用，农民造房时，在椽子上直接铺上很厚的高粱秆，可以省去屋面板，同时又可以防寒。

谷草本身细而柔软，如果加厚可以作为一种保暖材料，在没有羊草的地带都用谷草来苫房。但是谷草经潮湿后，内部容易发热腐烂，所以需要每年更换一次，也有的人家用谷草铺炕取其松软，近则多以稻草代替。

羊草是水甸子中野生植物，其状纤细柔软，和乌拉草极相似。它的特点是本身保暖不怕水的侵蚀，经水不腐。因此，多用来做苫房的材料，遂叫做苫房草见图6-8。

乌拉草是东北地区特产。原是用来做鞋（靰鞡），在建筑上用途极广，草房用它做苫房草，仅次于羊草。

图6-6 石材砌墙基

图6-7 屋顶木构架

图 6-8 羊草苫屋顶

3. 拉合辫

拉合辫，就是草辫子，可以制成墙体材料。目前农村还可以见到这种墙体的住宅，称为泥草房。做法是：外墙先立起木框架，两面编织草绳或柳条做筋，外抹泥浆，中间充填沙土。

4. 草木灰

草木灰是植物燃烧后的灰烬。这种材料具有较好的保温效果，通常被农民用作屋顶的保温材料。

第二节 传统民居的技术改进

一、平面布局

在我国东北地区，农村住宅具有悠久的历史，广大劳动人民在长期的生产、生活实践中积累了极其丰富的经验，并逐步形成了自己独特的风格。首先，在功能上具有为生活和生产服务的双重性：一方面是农民生活休息的地方，另一方面又是他们进行家庭农工副业生产活动的场所；其次，它与当地的自然条件、风俗习惯关系密切，具有明显的地方特点和民族特色。

目前农村存在三个阶段的布局形式：

第一阶段是 20 世纪 80 年代以前建造的住宅。这种住宅通常只有居室与厨房两种功能空间，一般布置成单进深（如图 6-9）。厨房的位置居中布置，除了做饭和给居室采暖的功能外，还兼有储藏室和过厅的作用，面积比较大。卧室布置于两侧，外门居中，布置于南向，也有在入口处加走廊，隔开厨房炊事时的水蒸汽。居室中设南炕或北炕；厨房在正对火炕的位置设置灶台，利用炊事的余热取暖，火墙作为补充热源，设置在厨房和居室的隔墙位置，兼作隔墙，这种布局不仅浪费了宝贵的南朝向，也由于面积较大而增加了采暖负担。

第二阶段是 20 世纪 80、90 年代的住宅如图 6-10 所示。这一阶段的平面布局有了比较大的进步，主要表现在把厨房北移，并把储藏功能单独分离出来，与南向居住并列布置。这种双进深的平面布局方式不仅减少了对南朝向的浪费，而且在热工性能上渐趋合理，大大提高了室内热舒适性。同时储藏空间从厨房中独立分离，厨房空间功能逐渐单一化，面积相对减小，也更加卫生。

第三阶段是 20 世纪 90 年代末到现在。此阶段，随着经济的发展，农民生活水平的提高，农

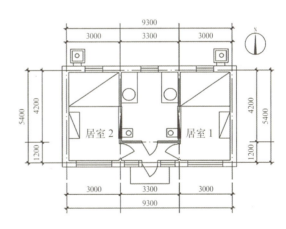

图 6-9 "一明两暗" 平面图

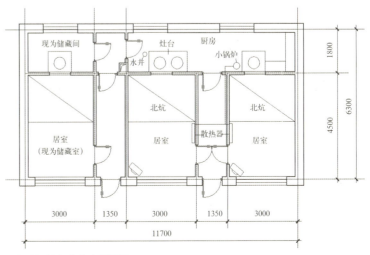

图 6-10 80 年代住宅平面图

村住宅的居住空间的种类也在不断细化和完善，出现了起居室、餐厅、淋浴间等独立功能空间，分区更加明确，功能更加完善，如图 6-11。主要体现在以下几个方面：

（1）为了满足生产与生活的不同要求，平面户型类型逐渐多样化。

随着生产模式的多样化，农民的经济收入也出现了差距，对居住条件的要求出现差异，所以在户型设计上有大、中、小之分，以满足不同人口构成和经济条件的需要。既有收入较低的农民居住的经济型户型，也有较富裕的农民居住的康居型户型，以及满足农民特殊需求的豪华型特色户型。

（2）逐渐突破传统格局，生产与生活空间分离，布局紧凑，功能分区更加合理，居住环境更加舒适方便。

（3）适应现代生活方式，功能空间更加完善，设置独立的起居室、书房、餐厅、车库等空间。

（4）利用新技术，进行改厕、改厨。改变原有室外旱厕的形式，将卫生间纳入住宅的平面功能布局中来；采用新的燃气技术，使厨房更加整洁卫生。

二、墙体节能

在东北地区，冬季气候恶劣，采暖能耗是重要的能源消耗，为减少该能耗，不仅要提高采暖设备的效率，还要提高围护结构的保温性能，减少热损耗。

建筑的耗热量由围护结构的传热耗热量和通过门窗缝隙的空气渗透耗热量两部分组成如图 6-12。以多层住宅为例，抽样计算发现，严寒地区多层住宅外墙传热耗热量占住宅总耗热量的 25% 左右。而农村住宅外墙面积比例多，体形系数大，外墙的传热耗热量占住宅总耗热量的百分比高达 40% 左右。所以墙体的保温设计是保证室内热环境质量的重点，也是节能设计的重点部位。

目前农村住宅一般采用红砖作为墙体的主要材料，但由于这些材料密度大、导热系数高，若达到保温低能耗要求，则墙体过厚，即不经济，又降低了使用面积利用系数。因此，近年来出现了以节能复合墙体替代红砖墙体的趋势。复合墙体是将不同性能的材料加以组合的墙体，各层材料发挥各自不同的功能。目前东北农村中典型的节能墙体做法如下：

（一）草板复合墙体

草板复合墙体是近年在黑龙江省大庆农村建造的示范住宅采用的节能墙体，该住宅由法国全球环境基金会资助，由法方建筑专家 Alain Enard 教授、节能专家 Robert Celaire 工程师和中方专家哈尔滨工业大学金虹教授共同主持研究设计，将传统的单一材料墙改为草板保温复合墙体。草板作为保温材料，主要由苇子扎成。采用夹心保温的形式，外侧 240 厚砖墙，解决承重问题，内侧采用 120 厚红砖作为保护层，又可方便农户在内墙面上钉挂一些饰物及农具等，保证墙体的

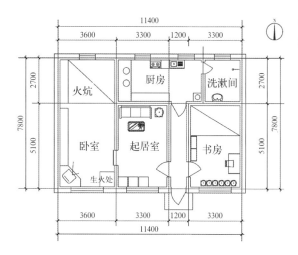

图 6-11 改进后的平面图

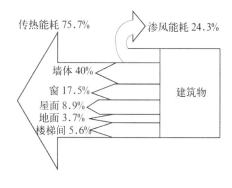

图 6-12 对比建筑能流图

耐久性与适用性。为了解决草板受潮问题，在承重墙与草板之间加设空气层，且在墙体适当部位设透气装置如图6-13。

经过对实验房的测试，草板房与传统民居相比节能达80.8%，如果稻草充足，供暖能源可达到自给自足，不需要任何费用。同时消除了农村住宅中常见的四大角结露、结冰霜等现象。据用户反映，墙体处于干燥状态，未出现结露、结冰霜现象。农民冬季居住舒适度大大提高，室内的热环境得到了明显的改善，墙面无冷辐射感，非常适合冬季北方村镇居民较长时间农闲在家的生活习惯。

（二）草砖墙体

草砖房（也称为节能高效房和生态房）起始于美国北部，时间为1890～1935年期间。当时由于美国北部缺少传统的建筑材料和受运输条件的困扰，人们开始注意以麦草为原料，打成草砖建草砖房，并逐步发展起来，形成一定规模。进入20世纪80和90年代以来，人们由于环保新理念的形成，草砖房建筑开始向全世界扩展。现已在加拿大、法国、澳大利亚、英国、荷兰、中国、蒙古、阿根廷、新西兰等其它国家推广，并受到建房使用者的欢迎。据统计，仅美国就有1万多套不同形式和用途草砖房建筑。

目前，草砖房建筑技术在中国已作为一种试验性新技术进行推广应用，到目前为止，共兴建616套民房和3所小学，分布地区包括内蒙古、吉林、黑龙江等地。

草砖的主要材料是小麦、大麦、黑麦或稻谷等谷类植物的秸秆如图6-14。这些秸秆必须不带穗条，形状结构必须紧凑，而且湿度不得超过15%。草砖的长度可以调节，高度和宽度取决于捆扎机，通常的尺寸为：长89～102cm，宽46cm，高35cm。草砖房的结构尺寸必须考虑到所要使用草砖的规格，墙的高度是草砖的块数乘以草砖的高度，窗口的大小也要视草砖的高度而做调节。草砖房的结构一般有三种：承重型、非承重型和混合型。承重型是指屋顶荷载由草砖墙体承受；非承重型是指屋顶重量由立柱和横梁支撑，两边墙体由草砖筑成的房子；混合性则是指介于承重型和非承重型的房子。

在承重型建筑中，草砖本身承受屋顶和天花板的重量；在非荷重型建筑中，屋顶和天花板的重量由木材、钢材、混凝土或砖的结构框架来支撑，草砖填在框架中，只起保温的作用如图6-15。

图6-14 草砖

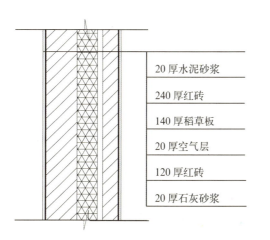

图6-13 草板复合墙体的构造

图6-15 非承重草砖房

草砖墙体与其他材料相比,具有比较明显的优势:

(1) 保温性能好,比砖墙和混凝土墙好6倍,节省50%~90%的取暖能量,在采暖区,这种节能可以减少大气污染和降低二氧化碳的排放,居住环境温暖、便宜、舒适。

(2) 在生产(草砖)时耗能低,水稻在一季中长成,不需要额外的能量投入。

(3) 运输耗能低,在生长的地方就可以打成草砖。

(4) 草砖房建筑对环境无消极影响,不带有污染或有毒的副产品来破坏环境。

(5) 草砖房建筑简单迅速的建法,易学也易于实践。

由此可见,草砖墙不仅有显著的节能效果,还具有环保、生态等特点,尤其适合我国广大的东北地区。

但同时草砖也存在不防火、防水、防潮、易腐烂、易受虫蛀等缺点。因此,使用时应做好防范措施。

三、新技术应用

(一) 吊炕

传统的采暖设备符合东北农村的现状,但也存在一些弊病,例如传统火炕结构不合理,炕内落灰膛、闷灶、炕洞等都很深,搭炕时既浪费了很多材料,又在炕内贮存了大量的冷空气,以致炕凉屋冷。而且传统火炕灶热能利用率仅有20%左右,既浪费了大量的燃料,又延长了做饭时间,造成不好烧、炕不热、屋不暖的现象。基于这些问题,出现了经过改进的采暖设施——吊炕。

"吊炕"也叫架空炕,全称"高新预制组装架空火炕"(图6-16),创始于辽宁省。吊炕具有散热面广、升温快、热度均匀、保温时间长及环保卫生等优点。吊炕技术吸收了建筑结构学、动力学、热力学、液体学等最新科技成果,热效率由过去的14%~18%提高到25%~35%,炕灶综合热效率由过去的45%左右提高到70%以上。

吊炕的结构由炕下支柱、炕底板、炕墙、炕内支柱、炕梢阻烟墙、炕内冷墙保温层、炕梢烟插板、炕面板、炕面泥、炕沿以及炕墙瓷砖等组成。炕的底部是用几个立柱支撑水泥预制板而成,"吊炕"也由此而得名,炕体材料也由原来的小块砖改为大块的混凝土预制板。

与传统火炕相比,吊炕具有许多优点,这些优点也是架空火炕高效节能的根本原因:

(1) 吊炕具有炕体热能利用面积大、传热快的升温性能。

① 吊炕将底部架空,取消底部垫土,使炕体由原来的一面散热变成上下两面散热,而且把原落地式火炕炕洞垫土导热损失的热量也散入室内,提高了室温,也提高了火炕的热效率。据实测,在不增加任何辅助供暖设施,不增加燃料耗量的情况下,吊炕比落地式火炕可提高室温4~5℃。

② 通过喇叭状的火炕进烟口高速进入炕体的高温烟气,能迅速扩散到整炕体内部,并与炕体进行热交换,保证了足够的换热时间,同时也保证了炕体受热均匀。吊炕由于取消了前分烟、小炕洞、减少了支撑点,所以加大了烟气与炕体面板的接触,增强烟气与炕体的换热。

(2) 吊炕具有炕上、炕下、炕头、炕梢热度适宜的匀温性能。

① 吊炕取消了人为设置的炕洞阻在某个局部炕洞内进行,消除了炕洞之间的温度不均匀性。

② 消除了前分烟室及各种阻挡形成的烟气

图6-16 吊炕

涡流，仅在炕梢、排烟口前设置后阻烟墙，保证了烟气充满整个炕体，使得炕面温度更趋均匀。

③ 通过炕面抹面材料厚薄调节炕面温度，炕头部位首先接触高温烟气。

（3）吊炕具有延长散热时间的保温性能。

① 吊炕由于炕体内部为一空腔，由灶门、喉眼、排烟口和烟囱形成一个没有阻挡的通畅烟道，如不采取技术措施，停火后炕体所获得的热量就会以对流换热形式由通道排出。为此，吊炕要求一是要在排烟口处安装烟插板；二是在灶门处安装铁灶门，停火后关闭烟插板和铁灶门，使整个炕体形成一个封闭的热力系统。

② 炕体保温蓄热性能通过抹炕面材料来调节热容量的大小。炕体主体材料一般为水泥混凝土板或定型石板，其热容是固定的。

由此可见，吊炕内排烟通畅，结构合理，炕温能做到按季节所需调节，温度适宜，不仅热效率高，节约燃料，环保安全，在改善农民人居环境的同时，改善了农村的生态环境，优化了农村能源资源结构，而且外形美观，型为床式，深受广大农民群众的欢迎，被称为农民家中的"席梦思"。

（二）太阳能利用技术

1. 太阳房

太阳房是指采取一定措施利用太阳能进行冬季采暖或夏季制冷的住宅，主要分为主动式和被动式两种。

（1）主动式太阳房。主动式太阳房，是指以一种需要集热器、蓄热器、管道、风机与泵等设备，靠机械动力驱动达到收集蓄存和输出太阳能的系统，该系统的集热器与蓄热器相互分开。太阳能在集热器中转化为热能，随着水或空气等流体工质的流动而从集热器被输送到蓄热器，再从蓄热器通过管道与散热设备输送到室内利用。工质流动的动力，由泵或风扇提供。按照集热介质分，可以分为空气采暖系统和水加热系统。

① 空气加热采暖系统。图6-17是以空气为集热介质的太阳能采暖系统原理图。风机8驱动

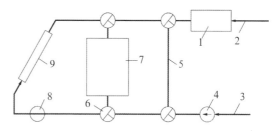

1—辅助加热器；2，5—暖空气管路及旁通管；3—冷空气返回；4，8—风机；
6—三通阀；7—砾石床储热器；9—集热器

图6-17 太阳能空气加热系统图

空气在集热器与储热器之间不断循环。将集热器所吸收的太阳热量通过空气传送到储热器存放起来，或者直接送往建筑物。风机4的作用是驱动建筑物内空气交换，加热空气并送往建筑物进行采暖。若空气温度太低，需使用辅助加热装置。此外，也可以让建筑物中的冷空气不通过储热器，而直接通往集热器加热后，送入建筑物。

当集热介质为空气时，储热器一般使用砾石固定床，砾石堆有巨大的表面积及曲折的缝隙。当热空气流通时，砾石堆就储存了由热空气所放出的热量。通入冷空气就能把储存的热量带走。

这种系统的优点是集热器不会出现冻坏或过热的情况，可直接用于热风采暖，控制使用方便。缺点是所需集热面积大。

② 水加热系统。此系统以储热水箱与辅助加热装置为采暖热源。当有太阳能可采集时开动水泵，使水在集热器与水箱之间循环，吸收太阳能来提高水温。该系统的集热器－储热部分－辅助加热－负荷部分可以分别控制。

采用水作为储热介质，比热容较大，因此大大缩小了储热装置的体积，从而降低了造价。但应特别注意防止集热器和系统管道的冻结和渗漏。

主动式太阳能系统集热效率高，但它设备复杂、投资大，在农村地区较难推广，因此还应积极推广被动式太阳能住宅技术。

（2）被动式太阳能住宅。被动式太阳房是依靠建筑物本身的构造和材料的热工性能，不需要添置附加设备，是集热部件与建筑构件融为一体

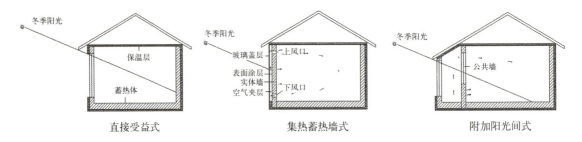

图 6-18 三种常见的被动式太阳房形式

的采暖系统，太阳能向室内的传送不需要机械动力，完全由辐射、传导和对流等自然方式进行。该系统具有简单、经济与管理方便的优点。被动式太阳房技术按照集热形式，可分为直接受益式、集热蓄热墙式、附加阳光间式、对流循环式等。如图 6-18 所示

① 直接受益式。这是最简单的一种形式。就是把南向房间的窗户扩大，白天太阳光直射室内，加热房间，利用室内墙体、地面等建筑构件本身蓄热。夜间，当室外和房间温度下降时，通过辐射、对流和传导等方式逐渐释放储存热量，使房间夜间或阴天保持一定的温度。

② 集热蓄热墙。集热蓄热墙一般利用在南向实体墙外罩盖一玻璃罩，有的在墙的上下侧开有通风孔，太阳辐射通过玻璃被墙壁吸收，被集热墙吸收的太阳辐射热可通过两种途径传入室内：其一是通过墙体热传导，把热量从墙体外表面传往墙体内表面，再由墙体内表面通过对流及辐射将热量传入室内；其二主要由集热墙外表面通过对流方式将热量传给集热墙玻璃罩盖和墙体外表面之间的夹层空气，再由夹层空气和房间空气之间的对流把热量传给房间，达到采暖的效果。

③ 附加阳光间式。附加阳光间式是在房间南侧建一个阳光间，中间用墙隔开。实际它是直接受益式与集热蓄热墙式的综合形式，由于温室效应，使室内有效热量增加，既可供给室内热量，又能作为一个缓冲区减少房间热损失，使房间获得一个温和的环境。阳光间既可以作为生活空间，又可以作为温室，种植蔬菜和花草，美化环境。

④ 对流循环式。对流循环式适合用在坡地建筑中，利用地形来进行太阳能集热。如图 6-19 所示，集热器安装在斜坡上，砾石床储热器则设置在地板下面。空气在集热器中被加热后密度变小，向上流入砾石床，放出热量后又回到集热器。整个系统利用热虹吸效应形成循环，不需风机，不耗费动力。这种方式在地势变化较为丰富的东北地区，也是一种不错的选择。夜晚或阴天时，可采用辅助热源，并用保温构件盖上，防止储热器内的热量散失。

此外，还有一种由被动系统与主动系统相结合的混合系统，风扇驱使热空气从阳光间进入室内，阳光间为被动式系统，而风扇是主动式系统的一个部件。如果阳光间系统中不使用风扇，热能可能由于阳光间室温升高过多而损失更大。因而，采用混合系统会收到比单一系统更好的效果。

2. 太阳能热水器

太阳能热水器是最基本的，并且是比较经济的太阳能热利用装置，在农村地区已经开始利用。它利用太阳辐射，通过温室效应把水加热，为农民生活提供热水。太阳能热水器一般由集热器、贮热装置、循环管路和辅助装置组成。按照其工

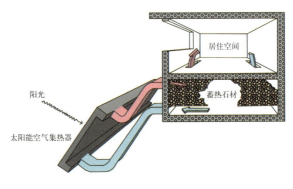

图 6-19 对流循环式

质流动方式不同,一般可分为焖晒式、循环式和直流式三种。

焖晒式是指水在集热器中不流动,焖在其中受热升温。它的集热器和水箱合为一体,因而结构简单,造价低廉。它又分为焖晒式定温放水系统、浅池式、塑料薄膜式(图6-20)、密闭汲置式。

循环式热水器按照水循环的动力,分为自然循环式和强制循环式。自然循环式是集热器吸收太阳能。其中水升温而密度降低,与蓄热水箱中的水形成温差,产生比重差,形成系统的热虹吸作用,使热水由上循环管进入水箱上部,同时,水箱底的冷水由水循环管流入集热器形成循环。特点是当有太阳辐射时开始循环,当太阳辐射减少至集热量为零时,循环完全停止。不需安装水泵,但水箱必须高于集热器。按照运行方式,又可分为集中用水方式、连续用水方式、定温放水式。

强迫循环式由集热器、蓄水箱、水泵、控温器与管道组成。优点是蓄水箱可以任意设置,管径可以小些,管道及其安装费便宜。它又可以分为直接加热式和间接加热式。

直流式热水器由集热器、蓄热水箱、补给水箱和管道等组成,补给水箱的水位略高于集热器出口热水管顶部,水箱置于集热器下方。装置运行时,由于补给水箱的水位与热水管顶部存在高差,于是水就不断地从补给水箱流入集热器,经集热器加热后汇集到贮水箱中,这种系统并不循环,所以称直流式。优点是贮水箱不必高于集热器之上,可以置于室内,水箱保温容易,可以连续取水。

(三)沼气利用技术

沼气是有机物质在厌氧环境中,在一定的温度、湿度、酸碱度的条件下,通过微生物发酵作用,产生的一种可燃气体。沼气是一种混合气体,它的主要成分是甲烷,其次有二氧化碳、硫化氢(H_2S)、氮及其他一些成分。甲烷是简单的有机化合物,是优质的气体燃料。纯甲烷每立方米发热量为36.8千焦。沼气每立方米的发热量约

图6-20 "焖晒式热水器"

23.4千焦,相当于 0.55 千克柴油或 0.8 千克煤炭充分燃烧后放出的热量。从热效率分析,每立方米沼气所能利用的热量,相当于燃烧 3.03 千克煤所能利用的热量。

在我国农村地区,畜禽粪便的产生量是非常大的。据2004年12月末黑龙江省统计的主要畜禽存栏数量匡算,这些数量的畜禽每天将排鲜粪30万吨,尿40万吨。目前在农村,畜禽粪便到处堆放,尿液随地流失,这样大量的粪便不进行处理,导致资源的严重浪费,还对环境和地下水造成严重的污染,对人畜健康安全构成了极大的威胁。如果对这一资源进行沼气技术利用,不仅可以减少污染、节约能源,还可以带动农村改圈、改厕、改厨,改善农村卫生环境,达到"村容整洁"的目标。

1. 沼气利用模式

随着建设社会主义新农村的逐步深入,各个地区都在根据资源特点、气候特点以及不同的经济社会发展状况,因地制宜地推广适合本地区实际的沼气利用技术和模式。出现了"四位一体"(日光节能温室、畜禽舍、沼气池、厕所)、"三位一体"(太阳能畜禽舍、沼气池、厕所)能源生态致富模式。它们的共同特点是以种植业为基础,以养殖业为主干,以沼气为纽带,以庭院为依托,组成物质良性循环利用的生态农业系统。在该系统中,一个生产环节的产出(如废弃物排出)是另一个生产环节的投入,使得系统中的各

种废弃物在生产过程中得到再次、多次和循环利用，从而获得更高的资源利用率，并有效地防止废弃物对农村环境的污染。

2. 沼气池的设计原则

在沼气池的设计上要坚持"圆、小、浅"的原则。"圆、小、浅"是指池型以圆柱形为主，池容6~12m³，池深2m左右，圆形沼气池具有以下优点：第一，根据几何学原理，相同容积的沼气池，圆形比方形或长方形的表面积小，比较省料。第二，密闭性好，且较牢固。圆形池内部结构合理，池壁没有直角，容易解决密闭问题，而且四周受力均匀，池体较牢固。第三，我国北方气温较低，圆形池置于地下，有利于冬季保温和安全越冬。第四，适于推广。无论南方、北方，建造圆形沼气池都有利于保证建池质量，做到建造一个，成功一个，使用一个，巩固一个，积极稳步地普及推广。小，是指主池容积不宜过大。浅，是为了减少挖土深度，也便于避开地下水，同时发酵液的表面积相对扩大，有利于产气，也便于出料。

此外，要坚持直管进料，进料口加箅子、出料口加盖的原则。直管进料的目的是使进料流畅，也便于搅拌。进料口加箅子是防止家禽家畜陷入沼气池进料管中。出料口加盖是为了保持环境卫生，消灭蚊蝇孳生场所和防止人、畜掉进池内。

3. 家用沼气池的类型

随着我国沼气科学技术的发展和农村家用沼气的推广，根据当地使用要求和气温、地质等条件，家用沼气池形式多种多样，但是归总起来，大体由水压式沼气池、浮罩式沼气池、半塑式沼气池和罐式沼气池四种基本类型变化形成。

如图6-21所示的是固定拱盖水压式沼气池，属于水压式沼气池，有圆筒形、球形和椭球形三种池型。这种池型的池体上部气室完全封闭，随着沼气的不断产生，沼气压力相应提高。这个不断增高的气压，迫使沼气池内的一部分料液进到与池体相通的水压间内，使得水压间内的液面升高。这样一来，水压间的液面跟沼气池体内的液面就产生了一个水位差，这个水位差就叫做"水压"（也就是U形管沼气压力表显示的数值）。用气时，沼气开关打开，沼气在水压下排出；当沼气减少时，水压间的料液又返回池体内，使得水位差不断下降，导致沼气压力也随之相应降低。这种利用部分料液来回串动，引起水压反复变化来贮存和排放沼气的池型，称为水压式沼气池。

这种沼气池的优点是：

（1）池体结构受力性能良好，而且充分利用土壤的承载能力，所以省工省料，成本比较低。

（2）适于装填多种发酵原料，特别是大量的作物秸秆，对农村积肥十分有利。

（3）为便于经常进料，厕所、猪圈可以建在沼气池上面，粪便随时都能打扫进池。

（4）沼气池周围都与土壤接触，对池体保温有一定的作用。

（四）秸秆气化技术

我国是一个农业大国，每年生产的农作物秸秆约7亿吨，如此之大的资源除了一小部分用于畜牧外，其余的大部分主要是以效率较低的直接燃烧方式获取农民的炊事热能，每到收获季节，田间地头"烽烟"四起，既烧掉了宝贵的资源，又污染了环境。因此，秸秆资源的有效利用已成为我国农业可持续发展所面临的重要问题，合理有效的利用这项资源，是一件利国利民的大事。

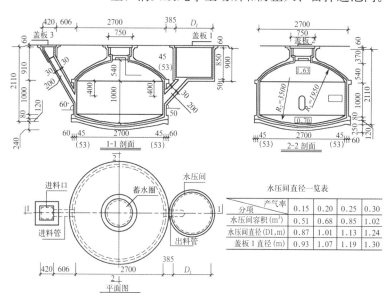

图6-21 8m³圆筒形水压式沼气池型（单位：mm）

秸秆气化技术就是利用生物质作为原料，在控氧状态下燃烧反应、能量转化的过程，产生以一氧化碳、甲烷、氢气为主的可燃性气体，成为农民炊事和采暖的燃料。它可以分为集中气化站（图6-22）和户用气化炉两种形式。它的优点有：

（1）生物质能源来源稳定可靠，能源密度大，不受地域、气候的限制。

（2）在各种生物质能技术中，热解气化技术具有效率较高、原料适应性好、设备简单、投资较低的优点，是生物质能高层利用的良好途径之一，比较适合于我国农村现阶段的技术、经济水平。

（3）它不会像矿物燃料的利用那样带来日益严重的污染。

（4）利用生物质气化燃气进行民用炊事和采暖，可使农民像城市居民一样用上管道燃气，降低劳动强度，改善农民千百年来形成的生活习惯，提高生活质量，为农民提供高效、方便的能源。

1. 集中供气系统

由于生物质燃气在常温下不能液化，必须通过输气管网送至用户，因此集中供气系统的基本模式为：以自然村为单元，设置气化站（气柜设在气化站内），敷设局域网。

系统中包括：原料处理机（铡草机）、上料装置、气化机组、风机、气柜、安全装置、管网和灶具等设备。从工艺流程图6-23上可以看出，全部工程主要有以下三大部分。

第一部分燃气发生炉机组，主要由三部分组成：

（1）上料部分。经过粉碎达到一定要求的秸秆，经过上料机送入气化炉上料机，通常采用密封绞笼。对上料机的开启和关闭，可以根据发生炉的用料要求，实现自动落料。

（2）气化炉。即气化的反应室，被粉碎的秸秆在这里进行受控燃烧和还原反应。发生炉产生的燃气，含有大量的焦油和灰分，应对其净化处理。

（3）燃气的净化。主要清除气体中的焦油和灰分，使之达到小于10mg/m³的国家标准。第二部分是贮气柜。它是储存气体的设备，主要用于燃气气源产量与供应量之间的调节。贮气柜容积是根据用户每天的总用气量来考虑，一般地，贮气柜的容量应占日供气总量的40%～50%。

第三部分是管网和灶具等设备。

2. 户用气化炉

户用气化炉是供农民自家制作、结构简单的小型秸秆气化炉。可供农民自家日常烧水、做饭之用。它的燃料非常广泛，如玉米秸、玉米芯、麦秸、花生壳、锯末、稻壳、木材加工废弃物等。每千克秸秆可产2m³燃气。

它的工艺流程是燃料在气化炉内经缺氧燃烧，生成含有一定量一氧化碳、氢气及甲烷等的可燃气体，靠小型风机产生的压力将可燃气体由气化炉上方压出，所产燃气经集水过滤、除尘、除焦油装置，并通过输气管道与灶具相连。

但是，这种小型户用气化炉也有显著的缺点：由于气化炉与灶直接相接，秸秆气不经过任何处理，因而灶具上、联接管及气化炉都有焦油渗出，卫生很差，且易堵塞联接管及灶具；其次，因气化炉较小，气化条件不易控制，产出气体中可燃气成分质量不稳定，并且不连续，影响燃用，

图6-22 秸秆气化站

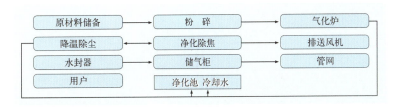

图6-23 工艺流程图

甚至有安全问题；第三，从点火至产气需要有一定的启动时间，增加了劳动时间，而且该段时间内燃气排放也是个问题。因此，建议在该技术还没有实现突破，在现有技术条件下，慎重使用。

采用秸秆气化技术具有广阔的发展前景。但是目前秸秆气化集中供气技术的应用仅限于农户炊事用能上，缺乏秸秆燃气供暖锅炉。在东北地区，冬季采暖用能占全省农村总能耗的80%。秸秆燃气采暖锅炉的研制成功，将拓宽秸秆气化集中供气技术的应用领域，解决寒冷地区冬季农户的采暖问题，同时可进一步应用于温室、畜舍采暖、粮食烘干等生产领域，取得良好的使用效果和经济效益。

第三节 新民居的设计实例分析

图6-24是在黑龙江省大庆市林甸县建造的草板房，该项目由法国全球环境基金会提供资助，由法国专家Alain Enard教授、Robert Celaire工程师和中国专家哈尔滨工业大学金虹教授共同设计并指导建造完成的。

一、建筑设计概述

该住宅的平面布局打破了传统的功能格局，不仅增加了起居室、餐厅等功能空间，还把卫生间移入室内，功能更加完善，功能分区更加合理。南向入口处设置阳光间，不仅提供了过渡空间，减小冷风渗透，同时也增加太阳能集热效率，提高室内热舒适度。在北向增设次要出入口，方便厨房运送柴草燃料，减小运送过程中冷风对其他

图6-24 中法合作农村示范住宅

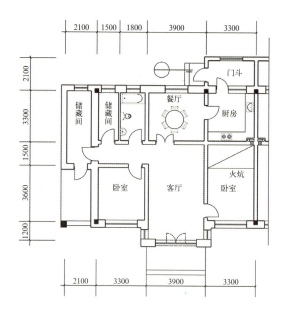

图6-25 实验房平面图

房间的干扰，并设置门斗，大大减少了冷风渗透（图6-25）。

二、材料选用

北方广大农村多数盛产稻草，且有的地区具有生产草板的能力，如果在技术上处理得当，草板与稻壳是一种非常理想的生态型、可再生的绿色保温材料。它具有就地取材、资源丰富、可再生、节省运输加工费用与能耗等优势，因此本项目采用了草板和稻壳作为围护结构的保温材料，同时研发了一系列相关技术（如加设空气层、透气孔及防虫添加剂等），以防止草板、稻壳受潮和受虫蛀等问题。该套技术施工简单，农民易操作，经实践检验效果很好，达到预期目标。

三、围护结构节能措施

（1）外墙：将传统的单一材料砖墙改为草板内保温复合墙体。由于农户经常在内墙面上钉挂一些饰物及农具等，为保证墙体的耐久性与适用性，墙体内侧采用120厚红砖作为保护层。

（2）屋顶：考虑到适用经济性、施工的可行性以及当地传统构造做法，采用坡屋顶构造，保温材料使用草板与稻壳复合保温层。

（3）地面：地面的热工质量对人体健康的影

响较大，为改善舒适度，增强地面保温，在地层增加了100mm厚苯板保温层。

(4) 外窗：为改善传统木窗冷风渗透大的状况，南向窗采用密封较好的单框三玻塑钢窗，北向为单框双玻塑钢窗，附加可拆卸单框单玻木窗，只在冬季安装。同时，加设厚窗帘以减少夜间通过窗的散热。

(5) 合理切断热桥：内保温复合墙体如果不加处理，将在墙体门窗过梁处及外墙与屋顶交界处、外墙与地面交界处存在热桥。通过采用聚苯板切断了可能存在的全部热桥。为保证结构的整体性与稳定性，在内外两层砌体之间每隔0.5m处及两个窗过梁之间设$\phi 6$拉接筋。

四、采暖和通风系统技术措施

(1) 采暖系统：长期实践证明火炕对于人体是非常有益的。调查发现，寒冷地区冬季，火炕不仅为农村居民创造了一个舒适的微气候环境，而且热效率高，节省能源。因此示范住宅采用了改进的火炕——吊炕作为住宅的采暖系统，利用做饭的余热加热炕面，即节省能源又节省费用。

(2) 通风系统：通过调查，71.4%的居民家中厨房内没有排烟设施，做饭时往往通过敞开外门排烟，这种情况在冬季使室内热量大量外溢，室温急剧下降，对室内热环境造成了不良影响。为改变这一状况，设计了室内自然换气系统。

五、使用评价

(一) 节能评价

测试结果显示：节能住宅达到了很高的节能水平，与传统民居相比节能达80.8%，如果稻草充足，供暖能源可达到自给自足，不需要任何费用。

(二) 使用舒适性评价

住宅设计突破传统民居的束缚，符合现代农民的生活特点与要求，尤其是阳光间的设置深受农民欢迎；门斗的设置，避免了困扰寒地乡村农民已久的"摔门"现象，减少了冷风渗透；通风技术简单适用，使节能住宅在门窗紧闭的冬季也仍保持室内空气新鲜。经测试，室内夜间二氧化碳含量比传统住宅减少一半以上，有效地改善了室内空气质量。同时做饭时炉灶不再出现倒烟现象；外围护结构处于干燥状态，无结露、结冰霜现象。总之，节能住宅从使用上、生理上以及视觉上都较传统住宅有明显改善，居住舒适度大大提高，尤其是冬季室内热环境得到了很大的改善，这对于冬闲在家的北方乡村居民来说非常重要。

(三) 可操作性评价

建筑材料就地取材，技术上简单易行，施工方法易被当地农民接受，符合我国北方严寒地区农村建房施工水平相对落后的实际情况。

(四) 社会价值评价

有利于严寒地区乡村人居生态环境与建筑的可持续发展。改进后的住宅设计不仅提高了居住舒适度，减少了能源的使用，而且减少了二氧化碳排放及其对环境的负面影响。同时由于所选用的保温材料是农作物废弃物，是取之不尽、用之不竭的可再生绿色材料，既减少了加工运输保温材料所带来的能耗和污染，也减少了每年春季燃烧稻草带来的大气污染。

主要参考文献

[1] 汪之力,张祖刚. 中国传统民居建筑. 山东：山东科学技术出版社,1994：16.

[2] 张驭寰. 吉林民居. 北京：中国建筑工业出版社,1985：46.

[3] 陆 翔,王其明. 北京四合院. 北京：中国建筑工业出版社,2000.

[4] 孙进己. 东北民族源流. 哈尔滨：黑龙江人民出版社,1989：262.

[5] 荆 竹. 民族性与文化超越. 朔方,1993（5）.

[6] 中国文化产业网. 东北十大怪 你说怪不怪.（2008-10-20）〔2009-10-1〕. http://www.cnci.gov.cn/content/20081020/news_25952_p4.shtml.

[7] 王绍周. 中国民族建筑（第三卷）. 南京：江苏科学技术出版社,1999.

[8] 李允鉌. 华夏意匠. 天津：天津人民出版社,2006：140.

[9] 中国科学院自然科学史研究所. 中国古代建筑技术史. 北京：科学出版社,1985.

[10] 刘大可. 中国古建筑瓦石营法. 北京：中国建筑工业出版社,2009.

[11] 孙大章. 中国民居研究. 北京：中国建筑工业出版社,2004.

[12] 赵和生. "十次小组"的城市理念与实践. 华中建筑,1999（1）.

[13] 传统住文化"原型结构"初探——传统"合院民居"对现实的启示. 建筑师,1995（65）.

[14] （美）Francis D.K.Ching. 建筑：形式、空间和秩序. 天津：天津大学出版社,2005：91-92.

[15] 中国设计之窗. 民间剪纸——东北民俗20怪（图）.（2006-12-22）〔2009-10-1〕. http://news.xinhuanet.com/collection/2006-12/22/content_5520706_5.htm.

[16] 孟慧英. 中国北方民族萨满教. 北京：社会科学文献出版社,2000.

[17] 侯幼彬. 中国建筑美学. 哈尔滨：黑龙江科学技术出版社,2006：17.

[18] 李国豪. 建苑拾英. 上海：同济大学出版社,1990.

[19] 张良皋. 匠学七说. 北京：中国建筑工业出版社,2002.

[20] （挪）诺伯格·舒尔茨. 存在·空间·建筑. 尹培桐译. 建筑师,1986（23-26）.

[21] （美）凯文·林奇. 城市意向. 方益萍,何晓军译. 北京：华夏出版社,2001.

[22] （日）藤井明. 聚落探访. 北京：中国建筑工业出版社,2003.

[23] 王其亨. 风水理论研究. 天津：天津大学出版社,2005.

[24] 沈清松. 住家的意向——环绕巴序拉思想之诠释. 建筑师,1988（5）：35-37.

[25] 张其卓. 丹东地区满族村落的形成和命名. 满族研究,1987（1）.

[26] 丁世良,赵放. 中国地方志·民俗资料汇编·东北卷. 北京：北京图书馆出版社,1989.

[27] [清]杨宾. 柳边记略（卷三）. 沈阳：辽沈书社,1985.

[28] 王其亨. 清代陵寝建筑工程小夯土做法. 故宫博物院院刊, 1993 (3).
[29] 金仁鹤. 延边朝鲜族村落的空间构造变化的研究. 中国园林, 2004, 20 (01).
[30] (韩) 朱南哲. 韩国传统住宅. 日本: 九州大学出版社, 1980.
[31] (韩) 金俊峰. 中国东北地域朝鲜族传统民家平面的分类和特性. 忠北大学大学院, 2000.
[32] (韩) Chang, Ki-in. 알기쉬운 한국건축 용어사. Seoul, 1993.
[33] 顾德清. 探访兴安岭猎民生活日记. 济南: 山东画报出版社, 2001.
[34] 秋 浦. 鄂伦春族. 北京: 文物出版社, 1984.
[35] 凌纯声. 松花江下游的赫哲族 (图版). 上海: 上海文艺出版社 (影印版), 1990.
[36] 顾德清. 讲述最后一个狩猎民族的故事. 人民日报海外版, 2001-10-15 (7).
[37] 于学斌. 赫哲族居住文化研究. 满语研究, 2007 (2): 95-101.
[38] 彭一刚. 建筑空间组合论. 北京: 中国建筑工业出版社, 1983: 40.
[39] 朱颖心. 建筑环境学. 北京: 中国建筑工业出版社, 2007: 37.
[40] 吴良镛. 21世纪建筑学的展望——"北京宪章"基础材料. 建筑学报, 1998 (12): 9.
[41] 中华文化通志编委会. 中华文化通志·民族文化典·满、锡伯、赫哲、鄂温克、鄂伦春、朝鲜族文化志. 上海: 上海人民出版社, 1998: 457.
[42] 吴雅芝. 最后的传说: 鄂伦春族文化研究. 北京: 中央民族大学出版社, 2006: 101.
[43] 于学斌. 文化人类学视野中的鄂伦春居住文化. 内蒙古社会科学, 2006 (3): 90.
[44] 于学斌, 孙雪坤. 赫哲族渔猎生活. 哈尔滨: 黑龙江美术出版社, 2006.
[45] 黄任远, 黄永刚. 赫哲族的住宅. 黑龙江史志, 2004 (3): 45.
[46] 任 军. 文化视野下的中国传统庭院. 天津: 天津大学出版社, 2005.
[47] 孙大章. 中国古代建筑史第五卷·清代建筑. 北京: 中国建筑工业出版社, 2002.
[48] 清华大学建筑与城市研究所. 旧城改造规划、设计、研究. 北京: 清华大学出版社, 1993.
[49] 包路芳. 变迁与调适——鄂温克社会调查研究. 中央民族大学博士学位论文, 2005.
[50] 晓 方. 鄂温克族简介. 内蒙古社会科学 (汉文版), 1981 (02).
[51] 祁 连. 最后的驯鹿部落. 世界博览, 2008 (6).
[52] 卡丽娜. 论驯鹿鄂温克人的驯鹿文化. 黑龙江民族丛刊, 2007 (2).
[53] 满都尔图等主编. 中国各民族原始宗教资料集成: 鄂温克族卷、鄂伦春族卷. 北京: 中国社会科学出版社, 1999.
[54] 杜·道尔基. 鄂温克族的萨满教. 国际萨满学会第7次学术讨论会论文集, 2004.
[55] 秋 浦. 鄂温克人的原始社会形态. 北京: 中华书局, 1962.

[56] 中国科学院民族研究所内蒙古少数民族社会历史调查组编. 鄂温克族简史简志合编. 北京：中国科学院民族研究所内蒙古少数民族社会历史调查组，1963.

[57] 内蒙古少数民族社会历史调查组鄂温克分组. 额尔古纳旗鄂温克人的原始社会形态. 民族团结，1961（6）.

[58] 鄂伦春族简史编写组. 鄂伦春族简史. 呼和浩特：内蒙古人民出版社，1983.

[59] 何 群. 环境与小民族生存. 中央民族大学博士学位论文，2004.

[60] 刘晓春等. 鄂伦春族风情录. 成都：四川民族出版社，1999.

[61] 林盛中. 鄂伦春族人口的分布与迁移. 黑河学刊，1987（21）.

[62] 韩有峰. 鄂伦春族狩猎生产资料和组织形式. 黑龙江民族丛刊，1988（02）.

[63] 刘 钻. 粗犷质朴的鄂伦春. 艺术研究，2006（02）.

[64] 白 兰. "鄂伦春社会"中几个基本概念分析. 内蒙古社会科学，1987（5）.

[65] 赵复兴. 鄂伦春人的奥伦是巢居的遗存. 民族学研究，1984（7）.

[66] 赫哲族简史编写组. 赫哲族简史. 哈尔滨：黑龙江人民出版社，1983.

[67] 李秀华，黄儒敏. 赫哲人的宗教信仰与生活习俗. 佳木斯人学社会科学学报，2001（4）.

[68] 姜洪波. 赫哲族住房研究. 北方文物，1991（3）.

[69] 何学娟，吴宝柱. 赫哲族居住形式的变迁. 黑龙江民族丛刊，2004（5）.

后　记

　　分布于我国东北各地的民居是我国传统民居建筑的重要组成部分。随着我国改革开放以来城乡建设快速发展，许多老宅被拆改和破坏，所以对东北地区传统民居的保护及研究是十分必要的。但由于东北地区地域广阔，给本书的调研工作带来了较大难度；此外，关于东北地区传统民居的现有资料较少，主要有张驭寰的《吉林民居》等，本书的成稿可以说是完成了一份初步的答卷，让大家对东北传统民居建筑有一个较全面的了解，不完善之处还有待进一步补充。

　　本书是由哈尔滨工业大学、沈阳建筑大学、吉林建筑工程学院三校跨越距离的障碍，通力合作完成的，各校参与人员都为本书付出极大的精力与心血，可以说此书是三校集体劳动的结晶。参加完成此工作的具体分工如下：

　　第一章：周立军（哈工大）、于立波（黑龙江科技学院）、张剑锋（黑龙江东方学院）

　　第二章：周立军（哈工大）、李同予（哈工大）

　　第三章：陈伯超（沈建大）

　　第四章：张成龙（吉建工）、莫畏（吉建工）、韩宁（吉建工）

　　第五章：孙清军（哈工大）、高萌（哈工大）、李丹（哈工大）

　　第六章：金虹（哈工大）、周春艳（吉建工）

　　另外还要真诚感谢参与全书图文整理过程的李丹同学，还有参与了部分图像绘制工作的岳乃华同学，及为本书多次外出进行调研工作的李同予、高萌等同学，还有社会各方支持，在此不一一列举，一并表示真诚感谢。

作者简介

周立军，哈尔滨工业大学建筑学院教授，建筑系主任，国家一级注册建筑师。中国民族建筑研究会民居建筑专业委员会委员。1984年毕业于哈尔滨建筑工程学院（后哈工大）建筑学专业，1992年取得东南大学建筑学院建筑设计及理论专业硕士学位。曾主编《建筑设计基础》，参编《中国传统民居建筑》、《中国民居建筑》等，并在《建筑学报》、《城市规划》、《华中建筑》等期刊发表学术论文四十余篇。从事教育工作二十多年，主要研究方向为传统民居、旧建筑再利用和历史街区建筑更新改造设计等，期间主持完成多项研究课题。

陈伯超，现供职于沈阳建筑大学，教授，博士生导师，国家一级注册建筑师。兼任中国建筑学会理事、中国城市科学研究会理事、全国高等学校建筑学学科专业指导委员会委员、辽宁省土木建筑学会副理事长、辽宁省满族建筑文化研究会理事长，西安建筑科技大学兼职教授、中国科学院沈阳应用生态研究所兼职研究员等。主要研究方向为建筑设计及理论、建筑历史及建筑遗产保护、城市规划与设计等。出版学术著作24部，发表论文123篇；主持完成工程设计项目90余项；主持完成科研项目55项。30余项成果获国际、国家和省部级奖项。

张成龙，教授，国家一级注册建筑师。现任吉林建筑工程学院院长助理职务。1984年毕业于吉林建筑工程学院建筑学专业（工学学士），1990年毕业于哈尔滨建筑工程学院建筑学专业（工学硕士）。现被聘为全国高等学校建筑学学科专业指导委员会委员、吉林省建筑师学会会长。荣获吉林省勘察设计大师称号。

孙清军，哈尔滨工业大学建筑学院教授，国家一级注册建筑师。主要研究领域现代建筑形式理论、工业建筑设计理论及方法、商业建筑设计研究。中国建筑学会工业建筑委员会副主任委员，中国建筑环境心理学会会员。从事建筑教育三十年，主讲过公共建筑设计原理、工业建筑设计原理、建筑造型导论、房屋建筑学等多门本科、研究生课程。先后参与编著五本专著，发表学术论文40余篇。

金虹，哈尔滨工业大学建筑学院教授，博士研究生导师，国家一级注册建筑师。主要从事绿色／生态建筑、村镇建筑等领域的研究。主持完成多项国际、国家及省市级科研项目。其中作为项目负责人主持完成两项国家自然科学基金资助项目，作为中方项目技术负责人完成一项法国全球环境基金会资助的中法合作项目研究，作为负责人主持两项"十一五"国家科技支撑计划重点项目子课题。主编《房屋建筑学》、《建筑构造》，发表90余篇学术论文，多次获得国际、国家及省市的各种奖励。